深水环境大坝缺陷修补材料与工程应用

孙志恒　徐　耀　主编

中国三峡出版传媒
中国三峡出版社

图书在版编目（CIP）数据

深水环境大坝缺陷修补材料与工程应用 / 孙志恒，徐耀主编 .—北京：中国三峡出版社，2019.12

ISBN 978-7-5206-0120-7

Ⅰ.①深… Ⅱ.①孙… ②徐… Ⅲ.①大坝-维修-文集 Ⅳ.①TV698.2-53

中国版本图书馆 CIP 数据核字（2019）第 284372 号

责任编辑：李　东

中国三峡出版社出版发行

（北京市海淀区复兴路甲 1 号　　100038）

电话：（010）57082642　57082640

http：//media.ctg.com.cn

北京虎彩文化传播有限公司印刷　新华书店经销

2019 年 12 月第 1 版　2019 年 12 月第 1 次印刷

开本：787×1092 毫米　1/16　印张：15.5

字数：245 千字

ISBN 978-7-5206-0120-7　定价：120.00 元

前　言

“深水环境大坝缺陷修补材料与技术及示范”课题是国家重点研发计划项目“重大水利工程大坝深水检测及突发事件监测预警与应急处置”的组成部分。本课题主要针对在深水环境下集中渗漏通道快速封堵、混凝土裂缝处理、接缝止水失效修复、混凝土表层修补等四大关键技术难题，通过采用以室内试验与现场试验相结合、材料开发与施工工艺相结合、成果集成与示范应用相结合为总的技术路线，紧密结合深水环境的温度、压力、流速等特点，研制开发出适应100m级水深的水下修补材料及配套施工工艺，形成一套完整的从“点”到“线”到“面”的大坝缺陷修补系列材料与技术，实现了100m级深水环境大坝缺陷修补系列材料及配套施工技术的研究目标。

本书归纳了本课题的研究成果，收集了23篇论文，其中包括聚氨酯－沥青嵌缝膏封堵材料、水下胀塞快速堵漏材料、水下抗分散型膏状速凝材料、改性低热沥青新型灌浆材料、双液深水高压注浆材料、水下混凝土裂缝高分子聚合物、深水循环式双液灌浆材料、乳化沥青水泥弹性砂浆、高塑性接缝封堵材料、钢带复合型止水盖板、水下不分散自流平快硬砂浆、水下环氧密封粘接剂、柔性碳纤维复合板材等水下修复材料以及在水下修补工程中的应用。这些论文理论联系实际，具有扎实的基础研究内容和实际应用价值。论文作者大部分是本课题的成员，都是长期从事水利水电工程材料研究和修补加固工作的科研、设计、施工与高校领域的专家和专业工程技术人员，具有丰富的工程实践经验和基础理论知识。希望本书的出版能对我国在水工建筑物水下修补材料及水下修补工艺领域的技术发展与进步起到推动作用，同时希望本书对广大从事水工建筑物检测评估、修补加固及运行管理的技术人员的一本有价值的参考文献。

本书得到了国家重点研发计划课题（2016YFC0401609）、中国水科院基本科研业务费专项（SM0145B632017；SM0145B952017）的资助，在此表示感谢！

由于时间仓促，亦难免有疏漏之处，敬请读者批评指正。

编　者

2019年11月于北京

目　录

一 水下修补材料试验研究

水下不分散自流平快硬砂浆试验研究

徐耀[1,2]，李蓉[1,2]，王利娜[2]

（1. 中国水利水电科学研究院材料研究所，北京市　100038；

2. 北京中水科海利工程技术有限公司，北京市　100038）

摘　要：絮凝剂使水泥颗粒表面吸附了可溶性聚合物，颗粒间形成桥式结构，增大颗粒间的吸附力，提高浆液粘度，从而赋予砂浆在水中优良的抗分散、抗离析性能；加之硫铝酸盐水泥能在数分钟到数十分钟内使浆体快速硬化，本文将上述两方面性能相结合，开展水下不分散自流平快硬砂浆的试验研究。研制的水下不分散自流平快硬砂浆具有良好的水下不分散性能，抗压强度的水陆比在91%～104%之间，早期抗压强度较高且发展快，7d后抗压强度发展缓慢，7d抗压强度48.7MPa；抗折强度的水陆比在85%～106%之间，与抗压强度不同，3d后抗折强度基本不再增长，甚至有倒缩现象，3d抗折强度7.8MPa；抗折强度与抗压强度之比在0.12～0.23范围内，平均值为0.17。本文研制的水下不分散自流平快硬砂浆，可适用于一定流速的水下混凝土薄层表面修补，以及水下各种基体、抛石体的灌注加固等。

关键词：水下不分散；快硬砂浆；水陆比；配合比

1　研究背景

水工建筑物处于水下或者水位变动区的损伤修复较为困难，一般通过采用水下修复材料提高材料的抗分散性能。从目前来看，水下修复材料通常包括水下不分散混凝土、聚合物混凝土、水下环氧砂浆、水下化学灌浆材料等。

基金项目：国家重点研发计划项目（2016YFC0401609）；中国水科院基本科研业务费专项（SM0145C102018；SM0145B632017）

作者简介：徐耀（1982—），男，教授级高级工程师，主要从事水工结构与材料研究工作。E-mail：xuyao@iwhr.com

其中水下环氧砂浆已经广泛应用于水下结构修复加固，其工作性能较好，但其耐久性相对于无机修复材料较差[1]。而水下不分散混凝土（砂浆）是在普通混凝土中掺入以纤维素系列或丙烯系列水溶性高分子物质为主要成分的抗分散剂，使其具有优良的抗分散、抗离析性能[2]。自德国 Sibo 公司于 1974 年首先研制应用以来，海工、水工工程，如港口码头、护岸、防波堤、桥梁、隧道以及人工岛等工程的建设，为水下不散混凝土技术发展与应用带来了极好的发展机遇，30 多年来，在水利、桥梁、海洋工程等领域发挥了巨大的作用[3]。如东风水电站下游边坡的加固处理[4]，金安桥水电站采用导管法浇筑水下混凝土挡墙以解决施工难题[5]，龚嘴水电站 7 号溢洪道左侧导墙水下冲蚀破坏部分采用水下不分散混凝土修补[6-7]等。

水下不分散混凝土比较适合于水下大体积厚层（大于 30cm）浇筑或修补时使用，而在有一定流速的水下混凝土薄层（3 ~ 10cm）修复中，则需要考虑用水下不分散快硬砂浆。普通的水下不分散砂浆，由于浆体在水中硬化较慢，早期强度也较低，在有一定流速的水中，这类薄层砂浆若凝结时间太长，其中的可溶性聚合物增粘剂和水泥中可溶性成分就会被带走，其抗分散性能和砂浆强度均会受影响。因此，利用絮凝剂的抗分散性和硫铝酸盐水泥的快硬性，研制水下不分散自流平快硬砂浆是有需求的。其主要机理是絮凝剂使水泥颗粒表面吸附了可溶性聚合物，颗粒间形成桥式结构，增大颗粒间的吸附力，提高浆液粘度及抗离析性能；加之硫铝酸盐水泥能迅速发生水化反应形成以钙矾石晶体为主体的水化产物[8]，在数分钟到数十分钟内使浆体快速硬化。已有研究表明，聚羧酸系减水剂作为新一代高性能减水剂，可以充分发挥其低掺量、高减水率、良好的流动度保持性、良好的增强效果等优点[9]；絮凝剂能显著提高水下成型砂浆的强度；絮凝剂掺量越大，混凝土抗分散性越强，但会降低混凝土流动性，且掺量越大，流动性降低越明显；水胶比增大，抗分散性降低[10]。合适的搅拌时间可以最大限度地发挥絮凝剂和减水剂的功能，采用中砂偏粗的品种有利于施工过程的正常运转[11]。

本文研制的水下不分散自流平快硬砂浆，可适用于一定流速的水下混凝土薄层表面修补，以及水下各种基体、抛石体的灌注加固。

2 试验研究

2.1 试验原材料

试验采用 R. SAC 42.5 级硫铝酸盐水泥。硫铝酸盐水泥品质检验执行《硫铝酸盐水泥》（GB 20472—2006），其检测结果分别列于表 1 和表 2。结果表明，硫铝酸盐水泥所检项目的品质检验结果满足 GB 20472—2006 规定的快硬硫铝酸盐水泥（R. SAC）的技术要求。

表 1 硫铝酸盐水泥的主要物理性能检测结果

检测项目	密度（g/cm^3）	细度（%）	比表面积（m^2/kg）	标准稠度（%）	凝结时间（min）	
					初凝	终凝
硫铝酸盐水泥	2.87	0.32	490	31.3	13.5	—
GB 20472—2006 规定	—	—	≥300	—	≤25	≥180

表 2 硫铝酸盐水泥胶砂强度检测结果

检测项目	抗压强度（MPa）				抗折强度（MPa）			
	1d	3d	7d	28d	1d	3d	7d	28d
硫铝酸盐水泥	—	46.2	55.3	60.5	—	7.9	7.4	7.7
GB 20472—2006 规定	≥30.0	≥42.5	—	≥45.0	≥6.0	≥6.5	—	≥7.0

试验选用天然砂，试验前过 5mm 筛。按照《土工试验规程》（SL 237—1999）对砂土进行颗粒分析试验，试验结果见表 3 及图 1。按照 SL 237—1999 分类，砂土为级配不良砂，代号 SP，$C_u=5.6$、$C_c=0.8$。

表 3 级配不良砂 SP 的颗粒分析试验结果

粒径（mm）	5	2	1	0.5	0.25	0.1	0.075
小于某粒径百分数（%）	100.0	74.6	68.7	47.2	26.6	4.6	2.4

此外，采用的絮凝剂为 UWB－II 型水下不分散絮凝剂，灰色粉末状；减水剂为聚羧酸高性能减水剂，白色粉末状；缓凝剂为白色粉末状，是一种有机酸。

2.2 絮凝剂用量

确定絮凝剂用量的试验是在 1000ml 大量筒中进行。量筒中装 800ml 自来

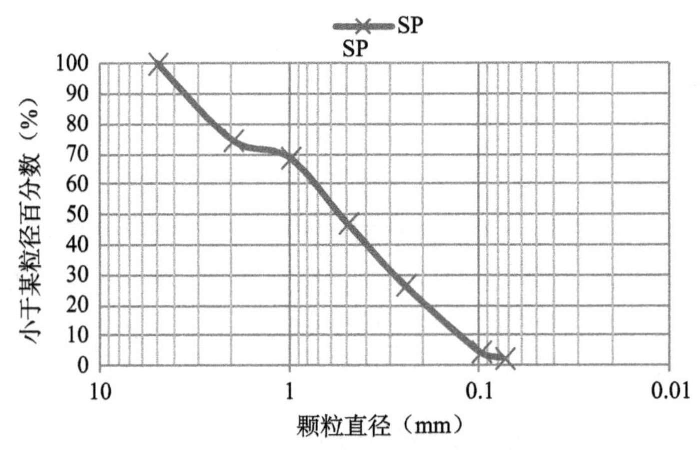

图1　级配不良砂SP的颗粒级配曲线图

水，每次将掺絮凝剂的水泥砂浆由筒口倒入，让其在水中自由落底，试验结果见表4。表4中絮凝剂以及其他外加剂的掺量均为占水泥质量的百分数（以下同）。由试验结果可见，絮凝剂的掺量宜为水泥用量的4%～5%，絮凝剂掺量不宜过高，超过6%会使砂浆粘性增大，从而使自流平性能下降。

表4　不同絮凝剂掺量的砂浆性能

灰:砂	水胶比	絮凝剂（%）	减水剂（%）	调凝剂（%）	流动度（mm）	砂浆均匀性
1:1	0.42	2.5	0.30	0.30	295	砂浆略分层，上层水浑浊
1:1	0.45	3.0	0.30	0.30	280	上层水浑浊，砂浆基本均匀
1:1	0.46	4.0	0.30	0.10	245	上层水较浑浊，砂浆均匀
1:1	0.46	5.0	0.30	0.10	235	上层水略显浑浊，砂浆均匀
1:1	0.46	6.0	0.30	0.10	205	上层水较清澈，砂浆均匀

2.3　水胶比

分别采用0.40、0.45、0.46、0.48的水胶比进行试验，其配合比及3d抗压强度试验结果见表5，抗压强度试件为30mm×30mm×30mm立方体。由试验结果可见，在絮凝剂掺量为4.0%的条件下，当水胶比为0.40时，水陆比为90%，其余均约为97%。综合考虑上述水下不分散的自流平性和抗压强度等性能，0.45左右的水胶比是适宜的。

表5　水胶比与抗压强度的关系

编号	灰:砂	絮凝剂（%）	水胶比	减水剂（%）	调凝剂（%）	流动度（mm）	抗压强度（MPa）		水陆比（%）
							3d（水上）	3d（水下）	
NDM－40	1:1	4.0	0.40	0.30	0.10	215	62.7	56.3	89.8
NDM－45	1:1	4.0	0.45	0.30	0.10	240	56.5	54.6	96.6
NDM－46	1:1	4.0	0.46	0.30	0.10	240	54.2	52.8	97.4
NDM－48	1:1	4.0	0.48	0.30	0.10	265	43.7	42.6	97.5

2.4　配合比与性能

水下不分散自流平快硬砂浆试验的配合比及性能试验结果见表6，强度试验结果见表7及表8，强度与龄期关系见图2及图3。强度试验采用40mm×40mm×160mm砂浆试件，测试仪器同前。试验中控制流动度230mm～250mm，凝结时间为60min左右。

水下强度试验的试件均在水下模具中成型，砂浆拌好倒入水中模具时，其模具上沿距离水面15cm以上，砂浆从水面自由下落，落模后自流平，无敲打等辅助措施。一般3h后脱模，放入标养室水中养护。水上试件成型3h后脱模，也放入标养室水中养护。

由试验结果可见，研制的水下不分散自流平快硬砂浆具有良好的水下不分散性能，抗压强度的水陆比在91%～104%之间；水下试件3h、1d、3d、7d、28d和90d的抗压强度分别为14.6MPa、39.8MPa、44.0MPa、48.7MPa、50.8MPa和54.6MPa，早期强度较高；3h、1d、3d、7d、28d、90d的强度增长率分别为29%、78%、87%、96%、100%和107%，早期强度发展快，7d后强度发展缓慢。抗折强度的水陆比在85%～106%之间；水下试件3h、1d、3d、7d、28d和90d的抗折强度分别为3.3MPa、8.5MPa、7.8MPa、6.9MPa、6.6MPa和6.8MPa；与抗压强度不同，3d后抗折强度基本不再增长，甚至有倒缩现象；抗折强度与抗压强度之比在0.12～0.23范围内，平均值为0.17。

表6　水下不分散自流平快硬砂浆试验配合比及性能

编号	灰:砂	水胶比	絮凝剂（%）	减水剂（%）	缓凝剂（%）	流动度（mm）	凝结时间（min）
NDM－46	1:1	0.46	5.0	0.30	0.10	235	63

表7　水下不分散自流平快硬砂浆强度试验结果

编号	灌注方式	抗压强度（MPa）						抗折强度（MPa）					
		3h	1d	3d	7d	28d	90d	3h	1d	3d	7d	28d	90d
NDM-46	水上	14.0	38.6	44.8	49.0	55.8	58.3	3.1	8.2	8.0	8.1	7.2	7.5
	水下	14.6	39.8	44.0	48.7	50.8	54.6	3.3	8.5	7.8	6.9	6.6	6.8
	水陆比（%）	104.3	103.1	98.2	99.4	91.0	93.7	106.5	103.7	97.5	85.2	91.7	90.0

表8　水下不分散自流平快硬砂浆强度增长率及折压比

编号	灌注方式	抗压强度增长率（%）						抗折强度/抗压强度					
		3h	1d	3d	7d	28d	90d	3h	1d	3d	7d	28d	90d
NDM-46	水上	25	69	80	88	100	104	0.22	0.21	0.18	0.17	0.13	0.13
	水下	29	78	87	96	100	107	0.23	0.21	0.18	0.14	0.13	0.12

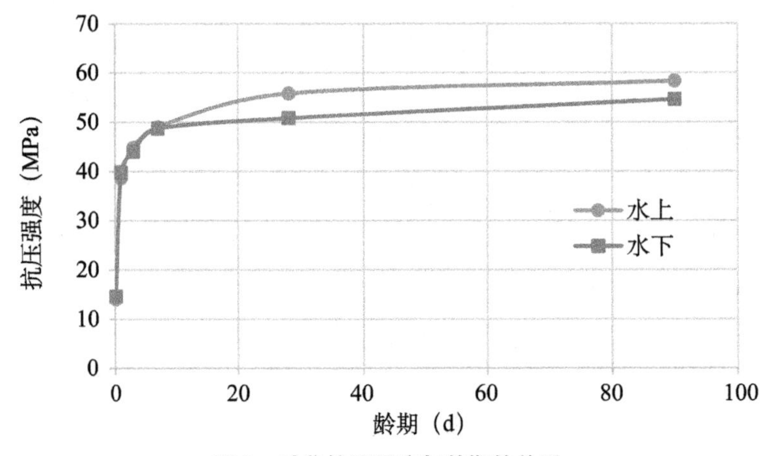

图2　砂浆抗压强度与龄期的关系

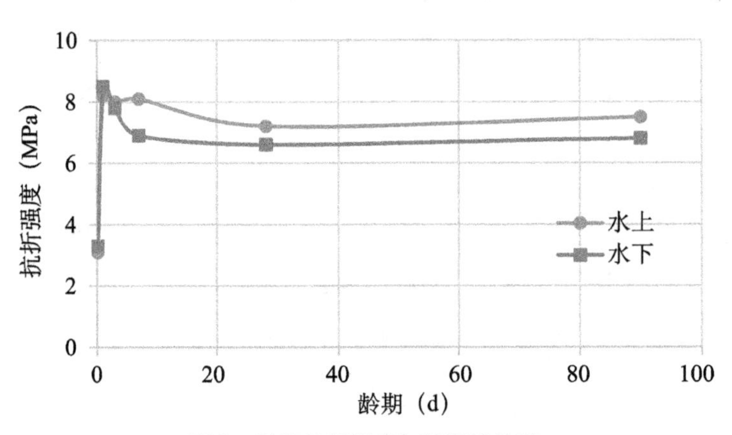

图3　砂浆抗折强度与龄期的关系

3 结论

（1）絮凝剂的掺量宜为水泥用量的4% ~5%，絮凝剂掺量不宜过高，超过6%会使砂浆粘性增大，从而使自流平性能下降。综合考虑水下不分散的自流平性和抗压强度等性能，水胶比宜为0.45左右。

（2）研制的水下不分散自流平快硬砂浆具有良好的水下不分散性能，抗压强度的水陆比在91% ~104%之间；水下试件3h、1d、3d、7d、28d和90d的抗压强度分别为14.6MPa、39.8MPa、44.0MPa、48.7MPa、50.8MPa和54.6MPa，早期强度较高；3h、1d、3d、7d、28d、90d的强度增长率分别为29%、78%、87%、96%、100%和107%，早期强度发展快，7d后强度发展缓慢。

（3）抗折强度的水陆比在85% ~106%之间；水下试件3h、1d、3d、7d、28d和90d的抗折强度分别为3.3MPa、8.5MPa、7.8MPa、6.9MPa、6.6MPa和6.8MPa；与抗压强度不同，3d后抗折强度基本不再增长，甚至有倒缩现象；抗折强度与抗压强度之比在0.12 ~0.23范围内，平均值为0.17。

参考文献

[1] 赖洋羿，张琦彬，唐军务. 超早强水泥基水下灌浆料的研制 [J]. 新型建筑材料，1983，9（3）：114 – 117.

[2] 王文忠，韦灼彬，唐军务，侯林涛. 水下不分散混凝土配合比及其性能研究 [J]. 中外公路，2012，32（1）：265 – 267.

[3] 张鸣，陈龙修，周明耀，杨鼎宜. 絮凝剂及辅助剂对水泥净浆流动性的影响研究 [J]. 混凝土，2017，2，66 – 69.

[4] 田金波. 东风水电站下游边坡加固处理 [J]. 水电与新能源，2014，12，63 – 65.

[5] 邵莲芳. 金安桥水电站水下混凝土设计与应用 [J]. 广东水利水电，2012（11）：71 – 73.

[6] 陆嘉斌. 水下不分散混凝土在消力塘水下修补中的应用——以龚嘴水电站为例 [J]. 水电与新能源，2014（4）：32 – 34.

[7] 陈洋，王玲. 水下导管法浇筑混凝土技术在龚嘴水电站水下修补中的应用

[J]. 水力发电, 2011, 37 (8): 49 - 51.

[8] 蒋硕忠, 周一耕. 水下不分散快硬砂浆的研究与应用 [J]. 长江科学院院报, 1996, 4 (13): 24 - 27.

[9] 陈国新, 杜志芹, 杨日, 等. 聚羧酸系减水剂用于水下不分散混凝土的研究 [J]. 混凝土, 2012 (2): 117 - 118.

[10] 张鸣, 周思通, 王付鸣, 等. 水下不分散混凝土主要参数对性能的影响研究 [J]. 混凝土, 2017 (8): 140 - 144.

[11] 吕子义, 周锡蕙, 黄淑贞, 等. 水下不分散混凝土拌合物工作性控制技术 [J]. 上海交通大学学报, 2005, 39 (5): 782 - 785.

高聚物修补水下低温混凝土裂缝的研究

陈永利[1,2,3]，樊炳森[1,2,3]，石明生[1,2,3]

（1. 郑州大学水利科学与工程学院，郑州 450001；

2. 重大基础设施检测修复技术国家地方联合工程实验室，郑州 450001；

3. 水利与交通基础设施安全防护河南省协同创新中心，郑州 450001）

摘 要：高聚物注浆材料在深水大坝裂缝封堵方面鲜有应用，为深入研究该注浆材料在深水裂缝中的扩散规律及堵漏补强效果，本文设计混凝土裂缝进行模型试验，使用不同类型高聚物注浆材料，研究其在不同含水条件下的扩散规律。试验结果表明：注浆后各部位压力总体呈现出先增大然后趋于稳定的趋势；裂隙水的存在会降低高聚物浆液反应完全后固结体的密度；有水环境下高聚物浆液在裂缝中填充较好，浆液扩散较为均匀。

关键词：高聚物注浆材料；模型试验；裂缝封堵

1 引言

注浆作为“土—水”工程灾害防治和加固的重要手段，被广泛应用于水利、交通、采矿等领域[1-5]，并且浆液在被注介质中的扩散机制是也学者们较为关注的问题之一，但是由于浆液材料的多样性，其在被注介质中的扩散规律也因此而不同，目前主要有球状扩散、柱状扩散等，对应的注浆扩散模型主要有渗透注浆、压密注浆、劈裂注浆、裂隙注浆等。尤其是在裂隙岩体注浆理论方面，近年来取得了较丰富的成果，如阮文军等从浆液时变性、裂隙倾角、动静水条件等不同角度分别建立了浆液在单裂隙中的扩散模型[6-7]。

基金项目：国家重点研发计划项目（2016YFC0401609）

作者简介：石明生（1962—），男，河南南阳，教授，博士，主要研究方向为堤坝除险加固及高聚物注浆理论与技术。E-mail：sms315@126.com

非水反应聚氨脂类高聚物注浆材料及其高压注射技术在国际上发展十分迅速，成为化学灌浆领域较为活跃的发展方向之一，目前已在高速公路维修、隧道脱空修复、堤坝除险加固等工程领域得到较广泛的应用。然而随着高坝大库的数量不断攀升，其运行过程中出现的裂缝和用水问题逐渐成为焦点，基于高聚物二维扩散模型，学者们提出在渗漏裂缝注入高聚物的方法，以达到快速堵漏的目的[8-11]。在 Big Edyd 重力坝水平施工缝修补过程中，首次提出了最大灌浆压力的概念[12]；瑞士坝工专家 Lombardi 提出灌浆强度值法，即 GIN 法，通过定义 GIN 的取值，来防止灌浆过程中裂缝的张开和扩展，该方法在国内外大坝裂缝修补中均得到广泛应用[13]。同时，王勇等[12]结合贵州大花水电站大坝混凝土裂缝处理工程，阐述了化学灌浆技术在水利水电工程中的应用。

由于高聚物材料的膨胀性能与环境压力、反应时程及周围介质的约束能力等因素有关，因此其注浆机制较为复杂。据此，本课题设计了模型试验，来研究高聚物在有水条件下的低温裂缝中的扩散规律，以期为高聚物深水注浆堵漏工程提供参考。

2 试验

2.1 试验材料

该类高聚物注浆材料是多元醇和异氰酸酯反应的聚合物，组份 A 和组份 B 接触后，即发生化学反应，在其膨胀扩散的过程中，浆液与水或气之间的分界面不断变化推移，以达到填充裂隙和空腔的目的。

2.2 试验设备和方法

考虑到原位试验的复杂性，这里根据相似原理设计了混凝土裂隙模型，通过控制相关参数来研究贯通裂缝在不同界面含水情况下高聚物浆液的扩散规律。在尽量接近真实情况的前提下，设计制作了两块长 3m，宽 1m，厚 0.2m 的混凝土板。橡胶条位于两块混凝土板之间，围成长 2.9m，宽 0.76m 空腔，空腔开口处采用注浆盒罩上，浆液通过注浆盒流入混凝土空腔中。为测量裂缝内的注浆压力，如图 1 所示，在混凝土板每侧均对称布置了 6 个压力传感器，且注浆盒中心位置也设有 1 个传感器，同时混凝土板外侧通过钢架和螺栓拉紧。

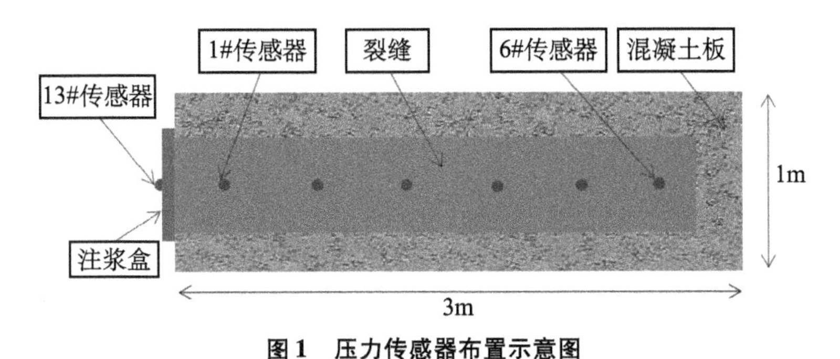

图1　压力传感器布置示意图

3　试验结果分析

3.1　不同工况下高聚物注浆压力变化情况

试验主要考虑了两种因素：注浆材料和裂缝空腔环境。因此，试验分为6个工况，工况1：不发泡高聚物有水环境下；工况2：不发泡高聚物无水环境下；工况3：不发泡高聚物湿缝环境下；工况4：发泡高聚物无水环境下；工况5：发泡高聚物有水环境下；工况6：发泡高聚物湿缝环境下。

首先，对不同工况下三个主要位置处的注浆压力进行分析，其中，1#传感器位于注浆口最近的位置，从图2可以看出，注浆压力随时间均呈先增大然后稳定的趋势，且注浆压力最大的为发泡高聚物有水环境。同时，也可以看出随着浆液的注入，不发泡高聚物在1min左右开始反应膨胀，内部压力增大，从而将水从裂缝下游处挤出裂缝。然而，压力最小的为不发泡高聚物在无水裂隙中的工况，高聚物在注入过程，浆液逐渐向空腔处扩散，由于该类高聚物材料不会发泡，故而不会产生膨胀压力，所以即使反应完全后，压力也一直处于较低水平。从1#、3#、13#传感器随时间发展的规律可以看出，不发泡和发泡高聚物在湿润环境和无水条件下，注浆压力变化规律基本相似，均自由从注浆口向腔体末端扩散。

6#传感器位于裂缝末端处，从图3可以看出，发泡高聚物在有水的环境下产生的压力最大，随着反应的进行裂缝内逐渐增加，同时在注浆及反应过程中裂缝中的水也被挤出。

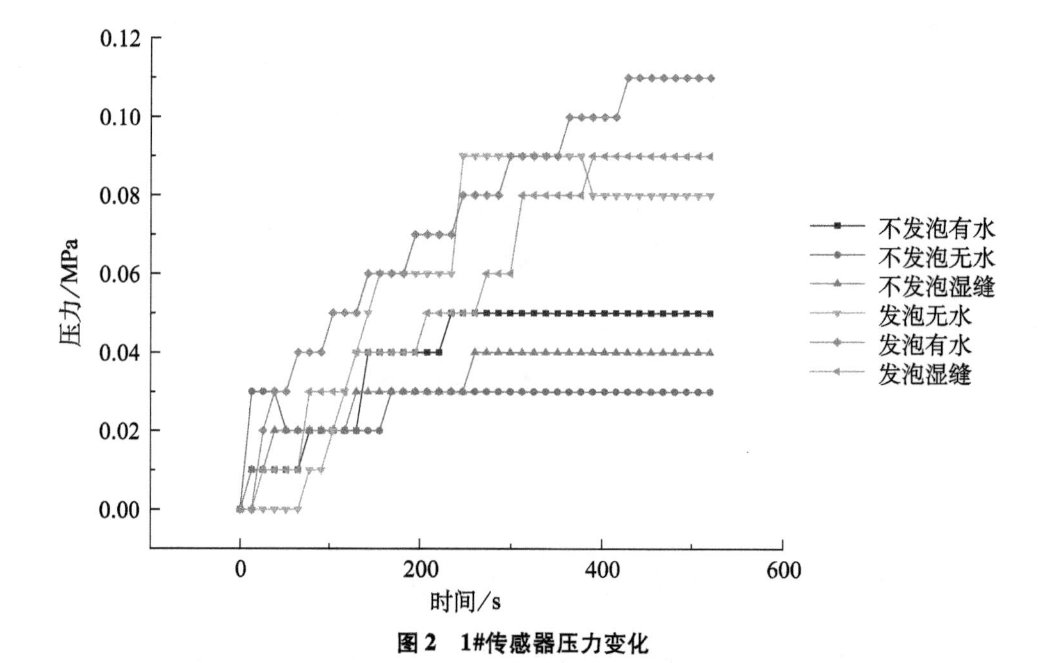

图 2　1#传感器压力变化

图 3　6#传感器压力变化

13#传感器位于注浆盒上，从图 4 可以看出，不发泡高聚物在有水、无水和湿缝环境下，注浆压力相比发泡高聚物小，并且发泡高聚物在无水和湿缝环境下压力基本相等，在200s时，压力最大为0.45MPa，后来逐渐降低，然后趋于稳定，而在有水环境下注浆压力会大幅度下降，这主要是因为在注浆过程中，水的存在对高聚物浆液具有一定的稀释作用。综上所述，两种类型高聚物，遇到明水均会被稀释，从而降低了其反应过程中的压力，但是发泡类高聚物注浆材料降低得更为明显。

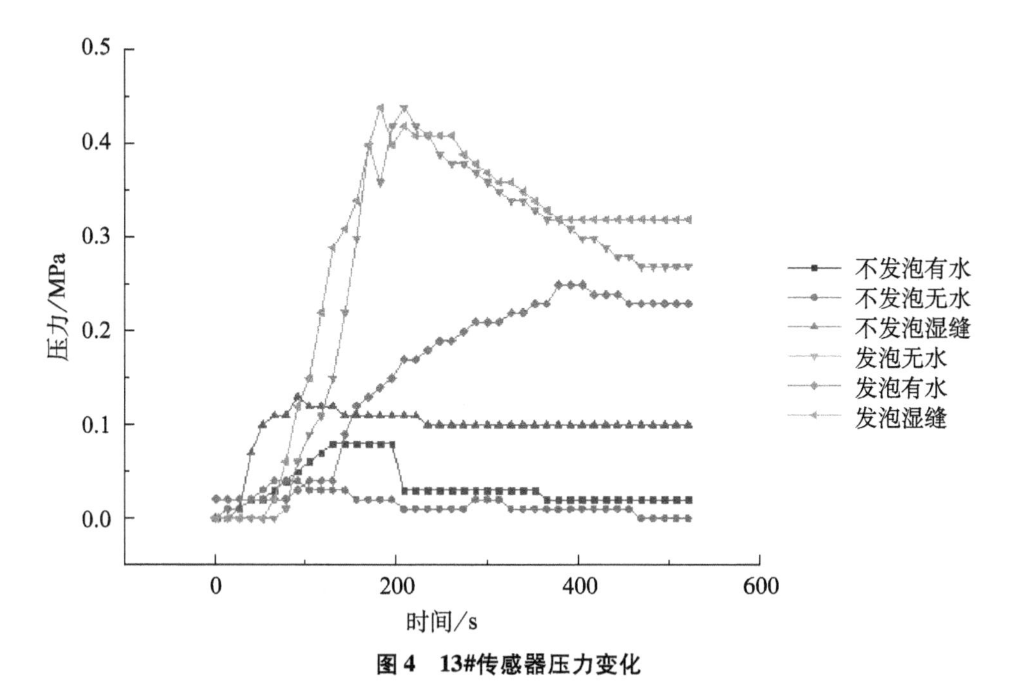

图4　13#传感器压力变化

3.2　不同工况对高聚物密度的影响

由上述分析可知，在有水条件下浆液的注浆压力将会比无水和湿缝条件下要小，为探讨产生这一现象的机制，图5给出了沿注浆孔轴向不同位置处高聚物固结体密度的变化曲线。显然，在有水条件下两种浆液在裂缝中固结体的密度都相对较小，且沿轴向分布较为均匀，但对于发泡类高聚物固结体密度相对较小且密度分布更为均匀。同时还可以看出，高聚物在注入缝隙后，除了不发泡型高聚物在无水环境下，其余几种工况下，高聚物反应后的密度均沿注浆口向内呈现先增大后降低的趋势。在有水环境下，两种高聚物材料反应后的密度均较小，主要由于受到裂缝中充满水时，注浆量较小导致。发泡型高聚物在无水和湿缝环境下，扩散规律相似，反应后的密度也相似。不

发泡型高聚物在无水环境下，注浆量较大，且不会发泡，所以密度较大。

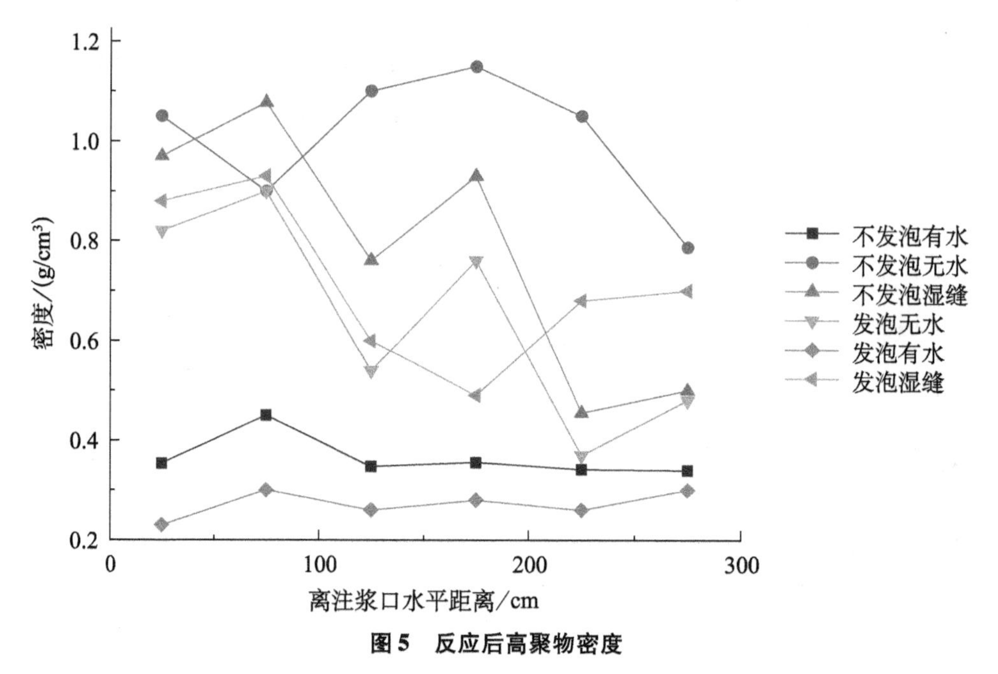

图5　反应后高聚物密度

3.3　有水条件下高聚物填充效果分析

为进一步了解有水环境下高聚物的扩散规律，图6和图7给出了拆模后的高聚物固结体表观图像。图6可以观察到不发泡高聚物浆液在有水裂缝中扩散较为均匀，且表面颜色呈暗黄色，下部颜色较暗，沿注浆孔轴向位置除靠近注浆孔处颜色较暗，其余部分颜色分布较为均匀，这也与图5中密度分布曲线相互印证。图7很显然可以观察到，发泡类高聚物固结体颜色呈奶黄色，且整体成色较为均匀，同样也是下部较暗，这主要是浆液在自重作用下在下部堆积而成，造成下部浆液多密度大，故而颜色发暗。同时还可以看出，图6中自注浆端1m顶部至后端底部2.6m处出现斜向下的“锋线”，这表明出浆液轴向填充分为两个阶段：第一阶段为“锋线”右侧部分裂缝的填充；第二阶段的填充为锋线左侧位置的填充，自底部反向填充至“锋线”位置。固化后的高聚物，虽然部分有缺损，但总体在裂隙范围内能够进行较好的填充，扩散较为均匀。

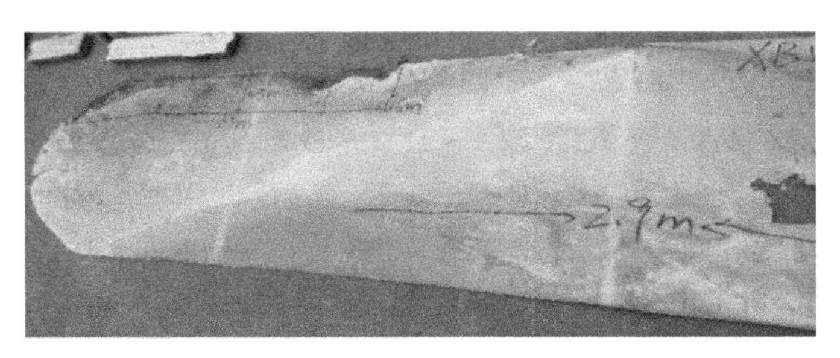

图6　不发泡型高聚物在有水环境中反应

图7　发泡型高聚物在有水环境下反应

4　结论

本文通过设计裂隙注浆模型试验，得到了如下结论：

（1）注浆压力总体呈现出先增大然后趋于稳定的趋势；

（2）在有水环境下，高聚物浆液将会被稀释，进而使浆液扩散更为均匀，但会降低高聚物浆液反应完全后固结体的密度；

（3）通过对反应后高聚物的形貌分析发现，两种高聚物注浆材料在有水裂隙中均能较好扩散填充，从而实现对水下裂隙的封堵。

参考文献

[1] 石明生．高聚物注浆材料特性与堤坝定向劈裂注浆机理研究［D］．大连：大连理工大学，2011.

[2] 高春波．聚氨酯低压持续注浆堵漏技术在桃林口水库大坝渗漏缺陷处理中的应用［C］.//中国水利学会．中国水利学会水工专业委员会第十届年会论文集．2012：281－286.

[3] 王复明，范永丰，郭成超．非水反应类高聚物注浆渗漏水处治工程实践[J]．水力发电学报，2018，37（10）：1－11.

[4] 李术才，张霄，张庆松，等．地下工程涌突水注浆止水浆液扩散机制和封堵方法研究[J]．岩石力学与工程学报，2011，30（12）：2377－2396.

[5] 陈圣平，徐岿东．天生桥面板堆石坝分块填筑与坝体裂缝[J]．人民长江，2000（06）：20－22＋48.

[6] 阮文军．基于浆液粘度时变性的岩体裂隙注浆扩散模型[J]．岩石力学与工程学报，2005（15）：2709－2714.

[7] 湛铠瑜，隋旺华，高岳．单一裂隙动水注浆扩散模型[J]．岩土力学，2011，32（06）：1659－1663＋1689.

[8] 李晓龙，金笛，王复明，等．一种理想自膨胀浆液单裂隙扩散模型[J]．岩石力学与工程学报，2018，37（05）：1207－1217.

[9] 李晓龙，王复明，钟燕辉，等．自膨胀高聚物注浆材料在二维裂隙中流动扩散仿真方法研究[J]．岩石力学与工程学报，2015，34（06）：1188－1197.

[10] 刘军，张亚峰，邝健政，等．双组分遇水膨胀聚氨酯灌浆材料的研制及性能[J]．聚氨酯工业，2010，25（02）：17－20.

[11] 钱学楼．新型化学注浆材料—水溶性聚氨酯浆液[J]．冶金建筑，1980（11）：38－43.

[12] LOMBARDI G.，DEERE D. Grouting design and control using the GIN principle [J]. International Water Power and Dam Construction IWPCDM，1993，45（6）.

[13] 刘书奇，赵瑜，边红娟．化学灌浆技术在大花水电站大坝混凝土裂缝处理中的应用[J]．华北水利水电学院学报，2009，30（05）：44－47.

高聚物注浆材料低温裂隙扩散模型试验研究

田晗[1,3]，石明生[1,2]，樊炳森[1,2]

（1. 郑州大学水利科学与工程学院，河南郑州 450001；

2. 郑州大学水利与交通基础设施安全防护河南省协同创新中心，河南郑州 450001；

3. 中国电建集团贵阳勘测设计研究院有限公司，贵州贵阳 550000）

摘 要：低温和裂隙水是影响深水大坝或水库高聚物注浆防渗、堵漏效果的主要因素，因此对低温、含水裂隙中高聚物的扩散规律和封堵效果进行深入研究具有重要的工程价值和实用意义。本文以混凝土裂隙为研究对象，通过模型试验对两种高聚物注浆材料在混凝土裂隙中的扩散规律进行了研究，同时对低温下高聚物浆液在不同含水量的裂隙中的注浆压力进行监测，对裂隙中最终形成的高聚物固结体密度进行了测量。结果表明：各工况中高聚物注浆材料对裂隙的嵌填基本完好，且遇水会使高聚物浆液反应压力大幅下降；浆液在裂隙中的填充过程呈梯形推进，浆液触及裂隙末端会产生“回溯”，对裂隙进行反向填充；另外，裂隙水的存在会使最终生成的高聚物固结体的密度更小且更为均匀。

关键词：模型试验；高聚物；低温；混凝土裂隙；注浆压力

1 研究背景

注浆是治理土木水利工程中突涌水的主要方式，而土木水利工程的突涌水主要与岩体裂隙和岩体断层密切相关，因此工程界中便开发了相关的注浆技术。起初，该技术主要应用于煤矿、铁路和道路维修工程，应用前景广阔[1,2]。首先起源与国外，在19世纪初，法国人[3]开创了黏土注浆技术，用

基金项目：国家重点研发计划项目（2016YFC0401609）

作者简介：石明生（1962—），男，河南南阳，教授，博士，主要研究方向为堤坝除险加固及高聚物注浆理论与技术。E-mail：sms315@126. com

于船坞工程的修复。19 世纪中叶至20 世纪初，注浆技术得到进一步发展，出现了以水泥为浆材的注浆技术。1876 年，在大坝基岩的裂隙修复中，托马斯将以水泥为浆材的注浆技术引入加固施工。1920 年，化学灌浆技术出现，荷兰工程师尤思登采用水玻璃和氯化钙双液注浆，验证了双液注浆的可靠性。进入 20 世纪 60 年代，化学注浆施工进入繁荣发展的新时期，注浆施工中浆材更加多样性，注浆设备日益现代化，施工技术日益成熟，同时注浆理论的发展以及工程应用也取得了较大进步[4,5,6]。而在我国，自 20 世纪 50 年代化学灌浆技术开始发展迅猛[7,8]。但总体来看，我国化学灌浆设备与国外先进产品相比，其技术性能仍有一定的差距[9]。

随着注浆技术的发展，注浆材料也越发多样化，至今已有上百种化学浆液[10,11]。其中，1937 年德国人拜尔[12]教授首次制造出了聚氨酯，随后投产制造聚氨酯产品。20 世纪中期，我国聚氨酯工业开始发展，近年发展迅猛[13,14]。聚氨酯化学浆材因其优异的工程性能，广泛应用于道路维修、隧道止水、轨道抬升的诸多领域。但其在低温和潮湿条件下裂隙的扩散和填充效果有待进一步研究。因此本文以混凝土裂隙为研究对象，通过模型试验探讨了低温条件下两种聚氨酯浆液在混凝土裂隙中的扩散规律，对于工程防渗、堵水具有重要的指导意义。

2 试验研究

2.1 模型试验设计

随着工程问题的复杂程度不断加深，现有的理论方法已不足以真实地反映工程实际。因此，利用原位试验和模型试验方法研究复杂工程问题就变得更为普适，但通常情况下原位试验耗资较大，而模型试验是根据相似原理将复杂的工程问题简单化，不仅能够反映工程实际，而且又经济实用。故而，本文采用模型试验对低温有水环境下高聚物裂隙扩散规律进行探讨。

本文以某大坝深水裂隙渗漏高聚物注浆封堵工程为背景，设计了如下模型试验。首先，根据工程实际情况，设计了图 1 所示的混凝土板模型、钢板夹具和图 2 所示的注浆盒，利用混凝土板模拟大坝裂缝，混凝土板通过钢板夹具中紧固，钢板夹具下部有万向轮，便于拆模清理和移动对中，且钢板夹具的尺寸为：3300mm×1500mm×10mm，这样通过钢板夹具和注浆盒便可构成一个完整的封闭环境。这里根据裂缝（长度1~800mm）在上下两个方向的发展程度，将裂缝分为有水、无水、湿缝三种情况。同时，根据裂缝的贯通情况，又将裂缝分为贯通和不贯通两个工况。另外，广义上的聚氨酯材料有发泡和不发泡两种浆液，故针对两种浆液对以上工况做了对比试验，共计11种工况。本文主要分析裂隙贯通状况下的6种工况，分别是：工况一（不发泡无水贯通），工况二（不发泡有水贯通），工况三（不发泡湿缝贯通），工况四（发泡无水贯通），工况五（发泡有水贯通），工况六（发泡湿缝贯通）。

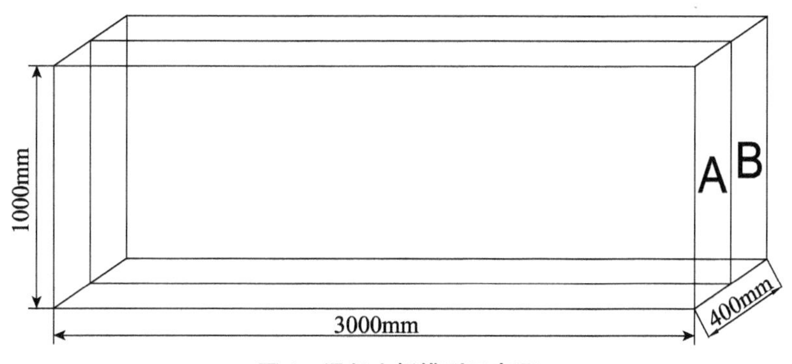

图1　混凝土板模型示意图

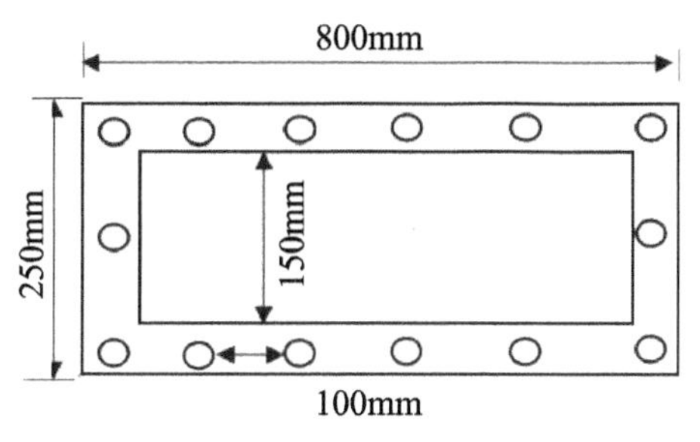

图2　注浆盒

2.2　试验仪器

为测量注浆过程中裂隙中注浆压力的变化情况，如图3所示沿浆液流动方向在混凝土板上设置了6个压力测量孔，采用杭州美控仪器有限公司生产的MIK－P300型平膜压力变送器进行压力测量，利用高速无纸记录仪进行数据采集。同时，注浆系统采用图4所示郑州安源工程技术有限公司开发的集成式多功能系统。该系统是将注浆设备和汽车车厢组装在一起而形成的特种施工作业平台。相比于普通的注浆设备具有移动灵活，结构紧凑，动力强劲等特点，适用于快速连续作业，可以大幅提升试验效率，目前在道路抢险和堤坝以及隧道突涌水的注浆施工中得到广泛应用。

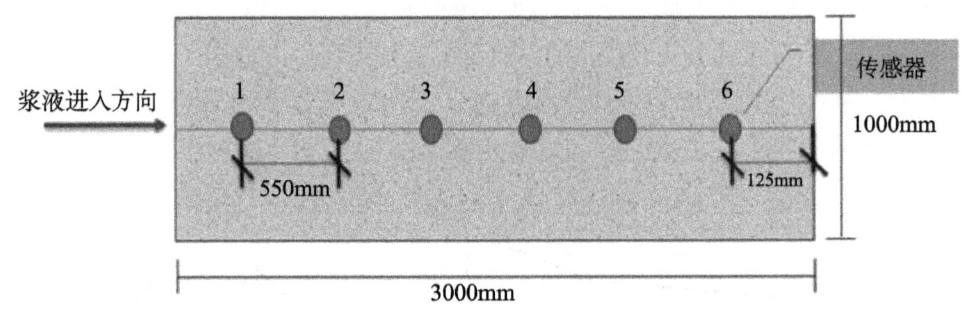

图3　高聚物浆液进浆方向及传感器布置示意图

图4　多功能集成注浆系统

2.3　实验步骤

（1）首先，在混凝土内壁上贴宽10mm，厚15mm的橡胶垫片，U型布置开口在注浆端。然后，根据试验方案对界面进行处理，对中后将钢板夹具对拉丝紧固，确保不会漏浆。最后，记录对应的温度数据。

（2）安装注浆盒，首先对螺栓孔进行清理，清理过后抹上黄油，防止粘连，尤其是传感器部位需要多涂抹黄油，以防高聚物残留影响压力数据的准确性。注浆盒与混凝土界面的贴合部位上有钢制立面。注浆盒上有橡胶垫片，防止漏浆。

（3）根据工况条件进行注水操作，注水采用自吸泵，配置对应的注浆头在注浆盒的注浆孔位置进行注水操作，直到冒水停止注水，这样裂缝内部就形成了静水环境。通过在裂隙模型尾部设置金属管，模拟裂隙贯通条件。

（4）注浆系统加热到合适的温度，同时调整注浆压力到指定数值，进行注浆操作，并记录注浆量。

（5）打开高速无纸记录仪对浆液进行实时量测。

（6）对压力传感器数值进行实时监测，注意观察混凝土模具的状态，以及对应的压力变化。

（7）拆模后在指定点位取样，对聚合物的密度进行记录，轴向位置自注浆端依次排开设置六个取样点，此外分别在距注浆端 1m 处和 2m 处纵向设置五个取样点。

（8）对试验结果进行分析。

3 压力试验结果及分析

经过一系列的试验，高聚物裂缝注浆封堵达到预期效果。在各注浆过程中，发现浆液基本能够填充裂隙，有部分未能完全填充裂隙的也能够达到封堵止水的目的。每种工况下传感器接收到的压力信号略有不同，以下对 6 种工况下测得的试验数值分别进行分析。其中，注浆设备参数如下：温度 102℉，注浆压力 1750PSI。室外温度 6℃，混凝土温度 9.5℃，裂隙宽度 5mm，高度 800mm。长度约为 2900mm。

对试验过程中注浆压力进行分析，一方面可以掌握注浆过程中浆液在裂隙中的行进规律，另一方面可以调整设备注浆压力防止出现裂隙的二次劈裂扩张。在注浆压力分析部分，因为注浆阶段分为两个过程，分别是注浆阶段和反应阶段。前者注浆压力增长主要依靠注浆设备推动，此阶段浆液通过注浆机的泵射压力将聚氨酯材料填充到裂隙部位。后者压力增长主要依靠注浆后浆液的膨胀力，在此阶段膨胀压力会持续增长，直至平稳。

3.1 注浆阶段

注浆阶段以裂隙端口冒浆为止，同时注浆压力保持恒定。注浆开始时打开平膜压力传感器记录注浆压力变化。从图 5 ~ 图 10 给出的注浆压力分布情况可以看出：注浆压力的增长是非线性的，注浆压力最大值基本发生在 13# 传感器位置，最大注浆压力为 0. 44MPa。此外，13#传感器的压力曲线在中后段都有陡然上升的趋势，此时裂隙端部浆液反应粘度增大，注浆压力恒定时，注浆盒位置压力上升。同时，注浆压力沿注浆端向末端压力依次减小，0 ~ 2750mm 段注浆压力趋于一致。浆液在充满注浆盒后以注浆盒为反推装置驱

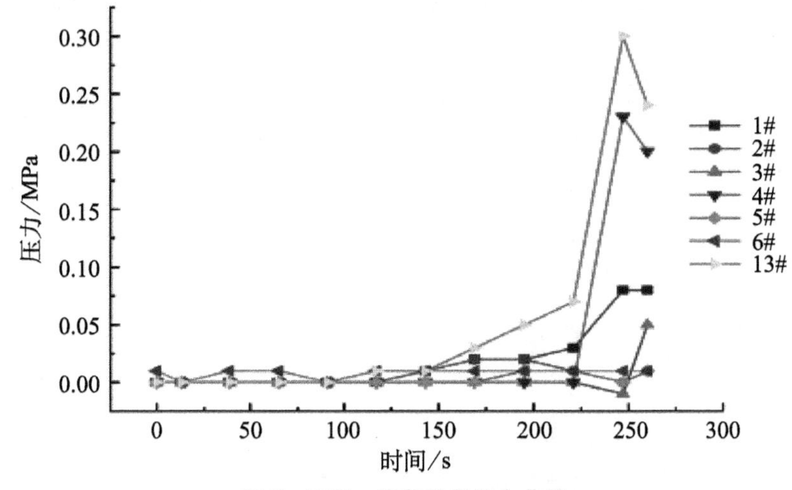

图 5　工况一注浆阶段压力曲线

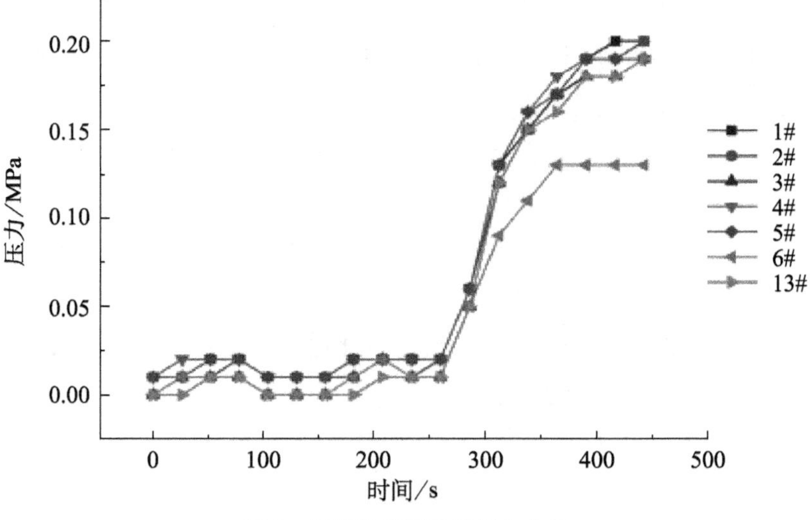

图 6　工况二注浆阶段压力曲线

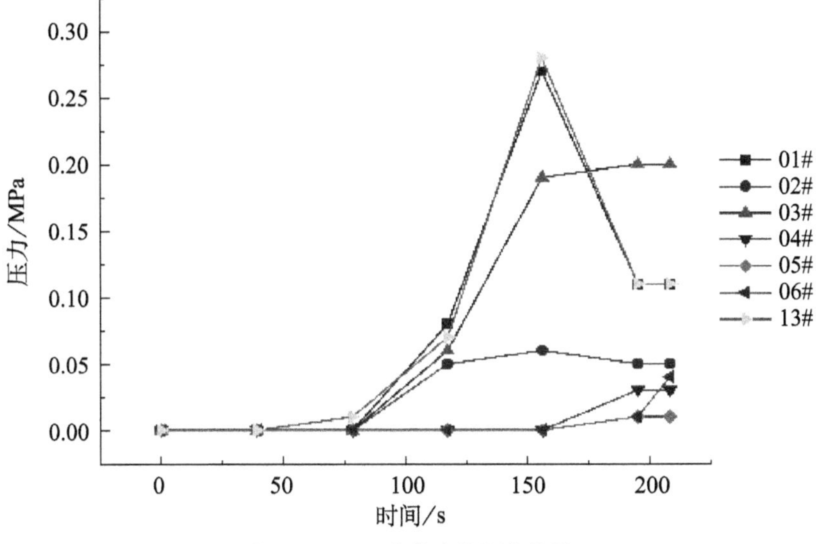

图 7　工况三注浆阶段压力曲线

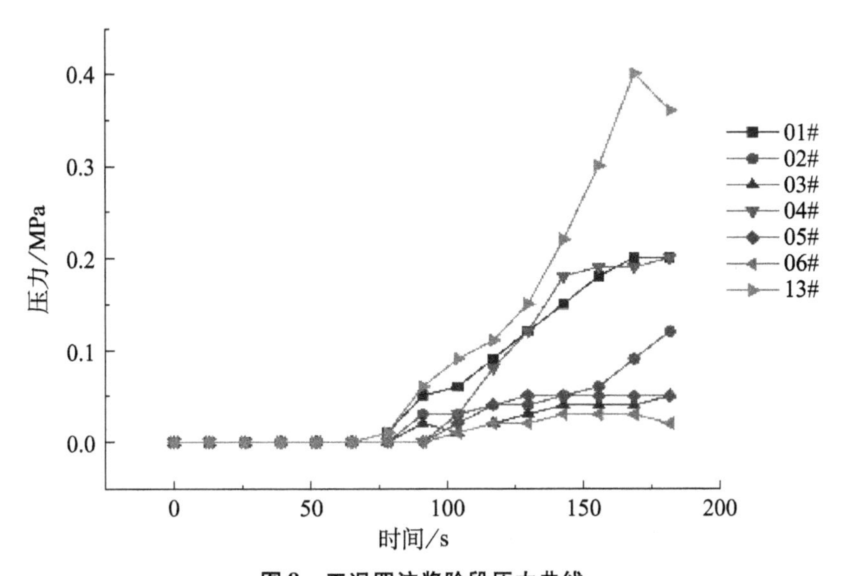

图 8　工况四注浆阶段压力曲线

使浆液前进，由于裂隙是贯通的，所以末端的注浆压力稍小。图 9 所示工况五的压力较其他五个工况注浆压力少了一个数量级，这是因为发泡浆液遇水后急剧膨胀，浆液被稀释加上是贯通裂隙，所以注浆压力很小。同时，工况五“星标”位置是 13#传感器的跃迁，这是因为浆液突破了裂隙的临界阻力，且裂隙开度的不均匀性也是造成压力曲线陡然上升的主要原因。另外，图 6 所示工况二中压力线型较为一致，这可能是因为不发泡浆液遇水稀释后均匀性增加，在短时间内迅速填充整个裂隙，之后压力变化趋于一致，且不发泡浆液的反应起始时间大概在 200s 左右，发泡浆液则为 80s 左右。

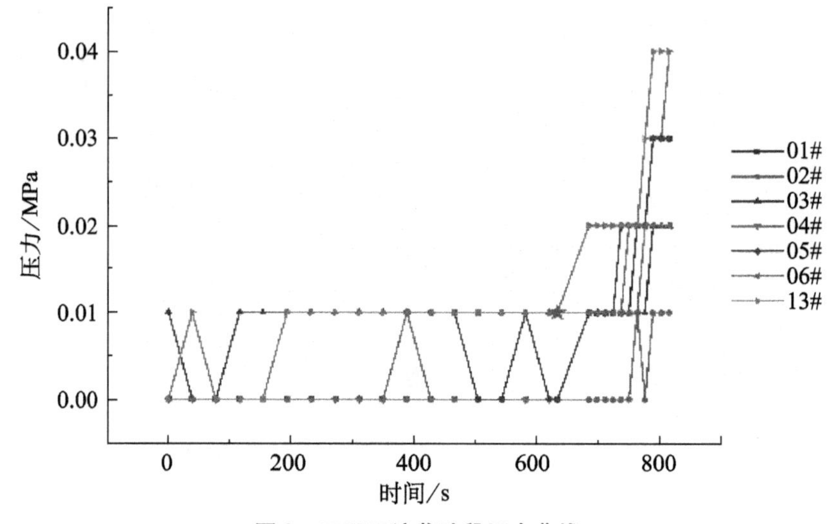

图 9　工况五注浆阶段压力曲线

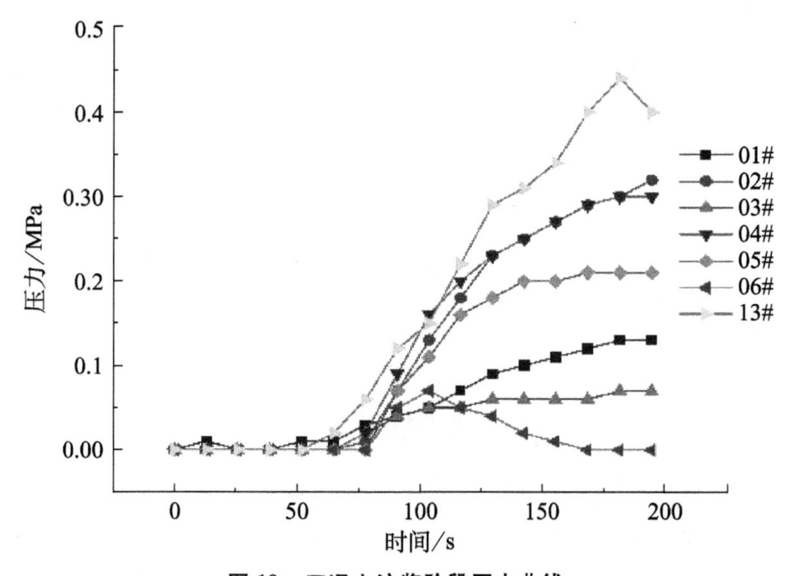

图 10　工况六注浆阶段压力曲线

3.2 反应阶段

以端部冒浆开始计算反应阶段，以压力在10min内不再变化视为反应停止，结束压力数值采集。图11～图16给出六种工况浆液反应时的压力时程曲线。总体来看，反应阶段压力的增长也是非线性的，在反应阶段，压力时程曲线最大值同样多发生在注浆盒的位置。且工况一压力最大值为0.07MPa，在六个工况中最小，说明在无水裂隙中，不发泡浆液的膨胀力极其微小，不会在灌浆过程中发生裂隙的二次劈裂。有水裂隙中不发泡浆液在注浆过程中会驱替一部分水，少量水与浆液发生剧烈反应，导致反应压力上升，达到监测的最高值0.51MPa。工况三不发泡浆液在湿缝中灌浆，裂隙内壁极少量的水分会与浆液反应，致使压力升高，其值高于工况一，低于工况二。同时，裂隙湿缝贯通状态下，两种浆液类型的反应压力线型分布一致（工况三、工况六），工况四线型起伏较小，这表明发泡浆液在无水裂隙中的反应极快，注浆结束，浆液反应基本完毕，故而在反应阶段压力起伏微小。此外，工况五水的参与增加了反应时间，同时使注浆压力有所上升，这与工况二线型类似，800～1500s时的反应速率很大，主要原因是有水的参与，促使反应加速，所需水分被消耗完之后，反应放缓。而图16表明工况六反应略有起伏，但是起伏不大，这主要与水量太少和浆液种类有关。

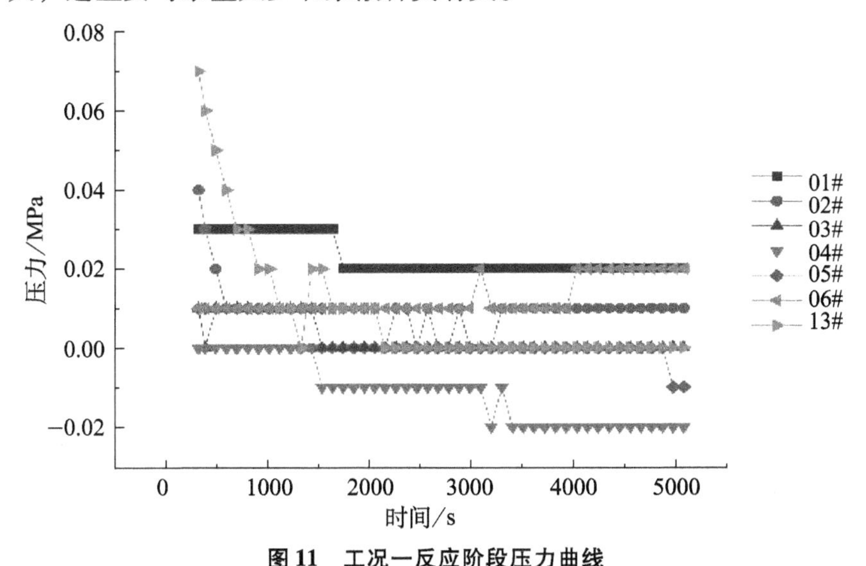

图11　工况一反应阶段压力曲线

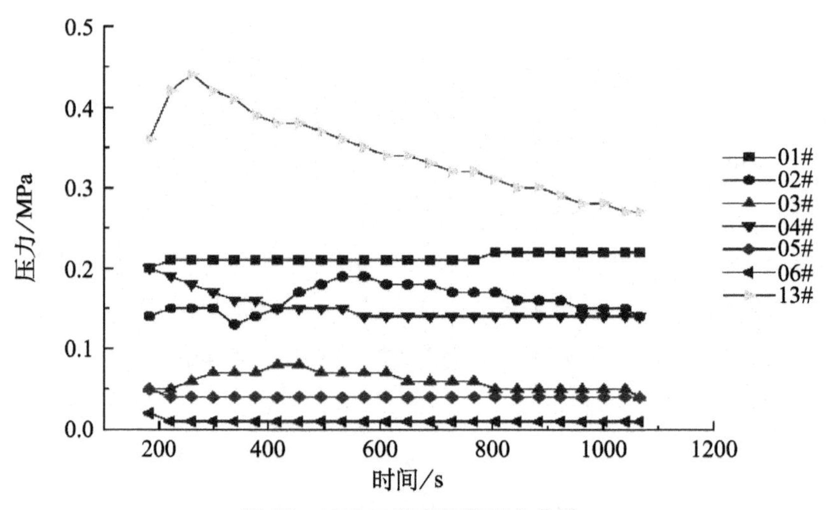

图 12　工况二反应阶段压力曲线

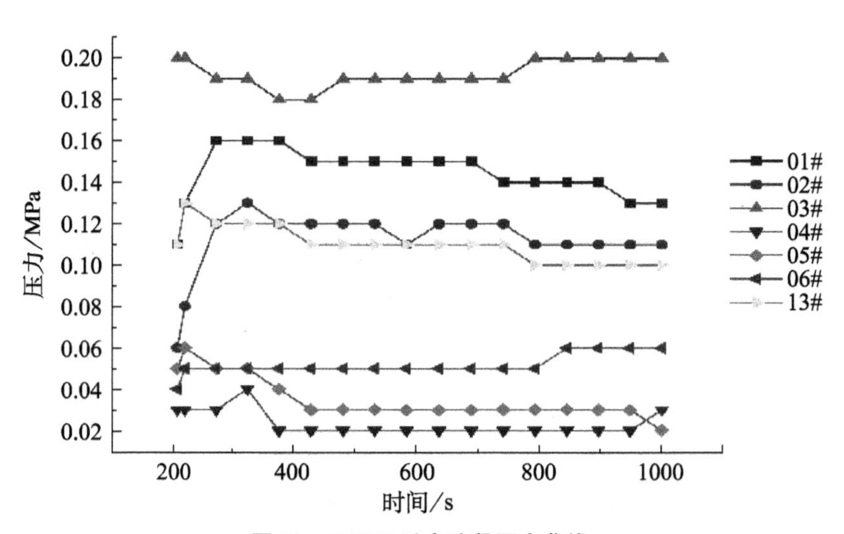

图 13　工况三反应阶段压力曲线

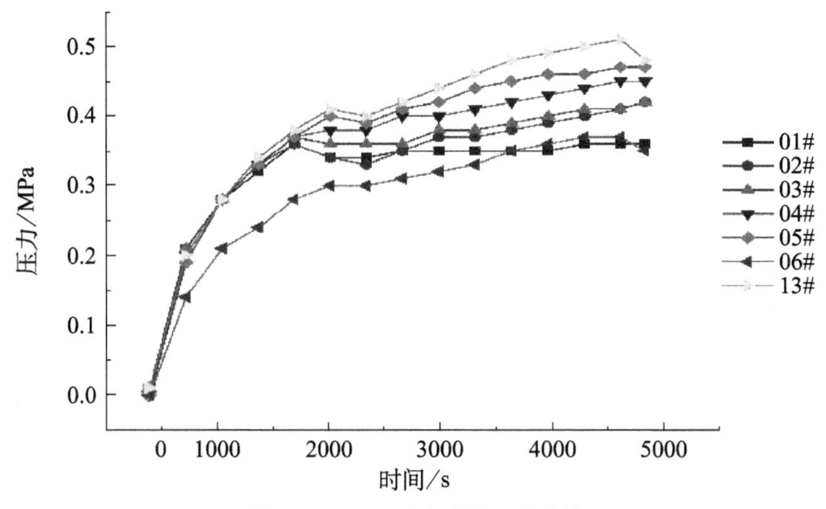

图 14　工况四反应阶段压力曲线

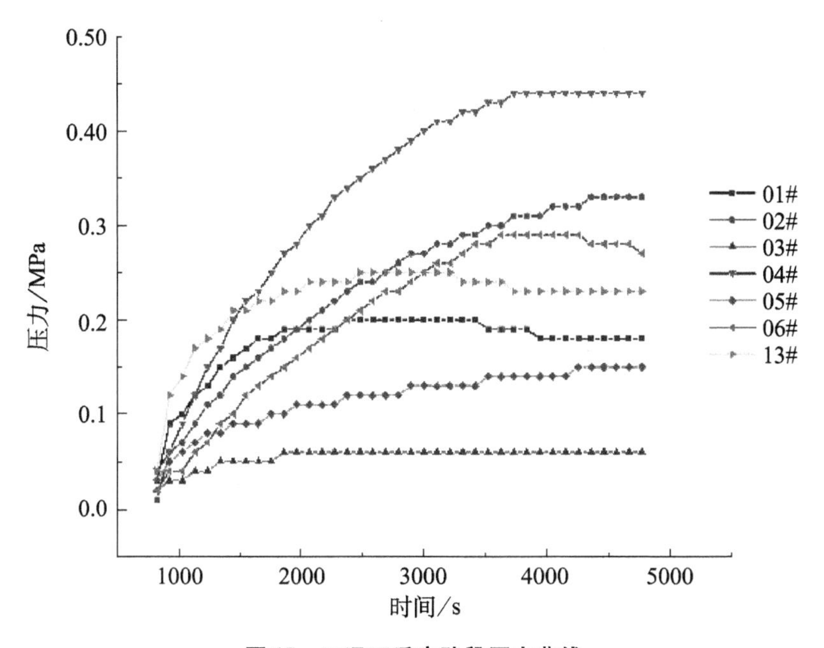

图 15　工况五反应阶段压力曲线

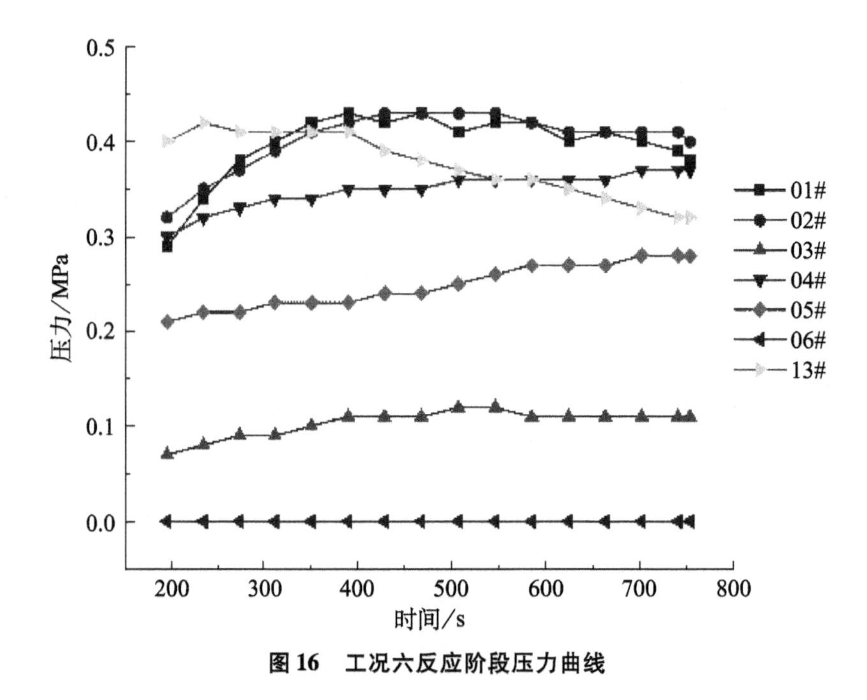

图 16　工况六反应阶段压力曲线

4　试样密度及分析

4.1　沿轴向高聚物固结体密度分析

图 17 给出了反应完全后不同工况下高聚物固结体沿轴向分布曲线，很显然，从注浆端到末端整体高聚物固结体呈现依次减小的趋势，其中，工况二和工况五高聚物固结体密度分布较为均匀，且不发泡浆液在有水和无水裂隙中形成的高聚物固结体密度差异较大。同时，非发泡浆液遇水之后体积膨胀，密度减小。湿缝贯通条件和有水贯通条件下非发泡高聚物密度均值相较于无水贯通条件下分别低 20% 和 62% 。

为便于分析，表 1 和表 2 给出了两种材料不同工况相对无水条件件密度降幅情况。从表中可以看出，不发泡材料在无水贯通条件下生成的高聚物材料平均密度为 0.92g/cm³，分别比有水贯通条件下密度高 62%，比湿缝贯通条件下生成的高聚物密度高 20% 。而发泡材料在无水贯通裂隙工况下生成的高聚物试样的平均密度为 0.65g/cm³，分别比有水贯通条件下密度高 59%，比

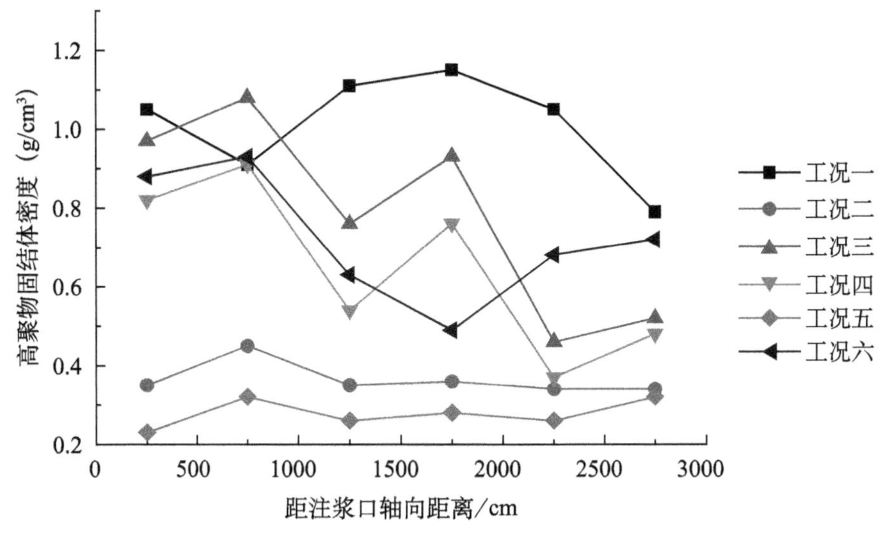

图 17　不同工况下高聚物固结体沿轴向分布图

湿缝贯通条件下生成的高聚物密度低22%。综上可得，缝隙水的存在直接影响了最终反应完全得到的高聚物固结体的密度，并且含水越多，高聚物固结体密度降幅越大，这也为实际工程的施工提供了技术参考。

表 1　非发泡材料与无水条件下对比密度下降情况

工况名称	密度均值（g/cm³）	下降百分比（%）
工况一（不发泡无水）	0.92	/
工况二（不发泡有水）	0.35	62
工况三（不发泡湿缝）	0.74	20

表 2　发泡材料与无水条件下对比密度下降情况

工况名称	均值（g/cm³）	下降百分比（%）
工况四（发泡无水）	0.65	/
工况五（发泡有水）	0.27	59
工况六（发泡湿缝）	0.79	22

4.2　同位置不同工况密度对比分析

取六种工况下的试样纵向两个端点位置（B1，B5，C1，C5），纵向前75cm（A1，A2）位置分析。

表 3　同位置不同工况密度分析

工况	A1（25cm）	A2（75cm）	B1（15cm）	B5（75cm）	C1（15cm）	C5（75cm）
工况一	1.05	0.9	0.9	0.9	1.1	1.3
工况二	0.4	0.5	0.3	0.4	/	/
工况三	0.97	1.07	0.9	0.79	0.78	/
工况四	0.82	0.91	0.67	0.67	0.51	0.48
工况五	0.23	0.3	0.22	0.24	0.24	0.3
工况六	0.88	0.93	0.55	0.51	0.48	0.62

由表 3 可以看到近注浆端水的参与致使工况二和工况五的密度明显降低，不发泡浆液生成的密度大于发泡浆液的密度，但差距不大；在距注浆端 75cm 位置处，两种浆液在无水和湿缝条件下的密度差别更小。根据郑州大学石明生[9]的研究来看，在高聚物自身密度达到 0.6g/cm^{3}时，可以抵抗 1MPa 以上的水压力。在裂隙潮湿条件下选用不发泡浆液生成的嵌缝体的密度更大，具有较好的堵水效果。裂隙有水时会使试样密度更加均匀，在工况二和工况五尤为明显。

5　聚合物表观分析

聚氨酯材料两类浆液在不同注浆工况下扩散范围和嵌缝情况不一致，尤其是有水和无水工况的表观差异更大，本节对聚合物的表观嵌缝状态做评价。工况一（图 18），拆模后高聚物颜色呈现蜡黄色，后部颜色较深。前部位置有 10cm × 8cm 的缺损。试样长 2.9m，宽度约为 76cm，距后端长度 1.6m，上端 0.15m 部分出现深色条纹。自注浆端 1m 顶部至后端底部 2.6m 处后斜向下的“锋线”，反映出浆液轴向填充的两个阶段：第一阶段为“锋线”右侧部分裂缝的填充；第二阶段的填充为锋线左侧位置的填充，自底部反向填充至“锋线”位置。固化后的高聚物，虽然中部有缺损，但总体在裂隙范围内能够进行较好的填充。底层由于重力作用形成的聚合物密度较大，距底部 30cm 处颜色呈褐色。工况二（图 19），形成的高聚物体均匀一致，呈浅黄色，局部有泡状空鼓，为反应过程中浆液与水反应生成二氧化碳气体作用下产生空鼓，且形成的高聚物试样宽度为 760mm，长度为 2900mm，厚度均值为 1.25mm，浆液对裂隙进行了完全填充，无局部缺损。工况三（图 20），试样高约 760mm，长度约 2900mm。距注浆孔 1120mm 处，中间部分有约 1400mm

的缺损。缺损呈现斜向下分布，末端最大，缺损高度达到400mm，其余位置嵌填良好，且表观颜色不一致，呈现深浅交替。由图中还可以看出浆液的流动情况：自注浆端梯形锋线向下流动，至端部反向填充端部后浆液未进一步流动。这是因为聚氨酯浆液属于粘塑性流体，其在裂隙中的运动将沿着各个方向进行，由于重力的作用，首先是向下运动。工况四（图21），高聚物试样表观颜色不均匀，前段1m出现暗红色结块（异氰酸酯过多），这与反应阶段压力分布相吻合。且试样长度2900mm，宽度770mm，厚度在10.7～12mm不等。在试样中心位置有团状颜色较浅高聚物试样，沿轴线高聚物颜色依次变浅。除此之外，高聚物对裂隙的填充较为完好，未出现缺损。从中间暗红色结块部分也能看到双组分聚氨酯浆液在裂隙中的流动轨迹，从注浆端开始逐步径向扩散，末端直径最大。工况五（图22），发泡浆液在有水贯通裂隙条件下，得到的高聚物嵌填物自注浆端至裂隙后端，表观密度分布较为均匀，呈现浅黄色。中部靠下1200mm位置有一空鼓，主要原因是裂隙中的水被浆液包围，在局部水过多，与高聚物持续反应生成二氧化碳造成局部空鼓。其他位置也可见少量泡状隆起，手戳即破。端部靠上位置有一$5cm^2$的闭合状缺损，形成的原因是浆液填充过程中，裂隙内的空气来不及从贯通位置排走，形成闭合状的缺损。同时可以看到试样下部颜色稍深，为重力作用下，浆液的集聚压密作用，造成局部位置的密度稍微增长。工况六（图23），湿缝贯通条件下试样的表观颜色分布不均匀。距注浆端200～400mm处有暗沉，此处表观密度较大。同时可以看到试样局部为花白色，表观密度较小，原因是聚氨酯浆液与裂隙表面的水发生反应，致使高聚物表层发泡率大于无水条件下生成的高聚物。自注浆端上部2530mm处以下至底部30mm处有大块缺损。试样前部较为完整，占试样总长的90%，试样对裂隙的嵌填效果较好。

图18　工况一表观图

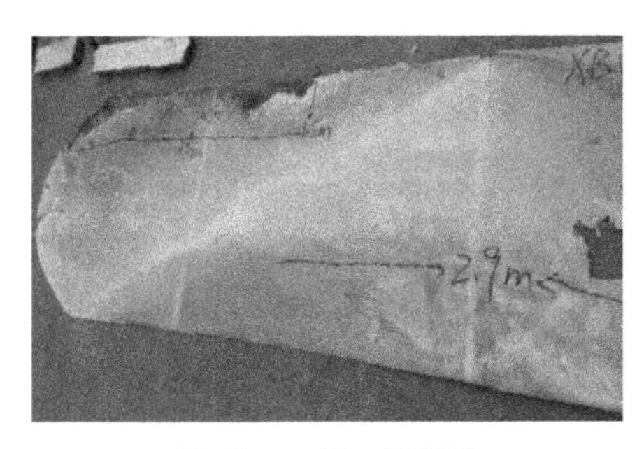

图19　工况二表观图

图 20　工况三表观图

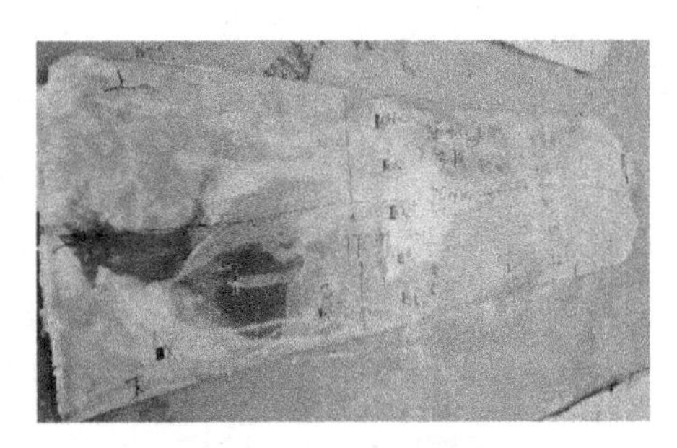

图 21　工况四表观图

图 22　工况五表观图

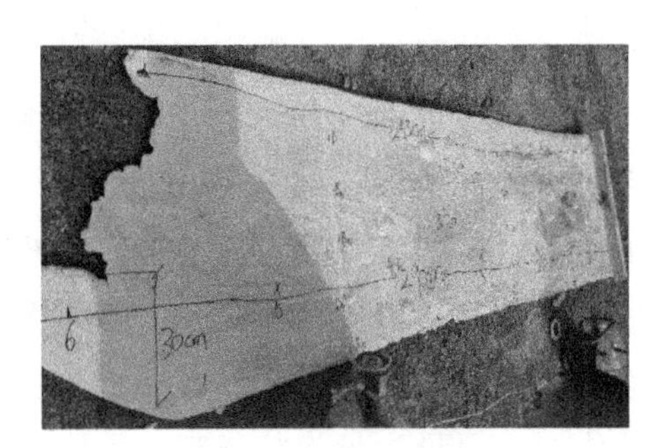

图 23　工况六表观图

6　结论

本文主要通过模型试验的方法对 6 种工况下聚氨酯材料对裂隙的嵌填效果做了评价。分析了非发泡和发泡高聚物在无水裂隙、有水裂隙以及湿缝条件下的注浆压力分布，密度分布以及封嵌效果。得到如下结论：

（1）在六种工况下，高聚物对裂隙的嵌填基本完好。尽管一些工况下形成的嵌缝物不完整或者局部有缺损，但都是集中在后部，在注浆端 2m 范围内均能实现较好嵌填。

（2）浆液在从裂隙端部到尾部推进的过程中，浆液有“回溯”现象，即：浆液在竖直裂隙中推进一段时间后前部浆液因“时变性”反应硬化，同时因重力作用集聚在裂隙下部，后续浆液沿逐渐堆积起来的上部通道，继续向前推进，形成斜向下的“锋线”，在尾部冲击裂隙末端产生回溯，反向填充裂隙。

（3）从注浆压力沿轴向位置分布规律性不强，这主要是因为浆液在裂隙中的扩展压力突变值取决于裂隙位置的开度，若前序浆液固化会造成后续位置传感器的压力突变，同时，浆液遇水会使注浆压力大幅降低。

（4）在有水裂隙中两种浆液密度均会大幅下降，发泡有水贯通条件下生成的高聚物固结体密度最低。从嵌填效果来看，裂隙中的水的存在会使浆液的流动性增加，填充密度更为均匀完整。

参考文献

[1] 黄德发，王宗敏．地层注浆堵水与加固施工技术［M］．徐州：中国矿业大学出版社，2003.

[2] 杨米加，陈明雄，贺永年．裂隙岩体注浆模拟实验研究［J］．实验力学，2001（1）：105－112.

[3] 雷华芳译．灌浆方法的发明与发展［J］．北京：水利水电科学研究院译丛，1964（4）.

[4] 肖田元，邢京萍．化学灌浆的发展与应用［C］．水利水电地基与基础工程学术交流会论文集．天津：天津科学技术出版社，1998.

[5] 邝健政，彭海华．化学灌浆技术在国内土木工程中的研究及应用发展趋势［C］．第四届中国岩石锚固与注浆学术会议论文集，2007.

[6] 程鉴基．谈水泥类化学灌浆加固隧道基底软土的技术问题［C］．中国土木工程学会隧道及地下工程学会第八届年会论文集，1994.

[7] 蒋硕忠．我国化学灌浆技术发展与展望［J］．长江科学院院报，2003（5）：25－27.

[8] 蒋硕忠，邓敬森．中国化学灌浆的现状与未来［C］．首届中国化学灌浆论坛论文集．武汉：长江出版社，2005.

[9] 石明生．高聚物注浆材料特性与堤坝定向劈裂注浆机理研究［D］．大连理工大学，2011.

[10] 葛家良．化学灌浆技术的发展与展望［J］．岩石力学与工程学报，2006（S2）：3384－3392.

[11] 熊厚金，林天健，李宁．岩土工程化学［M］．北京：北京科学出版社，2001.

[12] Roy W. Tess，Gary W. Poehlein. Appiled Polymer Science［M］. American

Chemical Society. Washington, D. C. 1985.

[13] 徐培林. 聚氨酯材料手册 [M], 化学工业出版社, 2003.

[14] 彭丽敏, 尚会建, 盖丽芳, 等. 聚氨酯工业现状与发展趋势 [J]. 河北工业科技, 2006, 23 (4): 253 -256.

水下施涂环氧密封粘接剂试验研究

赵波，李敬玮，徐耀，夏世法，孙志恒
（中国水利水电科学研究院，流域水循环模拟与调控国家重点实验室，北京　100038）

摘　要：混凝土建筑物的水下修复，特别是水利工程大坝裂缝及面板接缝止水的水下修复，已经成为一种比较普遍的工程施工方式，但水下修复对修复材料的性能和可靠性提出了很高的要求。本文针对环氧水下密封粘接剂，研究了多个配方体系的水下粘接性能和水下施涂性能，讨论了水下粘接剂粘接效果的分散性，固化剂用量以及配方体系粘度和流动性对水下粘接效果及施涂性能的影响。在实践中应根据具体应用环境和应用要求，选择与工程要求匹配的材料体系。

关键词：水下；环氧；粘接剂；密封剂；混凝土修复

1　研究背景

在水利、海洋、港口等工程领域，混凝土建筑物的功能损伤和缺陷的修复经常需要在水下环境进行，特别是水利工程大坝坝体裂缝及面板接缝止水结构的修复，关系到大坝的运行安全和服役寿命，而且出于水库功能及经济效益考虑，水下修复往往是首选方案，这就对水下修复材料提出了很高的要求。在水下修复材料中，水下密封粘接剂通常用量不大，但作用非常关键，决定了修复材料与混凝土基面之间粘接和密封的质量，往往决定了整体修复的效果和可靠性。

水下粘接可靠性是工程上的一个长期难点问题，从 20 世纪 60 年代末期

基金项目：国家重点研发计划项目（2016YFC0401609）；中国水科院基本科研业务费专项（SM0145B952017，SM0145B632017）

作者简介：赵波（1970—），男，天津人，博士，高级工程师，主要从事水工材料研究。E-mail：zhaobo@ iwhr. com

开始，在水下固化剂方面开展了大量的研究工作[1-6]。但水下粘接施工效果稳定性不高，在水下粘接材料的开发方面也缺乏明确的理论指导，通常认为胶液在有水存在的表面上实现良好的浸润，在热力学上要满足以下条件：

$$W_{黏} = \gamma_{WS} + \gamma_{WA} - \gamma_{SA} > 0$$

式中 $W_{黏}$为黏附功；γ_{WS}为基面与水的界面能；γ_{WA}为粘合剂与水的界面能；γ_{SA}为基面与粘合剂的界面能。

由于液—固和气—固的界面张力至今还不能用实验准确测定[7]，所以上述公式只是一个理论分析，难以用于实际体系中。

而从动力学角度看，胶液需要穿透基面上的水膜而达到与基面接触的效果，也就是将基面上的水用胶液置换出来，由于水是极性的小分子，这个过程是极为困难的。实际界面状态更应该是一个胶液和水共存而与基面形成的弱界面层，因而胶液具有一定的亲水性对水下粘接是有利的，一方面可以在界面层与水部分“互溶”而与被粘物接触，进而能够实现对基面的部分浸润；另一方面，由于胶液的亲水性而使界面处的水向胶液内部扩散，利于提高胶液在界面处的浓度。同时如果在胶液体系中加入吸水性物质，可以增加界面水分向胶液内部的扩散，从而加强界面水分的转移，会进一步提高粘接效果。本文基于以上思路，开展了水下环氧粘接密封剂的研究试验工作。

2 试验概况

2.1 试验材料

试验原材料均为市售材料，主要包括：液态双酚 A 环氧树脂 E51，活性稀释剂，改性胺类固化剂，固化促进剂，填料及加工助剂。

2.2 试验设备

试验设备主要包括：低温箱，用于控制水下试验温度；水槽，深 30cm，用于水下粘接试验操作和试件养护；万能电子拉力试验机，用于测试试件粘接强度；附着力拉拔仪，用于测试粘接剂在混凝土基面上的附着力。

2.3 试验方案

环氧密封水下粘接剂为 A/B 双组份产品，其中 A 组分为环氧树脂组分，B 组分为固化剂组分。试验中确定了 8 组配方体系，分别记为 UW－1#～UW－8#，进行了水下粘接及施工性能的对比试验。

2.4 试验内容及方法

2.4.1 低温水下与水泥砂浆的粘接试验

在低温环境下（约 5℃）进行水下哑铃型水泥砂浆试件的粘接，水泥砂浆试件提前在中间腰部敲断并在 5℃水中浸泡 12h 以上，环氧密封水下粘接剂也在同样温度下放置 12h。粘接试件成型过程：将哑铃型水泥砂浆试件在粘接面涂抹密封粘接剂，对接后平放在水槽底部，整个过程都在水下完成，图 1 为水下粘接操作照片；每组 3 个试件，在水下固化 21d 后测试粘接强度。

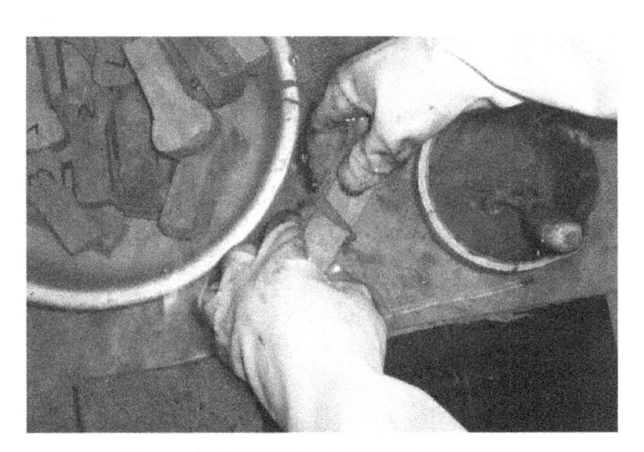

图 1　与水泥砂浆水下粘接试验照片

2.4.2 水下涂抹试验

在低温（约 5℃）水下环境下，用腻子刀进行粘接密封剂的水下混凝土面的涂抹试验，评价其水下涂抹性能。

2.4.3 低温水下与 GB 胶的粘接试验

在低温水下环境，用腻子刀将环氧粘接密封剂涂抹在混凝土基面上，盖上 GB 胶板，上面用两块哑铃型砂浆试件压上，7d 后观察粘接情况。

3 试验结果与讨论

3.1 低温水下与水泥砂浆粘接试验

3.1.1 水下粘接数据的稳定性

图 2 是 8 个配方体系标有标准差的水下粘接强度柱形图。由每个柱形图的标准差大小可以看出，同一组水下粘接强度试验数据的波动比较大。密封粘接剂的粘接效果对水中操作方法的微小差异是比较敏感的，在水中涂抹过程中，胶层的涂抹方式、一次涂抹厚度、涂抹次数等方面的差异可能会对界面层含水量及粘接剂中浸入的水分含量带来影响，从而对同一组试件的粘接强度带来较大的波动。尽管在试验中已注意使操作方法尽量统一，但较大的粘接性能波动仍然是难以避免。为了尽量减少粘接效果的差异，应在粘接过程中尽量一次达到涂抹厚度、减少涂抹次数。粘接过程中尽量将界面水分挤出，减少胶液与水分混合的程度，以减少水分对胶结体系的影响程度。

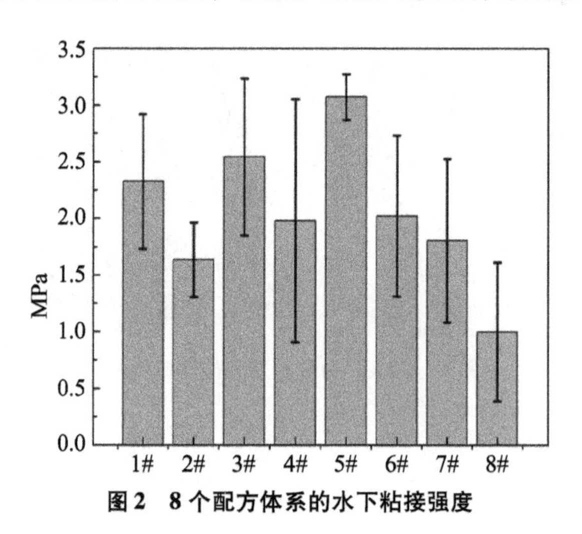

图 2　8 个配方体系的水下粘接强度

3.1.2 固化剂用量的影响

为了适应低温水下环境，配方体系均具有低温固化性能，其中 4#配方体系与 5#配方体系的区别是固化剂用量不同，4#体系为固化剂的理论用量（推荐用量），5#体系的固化剂用量在 4#固化剂用量的基础上增加了 15%，从图 2

可以看出，5#体系的粘接强度均值以及数据分散程度都明显优于4#体系。分析认为，胺类固化剂均具有一定的亲水性，在水中操作环境下损失较大，并且受到体系吸水的影响也比较大，对固化过程和最终状态都有较大的影响，这一点与非水下环境使用和操作是有显著区别的，所以在体系中适当增加固化剂用量对粘接效果及其稳定性都是有利的。

3.1.3 体系粘度的影响

为了具有水下良好的使用性能，配方体系采用活性稀释剂和触变剂进行水下粘度和飘散性的调整和控制。

在1#～5#体系中未使用触变剂，粘度较小；而6#～8#体系中均使用了触变剂以调整水下的漂散性，体系粘度相对较高。从图2中也可以看出，6#～8#体系的粘接性能在整体上有降低的趋势。可以认为体系粘度的升高影响了粘接剂对混凝土基面水的置换和浸润，使粘接效果有所降低。

3.1.4 界面破坏形态

在水下粘接试验中，粘接试件的断面多数会出现两种界面断开的形态，一种是在一侧砂浆界面很干净地断开，粘接剂层完整地附着在另一面砂浆上，粘接强度数据一般较低；另外一种是在两侧砂浆断开面上均附有一定面积的粘接剂层材料，如图3所示，粘接强度数据一般比较好。可以直观地看出，后一种断面形式中粘接剂层对砂浆界面的浸润程度是比较好的，粘接效果自然也较好。

图3 粘接试件断面形态

3.2 水下涂抹试验

水下施涂密封粘接剂的操作使用性能的重要性更要超过非水下环境的要求，因为水下环境不利于粘接密封施工，操作难度大，效率低，所以水下粘接密封剂的可施涂性是实现工程目的的重要保障。

水下施涂操作对密封粘接剂的要求比较高，首先在清理干净的混凝土基面上容易铺展，另外在水中漂散性小，在具有一定斜度的基面上还应该避免流坠。所以控制密封粘接剂的粘度和流变性是研究的重要方面。从图4中可以看到，右图所示材料在水下施涂中对混凝土基面的铺展性比较差，施涂中难以在基面上顺利附着和铺展，而容易粘附在施工工具上，造成施工困难。左图中三块混凝土试块基面有1:1.4的坡度，试块上刚刚涂覆了不同配方的密封粘接剂。从图中可以看到，中间试块表面密封粘接剂有下滑趋势，出现部分面积上胶液也损失的现象，而两侧试块上的胶液在基面上的铺展效果较好，且由于下滑及漂散造成的损失较少，水下操作性能比较好。

在工程应用中，应根据工程应用的条件和操作工艺，确定最佳的配方体系，如果有斜面涂覆步骤的，应关注水下施工性能和粘接效果的平衡，如果是平面施工等对涂覆流坠等没有过多要求的，可以选择粘接性能最佳的配方体系，这样才可以达到最佳的施工效果。

按照上述要求，综合试验结果，可以优选5#体系作为水下平面施涂密封粘接剂，6#体系作为斜面施涂密封粘接剂。

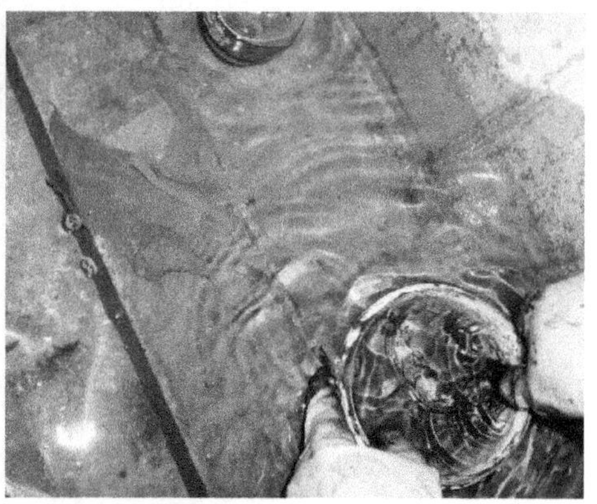

图4　不同配方体系的水下涂抹情况对比

3.3 低温水下与 GB 胶的粘接试验

水下裂缝或伸缩缝的修复中，经常用密封粘接剂作为 GB 复合橡胶止水盖板与混凝土面板之间的粘接层，用于防渗，为此进行了水下粘接 GB 胶的试验。

按 2.4.3 节中的方法进行水下粘接，7d 后外观效果见图 5。用手撕拉 GB 胶边缘，可以将 GB 胶拉长、拉断而粘接面不破坏。说明粘接效果很好，达到了水下密封止水的作用。

图 5　GB 胶粘接试验照片

4　结论

通过对水下密封粘接剂体系的开发研究，可以得到如下结论：(1) 水下粘接效果的分散性比较大，在水下操作过程中应尽量用密封粘接剂挤出基层表面水分，另外保证施涂量一次达到厚度，避免多次涂抹，减少水分的混入；(2) 水下环境中，固化剂的固化效果会有一定程度的损失，为了保证固化效果，保证粘接效果稳定性，可适当增加固化剂用量；(3) 体系的粘度对水下施涂效果有重要影响，流动性好有利于界面浸润、提高水下粘接效果，但对于斜面基面施涂困难，容易造成基面漏涂情况，所以应针对不同的应用条件，选择不同性能的密封粘接剂，以达到最佳使用效果。(4) 本实验研究确定的水下密封粘接剂体系，对混凝土基面及 GB 胶均具有良好的粘接效果，可满足工程裂缝/变形缝的水下修复要求。

参考文献

[1] 邹小平. 水下胶粘剂的研究和应用 [J]. 粘接, 1996, 12 (3): 23-28.

[2] 王熙. 水下环氧胶粘剂的研究进展 [J]. 粘接, 2007, 28 (2): 44-45, 48.

[3] 张在新. 环氧树脂胶粘剂进展 [J]. 中国胶粘剂, 2003, 12 (6): 56-60.

[4] 范仲礼, 等. 氰基胺固化的水下环氧胶粘剂 [J]. 粘接, 1987 (3): 9-11.

[5] 孙康. 水下胶粘剂的配制 [J]. 粘接, 1996, 16 (5): 33-37.

[6] 李斌, 栗秀丽. 水下施固环氧胶粘剂的影响因素及研究 [J]. 化工建材, 2003 (2): 38-40.

[7] 范康年. 物理化学 [M]. 北京: 高等教育出版社, 2005.

水下胀塞堵漏材料膨胀性能试验研究

李敬玮[1,2]，赵波[1,2]，孟川[2]，瞿杨[2]，贾保治[2]

（1. 中国水利水电科学研究院，北京 100038；

2. 北京中水科海利工程技术有限公司，北京 100038）

摘　要：本文试验了聚氨酯复合膨胀材料在水中的膨胀性能。随着环境压力的增加，材料的体积膨胀率下降。在0.1MPa环境下，两种材料的体积膨胀率约降低为自然状态下的30%，当环境压力为0.5MPa以下时，材料的体积膨胀率仅为常压状态膨胀率的5%。

关键词：聚氨酯；复合；膨胀；压力；灌浆

1　研究背景

聚氨酯注浆材料具有黏度适中、凝结速度较快、时间可调、耐水性能较好等优点[1]，在众多化学注浆材料中效果显著。聚氨酯注浆材料可用于水库坝体的输水隧道裂缝的堵漏密封、桥梁的加固和桥体裂缝的堵漏密封、钻井护壁的堵漏加固、高层建筑物及公路路基的加固、采矿工程中巷道内堵水顶板等破碎层的加固，以及作为室内保温填充材料等[2-3]，适用范围十分广泛。

聚氨酯灌浆材料是由聚氨酯预聚体与添加剂（溶剂、催化剂、缓凝剂、表面活性剂、增塑剂等）组成的化学浆液。与水接触反应生成具有高粘结力和一定机械强度的固结体，起到堵水和提高地基强度等作用。并且，在相对封闭的灌浆体系中，反应放出的二氧化碳气体会产生很大的内压力，推动浆

基金项目：国家重点研发计划项目（2016YFC0401609）；中国水科院基本科研业务费专项（SM0145B952017，SM0145B632017）

作者简介：李敬玮（1975—），女，河北人，高级工程师，主要从事水工修补材料研究与开发。E-mail：lijw@iwhr.com

液向疏松地层的孔隙、裂缝深入扩散，使多孔性结构或裂隙完全被浆液所填充，增强了堵水效果。浆液膨胀受到限制越大，所形成的固结体越紧密，抗渗能力及压缩强度越高[4-5]。

由于纯聚氨酯存在成本较高、易被水冲稀流失等缺点，为了获得成本较低、综合性能较好的聚氨酯复合材料，本文研究了用石英砂增强水性、油性复合聚氨酯灌浆料的膨胀性能和机械性能。通过调节配比，在较短的膨胀条件下，获得较高的密度、抗压强度和膨胀倍数。并进一步测试了在不同压力条件下，复合材料注入水中后的体积膨胀率。

2 试验材料和方法

聚氨酯化学灌浆材料可分为水溶性（亲水性）和油溶性（疏水性）两大类。这两类聚氨酯预聚体材料虽然都能用于防水、堵漏、地基加固，但二者也有差别。通常，油溶性聚氨酯灌浆材料的固结体强大，抗渗性好，多用于加固地基、防水堵漏兼备的工程；水溶性聚氨酯灌浆材料亲水性好，包水量大，适用于潮湿裂缝的灌浆堵漏，动水地层的堵涌水、潮湿土质表面层的防护等。二者具有互补性，通过调节比例，能够获得具有不同的遇水膨胀率及力学特性。

陶土和石英砂为机械强化填充物，合适的添加量可以起到物理填充、增加聚氨酯强度、调节灌浆料的密度和粘稠度的作用。

2.1 材料体积膨胀率及力学性能试验

将聚氨酯材料和填充料按照一定比例混合均匀，制备成复合膨胀材料。为模拟实际工程水下注浆的工艺，试验通过直径为5mm的塑料管将材料注入装有水的杯中，并测量加入膨胀料的质量m，根据膨胀料的密度可以算出料的初始体积V_0。水杯加满水。拿起水杯，天平上放一托盘，清零，再把杯子放在托盘上。随着杯内聚氨酯材料膨胀，水溢出至托盘，实时称量溢出水的质量，溢出水的体积即为复合膨胀材料在水中膨胀的体积V_1，则V_0/V_1为复合膨胀材料的实时体积膨胀率（见图1）。

复合膨胀材料在不同膨胀率下其抗压强度不同。试验将复合膨胀材料通过直径为5mm的塑料管注入内装有水的4cm见方的塑料杯，注入材料的初始体积分别为杯体积的1、1/2和1/3，材料在杯内沉降流平（见图2）。然后将杯口用重物封严，材料在杯内膨胀。48h后将4cm见方的固结体取出，测试抗压强度。

图1　体积膨胀率测试

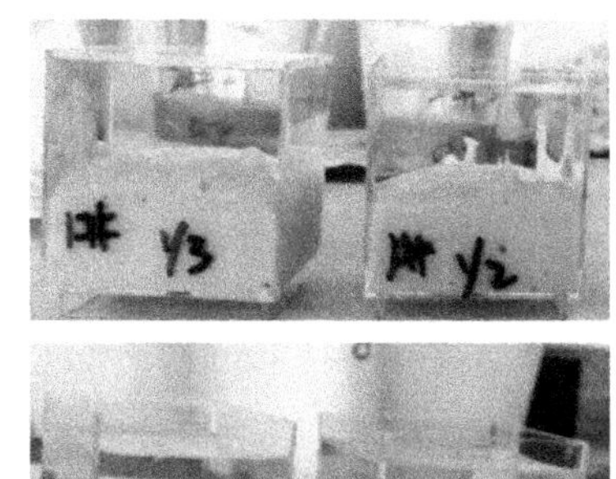

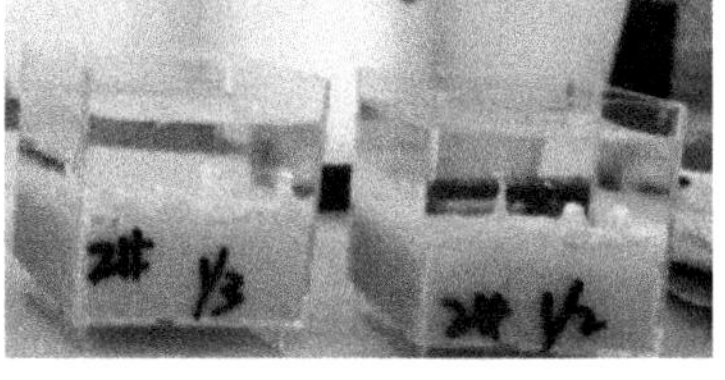

图2　抗压强度试件制备

2.2　压力膨胀试验

为考察环境压力对复合膨胀材料的体积膨胀率的影响，本文测试了不同压力下聚氨酯复合膨胀材料注入水中后的体积膨胀率。试验装置为一个压力罐连接氮气瓶（见图3）。试验将相同质量的复合膨胀材料通过直径为5mm的塑料管注入内装有相同质量水的塑料杯中，立刻将水杯放入压力罐中，密封罐体，

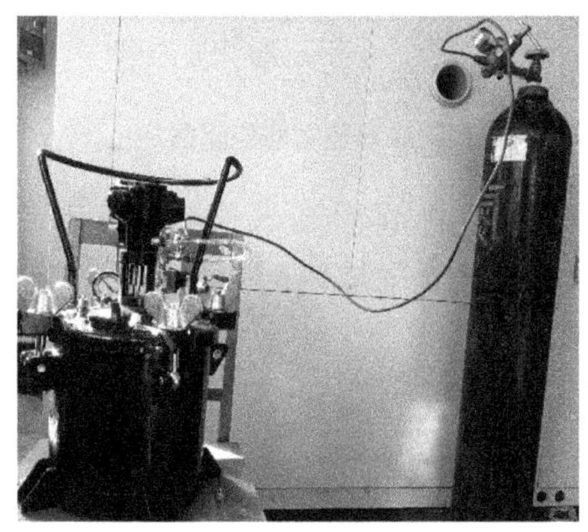

图3　压力膨胀装置

开启氮气瓶阀门加到一定压力并保持5h以上。采用排水法测试固结体的体积，结合材料的初始质量和体积，计算出不同压力下材料的最终体积膨胀率。

3 结果与讨论

3.1 材料体积膨胀率

经过配方筛选，1#和2#为不同体积膨胀率的两个配方材料，两种材料的密度均为1.61g/cm³。

将40g左右材料注入敞口水杯中，1#材料的最大体积膨胀率为294%，2#材料的最大体积膨胀率为237%。两个材料常温常压下体积膨胀率随时间变化见图4。由图4可知，1#配料在10min左右开始膨胀，2#配料稍慢约15min左右开始膨胀。两种材料均在30min后体积基本稳定。

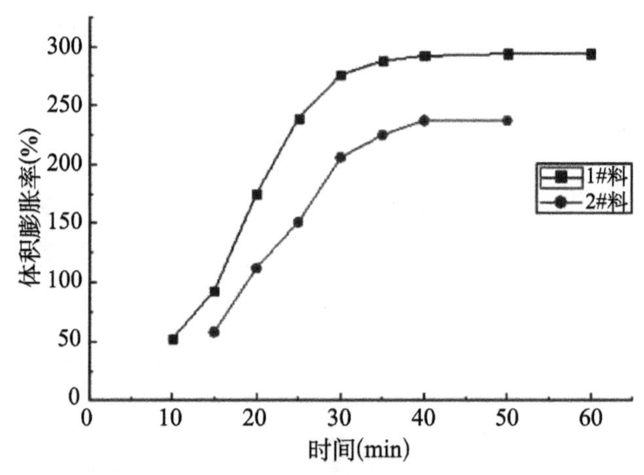

图4 1#和2#材料体积膨胀率随时间变化图

表1为1#和2#配方料分别在100%和200%膨胀率时的抗压强度。试验数据表明材料注入水中其体积膨胀率越大，固结体的强度越低，体积膨胀率约为100%时，抗压强度约为2.5MPa。

表1 不同体积膨胀率的抗压强度

材料	100%膨胀率时的抗压强度（MPa）	200%膨胀率时的抗压强度（MPa）
1#	2.75	1.62
2#	2.43	1.39

3.2 材料在不同压力下的体积膨胀率

聚氨酯灌浆材料遇水反应产生二氧化碳气体，产生膨胀的固结体。图 5 和表 2 为 1#和 2#材料随着环境压力增加，其体积膨胀率的变化。

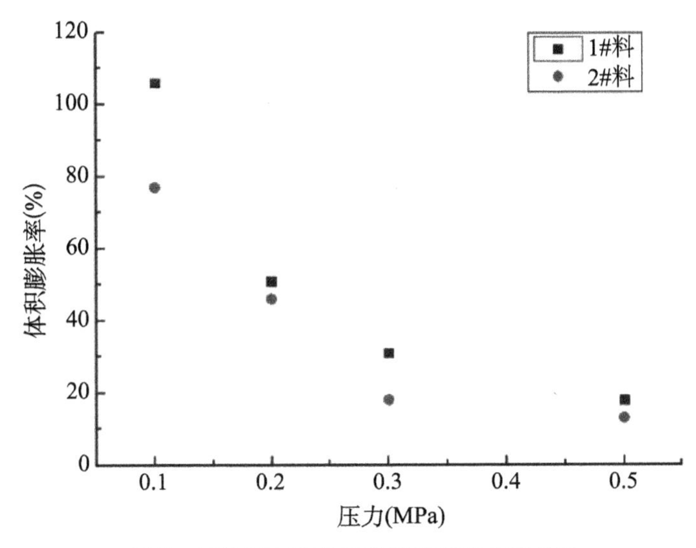

图 5　1#和 2#材料体积膨胀率随压力变化图

表 2　不同压力下的体积膨胀率

材料	0MPa	0.1MPa	0.2MPa	0.3MPa	0.5MPa
1#	294%	106%	51%	31%	18%
2#	237%	77%	46%	18%	13%

以上数据表明，环境压力对复合聚氨酯膨胀材料的体积膨胀率影响很大，随着压力增加，材料的体积膨胀率下降。在 0.1MPa 环境下，两种材料的体积膨胀率约降低为自然状态下的 30%，当环境压力为 0.5MPa 下时，材料的体积膨胀率仅为常压状态膨胀率的 5%。

4　结论

（1）本文研制的复合聚氨酯膨胀材料表观密度为 1.61cm/m^3、体积膨胀率大于 200%、成本低。比较适合于承压较高情况下裂缝的充填。

（2）环境压力对复合聚氨酯膨胀材料的影响较大。在 0.1MPa 环境下，两种材料的体积膨胀率约降低为自然状态下的30%，当环境压力为0.5MPa以下时，材料的体积膨胀率仅为常压状态膨胀率的5%。

参考文献

[1] Jain P, Pradeep T. Potential of silver nanoparticle-coated polyurethane foam as an antibacterial water filter [J]. Biotechnology and Bioengineering, 2005, 90 (1): 59-63.

[2] 黄月文，区晖．高分子灌浆材料应用研究进展 [J]. 高分子通报，2000 (4): 71-75.

[3] 李绍雄，刘益军．聚氨酯树脂及其应用 [M]. 北京：化学工业出版社，2002.

[4] 刘益军，王毅，赵晖，等．聚氨酯灌浆材料评述 [J]. 粘接，2005，26 (4): 40-42.

[5] 杨兴兵，李金亮．煤矿加固用聚氨酯材料的研究进展 [J]. 聚氨酯工业，2012，26 (5): 1-4.

乳化沥青破乳堵漏材料研发

李娜[1,2]，符平[1,2]，赵卫全[1,2]

（1. 中国水利水电科学研究院，北京　100048；2. 北京中水科工程总公司，北京　100048）

摘　要：沥青灌浆材料具有遇水冷却凝固、不被流水冲释等优点，但施工温度高、工艺复杂。本文利用乳化沥青的乳化及破乳机理，通过添加水泥、聚氨酯、膨润土等外加剂进行了配比试验，研制了一种可以在常温下使用的乳化沥青破乳堵漏材料，填补了沥青常温灌浆材料的空白。通过强度试验、流变参数试验等，对材料的流变性、可灌性等进行了深入研究，获取了材料的性能指标。

关键词：乳化沥青；防渗堵漏；性能试验；流变参数

1　前言

沥青灌浆是利用沥青“加热后变为易于流动的液体、冷却后又变为固体”的性质达到堵漏的目的，其具有遇水凝固、不被流水稀释而流失的优点，适用于较大渗量的堵漏处理。沥青灌浆在国内外堵漏工程中都有应用实例，美国下贝克坝、加拿大斯图尔特维尔坝、巴西雅布鲁坝、德国比格坝、李家峡水电站上游围堰、花山水电站导流洞及公伯峡水电站土石围堰和一些矿山、坑道封堵工程等均采用热沥青解决了地层漏水问题[1-4]，这些工程中均是将沥青加热到工作温度150℃以上进行灌注，温度敏感性高，灌浆管路需要保温、施工工序多、工艺复杂，限制了沥青灌浆技术的应用。中国水科院符平、赵卫全等[5-6]开发出一种“油包水”状态的低热沥青，在70℃时仍具有良好的流动性和可泵性，但仍需要采取保温措施，本文利用沥青先乳化后破乳的

基金项目：国家重点研发计划项目（2016YFC0401609），中国水科院科研专项（EM0145B892017）

作者简介：李娜（1980—），女，河南泌阳人，高级工程师，主要从事地基基础处理的研究及应用。E-mail：lina1@iwhr.com

原理，研制了一种可以在常温下使用的乳化沥青破乳堵漏材料。

2 乳化沥青的破乳机理

乳化沥青是一种沥青和水的不稳定混合体系，常温下具有水的流动性能，形态与水相似，一定条件下沥青与水分离，即为破乳。乳化沥青分解破乳，是沥青乳液在施工中和施工后逐渐与矿料接触破乳，乳液的性质逐渐发生变化，水被吸收和蒸发而不断减少，沥青从乳液中的水相分离出来，从而具有沥青所固有的性质：与水相斥和遇水凝固，这个过程所需要的时间就是沥青乳液的破乳速度。这种分解破乳主要是乳液与其材料接触后，由于离子电荷的吸附和水分的蒸发产生分解破乳，其发展过程一般如图 1 所示。破乳机理主要有三种理论：电荷理论、化学反应理论和振动功能理论。破乳的本质是打破乳化沥青的混合液的内在界面张力平衡，可以通过加入表面活性剂（破乳剂）改变 HLB 值、破坏乳化剂的界面活性作用。乳化沥青破乳后的材料性能与乳化剂和破乳剂的选用密切相关，如乳化后稳定性、破乳速度、破乳后沥青的凝结速度等，这些参数对沥青灌浆浆液很重要。

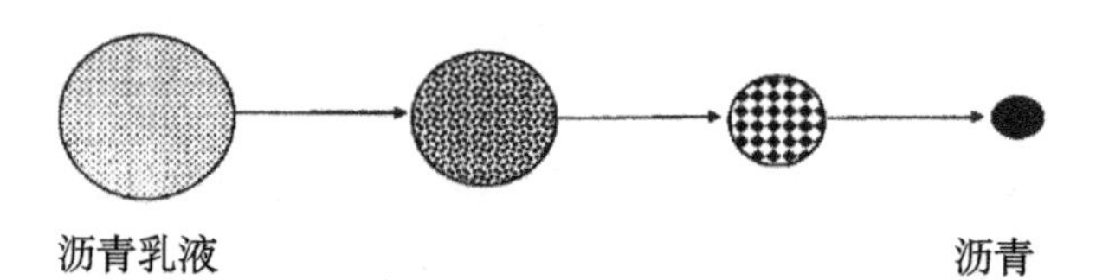

图 1 沥青乳液的破乳过程

根据乳化沥青破乳机理，选择了添加水泥、聚氨酯、膨润土等方法进行乳化沥青的破乳试验。乳化沥青破乳之后，水分被析出，沥青又将恢复自身的原有状态：遇水凝固、不分散，但其流动性同时变差，不能在孔内和地层内扩散。为了解决这个问题，可以将乳化沥青的破乳过程放在孔内完成，要求破乳过程在瞬时完成，破乳后沥青由于温度较低，流动性差，适宜于大开度、高流速地层的堵漏，类似于双液灌浆。

3 乳化沥青的配比试验

3.1 试验材料

（1）乳化沥青

石油沥青成分复杂，其化学组成、沥青的胶体结构类型随原油不同、加工工艺不同而表现出较大的差异性，造成了沥青乳化及破乳的难易程度不同，沥青原料对乳化沥青破乳后浆液的性能有决定性的作用。试验选用了乳化沥青成品 SSG、SSB、ZTG、ZTB 四种，并通过自制乳化沥青进行了对比试验。

（2）沥青

自制乳化沥青时，基质沥青的软化点不宜太高，否则破乳后粘度太大，不利于泵送；也不宜太低，否则浆液太软，抵抗压力的能力降低，且蠕变更突出，不利于沥青长期防渗。综合考虑沥青的热性能、变形能力和黏结强度，试验采用90#水工沥青作为自制乳化沥青的原料。

（3）水

水是沥青分散的介质，水的温度对乳化沥青生产有较大的影响。生产乳化沥青要求将沥青加热到流动性很好的状态，沥青标号高时温度较低，标号低时温度较高。为避免发泡和沸腾现象，水温与热沥青的温度和宜小于200℃，对于低标号沥青，水温可以适当降低，对于高标号沥青，水温可以采用较高水温。试验采用自来水，水温的范围为50～100℃，根据试验情况，找出水温的适用范围。

（4）乳化剂

沥青乳化剂按照破乳速度可以分为：快裂型沥青乳化剂；中裂型沥青乳化剂；慢裂型沥青乳化剂；按离子的类型分为阴离子型、阳离子型、非离子型和两性型沥青乳化剂；按乳化沥青固化成型速度分为慢凝、中凝和快凝类别。自制乳化沥青采用了慢裂慢凝 KW1#、慢裂慢凝 KW2#、中裂 KW3#、中裂 KW4#、阴离子 KW5#、快裂 KW6#、高渗透 KW7#等 7 种乳化剂进行了试验。

（5）外加剂

通过向沥青浆液中加入水泥、膨润土、聚氨酯等外加剂可以加快沥青的破乳速度，提高结石体的强度，采用水泥和膨润土还可减少沥青用量，降低灌浆成本。试验选择普通硅酸盐水泥42.5、膨润土、LW水溶性聚氨酯、HW水溶性聚氨酯、HK-9105油溶性聚氨酯等5种外加剂进行了对比试验。

3.2 分组配比试验

设计了6组配比试验，第1组、第2组、第3组采用4种乳化沥青SSG、SSB、ZTG、ZTB，分别添加不同的外加剂进行配比试验。第1组分别添加3种聚氨酯LW、HW、HK-9105，以乳化沥青为基数，掺加不同比例的聚氨酯进行配比试验；第2组分别添加3种聚氨酯LW、HW、HK-9105，以乳化沥青为基数，掺加不同比例的水泥或水泥浆液进行配比试验；第3组分别添加3种聚氨酯LW、HW、HK-9105，以乳化沥青为基数，掺加不同比例的膨润土浆液进行配比试验，配比范围见表1。第4组、第5组、第6组采用7种乳化剂慢裂慢凝KW1#、慢裂慢凝KW2#、中裂KW3#、中裂KW4#、阴离子KW5#、快裂KW6#、高渗透KW7#分别自制乳化沥青，然后添加不同的外加剂进行配比试验。第4组分别添加3种聚氨酯LW、HW、HK-9105，以乳化沥青为基数，掺加不同比例的聚氨酯进行配比试验；第5组分别添加3种聚氨酯LW、HW、HK-9105，以乳化沥青为基数，掺加不同比例的水泥进行配比试验；第6组分别添加3种聚氨酯LW、HW、HK-9105，以乳化沥青为基数，掺加不同比例的膨润土浆液进行配比试验，配比范围见表2。

表1　第1~3组的配比范围

组	乳化沥青	外加剂1	外加剂2		外加剂3	
		聚氨酯	水泥	水	膨润土	水
1	1	0.05~0.2	/	/	/	/
2	1	0.05~0.2	0.1~0.5	0~0.5	/	/
3	1	0.05~0.2	/	/	0.05~0.2	0.25~1

表2　第4~6组的配比范围

组	自制乳化沥青			掺加剂1	掺加剂2		掺加剂3	
	基质沥青	水	乳化剂	聚氨酯	水泥	水	膨润土	水
4	1	0.5~2	0.01~0.03	0.05~0.2	/	/	/	/
5	1	0.5~2	0.01~0.03	0~0.2	0.1~0.5	0~0.5	/	/
6	1	0.5~2	0.01~0.03	0~0.2	/	/	0.05~0.2	0.25~1

典型的配比试验结果见表3、表4、表5。由表3可知LW水溶性聚氨酯和乳化沥青SSG较易发生反应，可以形成具有一定强度和较强韧性的凝结体。反应时间随着聚氨酯含量的增加而变快，聚氨酯比例低于0.05时反应较慢，达到0.2时反应瞬间发生，考虑到经济性和凝结效果，推荐比例为0.1。典型反应产物见图2。由表4可知采用乳化剂KW2#自制乳化沥青，比例为1:1:0.03（沥青:水:乳化剂）时，较易和LW水溶性聚氨酯发生反应，可以形成具有一定强度和较强韧性的凝结体。反应时间随着聚氨酯含量的增加而变快，聚氨酯比例低于0.05时反应较慢，达到0.2时反应瞬间发生，考虑到经济性和凝结效果，推荐比例为0.1。典型反应产物见图3。由表5可知采用乳化剂KW2#、KW4#自制乳化沥青，比例为1:1:0.03（沥青:水:乳化剂）时，添加水泥比例为0.25~0.5，添加HW水溶性聚氨酯比例为0.2，可以析出流动性沥青。采用乳化剂KW1#、KW2#、KW4#自制乳化沥青，比例为1:1:0.03（沥青:水:乳化剂）时，添加水泥比例为0.25~0.5，和LW水溶性聚氨酯发生反应，可以形成具有一定强度和较强韧性的凝结体。采用乳化剂KW1#、KW2#、KW4#自制乳化沥青，比例为1:1:0.03（沥青:水:乳化剂）时，仅添加水泥（0.25~0.5），也可析出沥青，其中KW4#对应的析出速度较快，析出的沥青流动性较好。典型反应产物见图4。

表3　采用成品乳化沥青的配比试验

方案	乳化沥青名称	乳化沥青比例	聚氨酯名称	聚氨酯比例	破乳时间/s	凝结时间/s	反应效果
1	SSG	1	LW	0.05	20	5	形成一定强度和较强韧性的均匀凝结体
2	SSG	1	LW	0.1	15	3	形成一定强度和较强韧性的均匀凝结体
3	SSG	1	LW	0.2	5	2	凝结很快，形成一定强度和较强韧性的均匀凝结体
4	ZTB	1	LW	0.05			不凝结
5	ZTB	1	LW	0.1	140	15	凝结较慢，凝结体较软
6	ZTB	1	LW	0.2	68	10	凝结较慢，凝结体较软

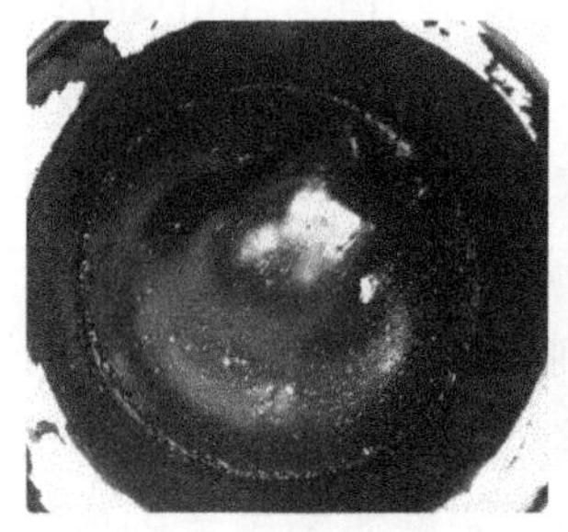
方案3

方案6

图2　采用成品乳化沥青的反应产物

表4　自制乳化沥青掺加聚氨酯的配比试验

方案	乳化剂类型	自制乳化沥青	聚氨酯名称	聚氨酯比例	破乳时间/s	凝结时间/s	实验描述
1	KW2#	1	LW	0.05	12	5	形成一定强度和较强韧性的均匀凝结体
2	KW2#	1	LW	0.1	7	3	形成一定强度和较强韧性的均匀凝结体
3	KW2#	1	LW	0.2	5	2	凝结很快，形成一定强度和较强韧性的均匀凝结体

图3　自制乳化沥青掺加聚氨酯的反应产物

表5　自制乳化沥青掺加聚氨酯和水泥的配比试验

方案	乳化剂类型	自制乳化沥青	聚氨酯名称	聚氨酯比例	水泥	破乳时间/s	凝结时间/s	实验描述
1	KW2#	1	HW	0.2	0.25	7		搅拌后析出流动沥青，丝状

续表

方案	乳化剂类型	自制乳化沥青	聚氨酯名称	聚氨酯比例	水泥	破乳时间/s	凝结时间/s	实验描述
2	KW2#	1	LW	0.1	0.25	10	2	形成一定强度和较强韧性的团状凝结体，略分散
3	KW2#	1		0	0.5	5		析出沥青，团状，略硬
4	KW4#	1	HW	0.2	0.5	15		搅拌后析出流动沥青，丝状
5	KW4#	1	LW	0.2	0.5	10	3	形成一定强度和较强韧性的均匀凝结体
6	KW4#	1		0	0.25	6		搅拌后析出流动沥青，丝状

方案3

方案6

图4　自制乳化沥青掺加聚氨酯和水泥的反应产物

4　堵漏材料特性

4.1　抗压强度试验

采用抗压仪和养护箱，测试了典型配比试块的7d抗压强度。试验结果见表6。

表6　典型配比试块的7d抗压强度

乳化沥青类型	乳化剂类型	（自制）乳化沥青比例	聚氨酯名称	聚氨酯比例	水泥	7d抗压强度/MPa
SSG	/	1	LW	0.05	/	2.02

续表

乳化沥青类型	乳化剂类型	（自制）乳化沥青比例	聚氨酯名称	聚氨酯比例	水泥	7d 抗压强度/MPa
SSG	/	1	LW	0.1	/	2.07
SSG	/	1	LW	0.2	/	2.12
	KW2#	1	LW	0.05	/	2.04
	KW2#	1	LW	0.1	/	2.06
	KW2#	1	LW	0.2	/	2.10
	KW2#	1	LW	0.1	0.25	2.09
	KW4#	1	LW	0.2	0.5	2.16

由以上试验结果可知，由成品乳化沥青和自制乳化沥青研制，掺加聚氨酯形成的产品，其 7d 抗压强度相差不大，添加水泥后强度略有提高。

4.2 流变性能试验

破乳后的沥青材料符合典型的宾汉流体，宾汉流体的流变特性可以用式（1）表示

$$\tau = \tau_B(t) + \eta(t) \cdot \frac{\mathrm{d}v}{\mathrm{d}r} \tag{1}$$

式中，$\tau_B(t)$、$\eta(t)$ 分别为宾汉流体的内聚强度、塑性粘滞系数。

研制了一套真空减压毛细管测粘度装置（图 5），包括：①提供负压的装置为真空泵，包括一个真空泵专用电动机和一个装有水的缓冲瓶；②沥青流通通道为不同管径和长度的毛细管；③测压装置包括真空泵接口处的真空表及插在接料玻璃瓶橡胶塞上的真空表；④接料装置为一个带有橡胶塞的玻璃瓶，橡胶塞上分别钻三个孔，接真空表、毛细管和真空泵，接料瓶放置在电子秤上，以便在实验过程中及时记录接料瓶的重量差；⑤沥青保温装置为一套可控制温度的加热设备及用有机玻璃板制作的水槽。

制作 15cm×15cm×30cm 的沥青试件，放入可控制不同水温的恒温水槽中，利用真空泵抽负压，测定在不同压力下破乳沥青被吸入接料瓶的重量变化，根据公式（2）、（3）可计算出破乳沥青在不同温度下的流变参数。典型配比材料的流变参数试验结果见表 7。

$$\tau_B = \frac{3D(P_c - \lambda L)}{16L} \tag{2}$$

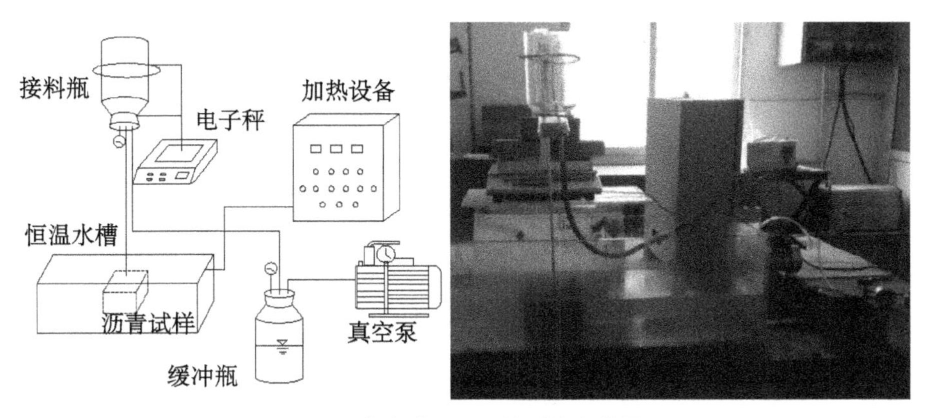

图5　真空减压毛细管测粘度装置

$$\eta = \frac{\pi D^4}{128L}\left(\frac{P_1 - P_2}{q_1 - q_2}\right) \tag{3}$$

式中，q_1 为毛细管中沥青在压力 P_1 下的流量；q_2 为毛细管中沥青在压力 P_2 下的流量；D 为毛细管的直径；L 为毛细管的长度；P_c 为 $P-q$ 曲线与 P 曲线的交点坐标；λ 为毛细管的比重。

表7　典型配比材料的流变特性

乳化剂类型	（自制）乳化沥青比例	聚氨酯名称	聚氨酯比例	水泥	温度/℃	η/MPa. s	τ_B/Pa
KW2#	1	HW	0. 2	0. 25	40	3074. 06	67. 31
KW2#	1	HW	0. 2	0. 25	50	2015. 20	64. 52
KW2#	1	HW	0. 2	0. 25	60	1308. 62	61. 33
KW4#	1	HW	0. 2	0. 5	40	5513. 28	79. 81
KW4#	1	HW	0. 2	0. 5	50	3155. 11	72. 30
KW4#	1	HW	0. 2	0. 5	60	2428. 51	69. 56
KW4#	1	/	/	0. 25	40	3027. 90	61. 57
KW4#	1	/	/	0. 25	50	1901. 64	58. 51
KW4#	1	/	/	0. 25	60	1265. 31	56. 78

由表7可知，破乳后的沥青材料具有一定的流动性和可泵性，随着温度的降低，材料的粘度逐渐增加；掺加水泥比例增加时，材料的粘度逐渐增加；采用水泥和聚氨酯共同破乳比仅用水泥破乳形成的材料粘度略大。

5 结论

（1）乳化沥青产品 SSG 和 LW 水溶性聚氨酯可以快速发生反应，形成具有一定强度和较强韧性的凝胶体材料，可以应用于大孔隙快流速的孔隙地层堵漏。

（2）采用乳化剂 KW2#自制乳化沥青，比例为 1:1:0.03（沥青:水:乳化剂）时，较易和 LW 水溶性聚氨酯发生反应，可以形成具有一定强度和较强韧性的凝结体材料。考虑到经济性和凝结效果，聚氨酯比例推荐为 0.1。

（3）采用乳化剂 KW2#、KW4#自制乳化沥青，比例为 1:1:0.03（沥青:水:乳化剂）时，添加水泥比例为 0.25～0.5，添加 HW 水溶性聚氨酯比例为 0.2，可以析出流动性较好的沥青。

（4）自制乳化沥青的配比范围推荐为 1:1:0.03（沥青:水:乳化剂）。添加水泥的比例推荐为 0.25～0.5，添加膨润土浆液的比例推荐为 0.1～0.2，添加聚氨酯的比例推荐为 0.1～0.2，可根据不同的灌浆需求调整破乳方式和比例范围。

（5）破乳后的沥青材料是典型的宾汉姆流体，具有一定的流动性和可泵性，比常规沥青灌浆温度低，能耗少，其初始剪切强度在 56Pa 以上，且随着时间推移快速增长，有利于沥青抵抗水流的冲击作用。

参考文献

[1] Deans G. Lukajic use of asphalt in treatment of dam foundation leak-age: Stewartville Dam [J]. ASCE Spring Convention. Denver. April1985.

[2] Sedat Turkmen. Treatment of the seepage problems at the Kalecik Dam (Turkey) [J]. Engineering Geology, 2003, 68: 159－169.

[3] 倪至宽，等．防止新永春隧道涌水的热沥青灌浆工法 [J]．岩石力学与工程学报，2004 (23): 5200－5206.

[4] 傅子仁，等．热沥青灌浆工法于地下工程涌水处理的应用 [C]．第六届海峡两岸隧道与地下工程学术及技术研讨会论文集．2007.

[5] 符平，等．低热沥青灌浆堵漏技术研究 [J]．水利水电技术，2013 (12): 63－67.

[6] 赵卫全，等．改性沥青灌浆堵漏试验研究 [J]．铁道建筑技术，2011 (9): 43－46.

超声纵波法研究速凝型注浆材料凝结硬化性能

范成文[1,3]，白银[2]，李平[1,3]，郭西宁[2]

（1. 岩土力学与堤坝工程教育部重点实验室，江苏省南京市　210098；

2. 南京水利科学研究院水文水资源与水利工程科学国家重点试验室，江苏省南京市　210029；

3. 河海大学土木与交通学院，江苏省南京市　210098）

摘　要：为了满足水工建筑物水下渗漏快速封堵的需求，注浆材料往往凝结硬化速度很快，在很短时间内完成从液态向固态的转变，常用的凝结时间测试方法难以捕捉此类材料的凝结硬化特性。为了探究速凝型注浆材料的凝结硬化性能，本文利用超声波在不同介质中传播速度的差异性，借助超声波探测仪等装置连续测定速凝型注浆材料凝结硬化过程中的波速时变规律，并用该方法研究了可再分散乳胶粉（VAE）对于速凝型注浆材料凝结硬化性能的影响。结果表明，波速—时间曲线显示速凝型注浆材料凝结硬化过程分为三个阶段：平缓阶段Ⅰ、快速上升阶段Ⅱ和趋于平缓阶段Ⅲ；平缓阶段Ⅰ和快速上升阶段Ⅱ连接处存在明显突变点，此点对应时间可以表征速凝型注浆材料的终凝时间；VAE的加入使得波速得到一定提升，但当聚灰比达到0.04后波速几乎没有提高，结合扫描电子显微镜（SAM）分析表明适量的VAE可改善速凝型注浆材料多孔的问题。

关键词：速凝型注浆材料；超声纵波法；凝结硬化性能；可再分散乳胶粉

1　研究背景

水泥基材料水化过程直接影响其凝结硬化性能，目前工程上主要通过维

基金项目：国家重点研发计划项目（2016YFC0401609），国家自然科学基金重点项目（51739008、41977240），中央高校基本科研业务费（2018B13614）

作者简介：范成文（1993—），男，江苏淮安人，在读硕士研究生，主要从事水工材料及防灾减灾方面的工作。E-mail：895325032@qq.com

白银（1984—），男，山西忻州人，高级工程师，主要从事水工材料相关研究。E-mail：ybai@nhri.cn

卡仪测试凝结时间来判定其水化程度，主要指标为初凝时间和终凝时间[1]。在水工建筑物渗漏缺陷的快速修补工程中，由于普通注浆材料凝结硬化速度很慢，无法达到快速修补的效果，因此常需要使用速凝型注浆材料[2]。然而，速凝型注浆材料凝结硬化速度很快，相关研究[3]发现高聚物水泥基材料、水泥—水玻璃材料等速凝型注浆材料初凝时间只有短短的数十秒，终凝时间也在几分钟至十几分钟之间，因此难以使用维卡仪准确测得速凝型注浆材料的凝结硬化性能。为了研究速凝型浆液的凝结硬化性能，人们尝试使用新方法测试，如化学收缩法、自收缩法、电导率法以及超声纵波法等[4-6]。新拌水泥浆体随着水化进程，其内部的物理结构和化学成分都在不断发生变化，水化产物的不断增加，孔隙率不断减小，连通的固相体积在不断增加[7]。这一系列物理与化学变化会对超声纵波的传播产生影响，根据超声纵波的速度可以连续探究水泥的水化过程[8]。

通常认为材料越致密，纵波在其内的传播速度越快，纵波在致密固体中的波速一般要大于其在水和空气中的波速。新拌水泥浆体的波速根据超声波频率、水泥种类和水灰比等而有所差别，其范围为 300 ~ 1500m/s。SantG等[9]认为随着水泥水化时间推移，纵波波速的变化规律一般为“S 型”，大致可分为三个阶段，平台期、快速增长期和缓慢增长期（图 1 所示）。Trtnik[10]根据波速随时间变化曲线的极值点判断初凝时间，他指出：亦可通过纵波波速达到纵波在水中的波速值的时间（约 1500m/s）来定义初凝时间。Robeyst 等[11]对水泥基材料早期纵波波速上升的原因进行了综合研究，认为浆体中气泡的迁移，浆体内部的沉淀，浆体工作性的损失，对纵波的波速影响有限，是针状钙矾石晶体的形成，早期 C - S - H 的产生、触变性的变化和水泥浆体固相颗粒之间越来越多的连接等综合因素导致纵波波速的突然上升。王鹏飞[12]通过 EIT 系统和超声纵波法发现，可将水泥的早期水化分为图 2 所示四个阶段，即波速稳定段、缓慢上升段、快速上升段和发展平稳段，不同频率纵波的变化规律相同。结合水泥浆体早期可蒸发水的测定，认为水泥浆体波速开始上升的时刻为终凝时刻，在该时刻后，水泥浆体孔隙率迅速下降。水泥浆体早期纵波波速对浆体中的固相演变和孔隙率变化更为敏感。

速凝型注浆材料在大坝修补工程中使用广泛，加入颗粒细小且粘滞力较大的可再分散乳胶粉（VAE）可改善注浆材料多孔易渗的问题[13-14]。为了探究速凝型注浆材料的凝结硬化性能，本文以快硬硫铝酸盐水泥（R·SAC）为主要原料，借助超声波探测仪等装置连续测定速凝型注浆材料凝结硬化过程中的波速时变规律。同时，设置对照试验组探究 VAE 对速凝型注浆材料凝结硬化性能的影响。

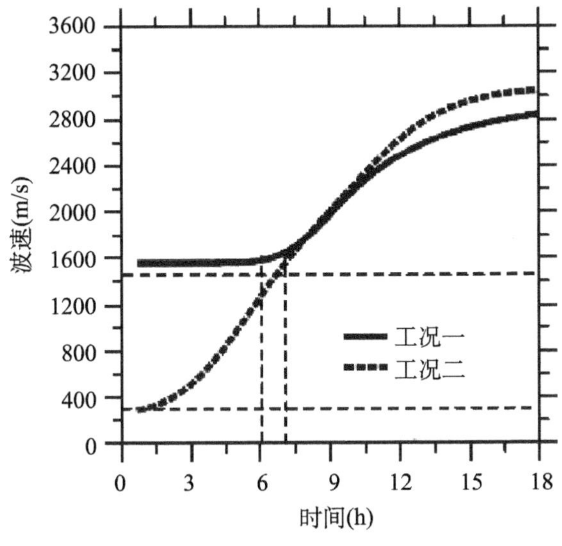

图 1　水泥浆体初始波速

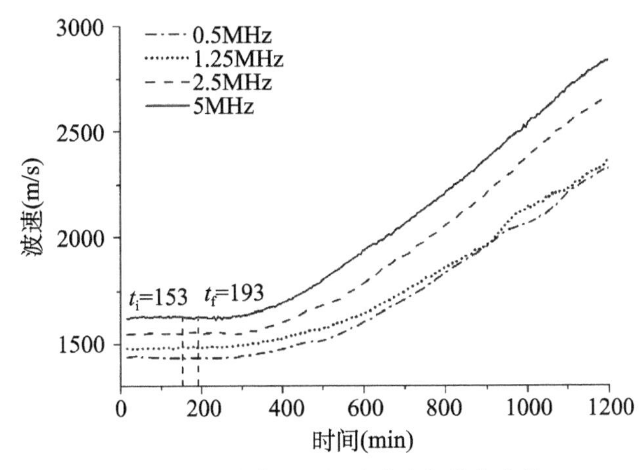

图 2　水泥浆体 48h 纵波波速与微分曲线

2 原材料及试验方法

2.1 原材料

（1）德国瓦克牌5044N型VAE的性能指标见表1。

表1 5044N型VAE性能指标

聚合物	固含量（%）	灰分（%）	表观密度（g/L）	主要颗粒尺寸（μm）	最低成膜温度（℃）
乙烯/月桂酸乙烯酯/氯乙烯	99±1	10±2	490±50	1~7	0

（2）河南某厂家生产的42.5级快硬硫铝酸盐水泥，其化学成分见表2。

表2 硫铝酸盐水泥化学成分/ω%

CaO	Al_2O_3	SiO_2	SO_3	Fe_2O_3	MgO
42.25	28.93	10.96	8.88	3.71	1.45

2.2 试验方法

在室温22℃条件下制样并测试，配合比情况为：固定水灰比0.4，5044N型VAE掺量即聚灰比分别为0，0.01，0.02，0.03，0.04，0.05。

本文对R·SAC基灌浆材料的基本特征即凝结时间做了测试。所用的设备为维卡仪（水泥稠度测定仪）。考虑到R·SAC凝结硬化较快，每5s测试一次，且每次测试不得让试针落入原针孔。根据水泥装液初凝的定义：当水泥浆从流塑状态转变成硬塑状态，并初步具有一定形状的时候，叫水泥的初凝；在试样中给出的定义是，通过初凝针测试的时候，当试针沉至距底板4mm±1mm时，认为水泥初凝t_{i0}。由于速凝型注浆材料凝结硬化速度较快，测试过程中即使连续测试，仍然经常出现试针沉至距底板距离大于5mm的现场，则此时需要适当估算出初凝时间。

对于终凝时间的测定，为了准确观测试针沉入的状况，在终凝针上安装了一个环形附件。在完成初凝时间测定后，立即将试模连同浆体以平移的方式从玻璃板取下，翻转180°，以直径大的一端向上、直径小的一端向下的形式放在玻璃板上，每隔5s测定一次，当试针沉入试体0.5mm时，即环形附件开始不能在试体上留下痕迹时，为水泥达到终凝状态，水泥全部加入水中至初凝状态的时间为水泥的终凝时间 t_{f0}。各配合比的初凝时间和终凝时间见表3。

表3　R·SAC 基封堵材料凝结时间

凝结时间	0	0.01	0.02	0.03	0.04	0.05
t_{i0}	15′19″	14′48″	13′58″	12′53″	13′11″	13′40″
t_{f0}	17′10″	16′00″	15′15″	14′00″	14′35″	14′55″

凝结硬化性能测试主要采用超声纵波法连续测水泥的凝结硬化速率，主要包括由超声波探测仪、有机玻璃块、有机玻璃板以及U型橡胶组成的凝结硬化性能试验测试装置（图3所示）。超声波探测仪中的发射探头、接收探头均置于探头有机玻璃块B1、B2中，并用长螺栓固定位置，两块有机玻璃板A1、A2中放入U型橡胶，从而形成无盖密封空间供倒入水泥浆液。橡胶阻尼较大，可以很好地防止超声波绕过浆液传播。同时，U型橡胶厚度即为测试间距，常见间距为1~7cm，本试验使用4cm厚U型橡胶。为了防止探头位置发生变化，在两块薄板中间开设不贯穿的小孔，使得探头顶端可恰好放入其中。有机玻璃薄板原孔内涂有一层医用凡士林，以获得良好的传播效果。使用该装置时，将搅拌好的R·SAC基材料倒入试验装置的容器中。发射探头发出超声波，穿过水泥浆液并被接收探头捕获信号，根据两块有机玻璃间的净距离以及超声波传输时间得出波速，再由波速—时间曲线评价注浆材料凝结硬化速率。

$$v = \frac{d}{t} \tag{1}$$

式中：v—传播速度；d—测试间距；t—传播时间。

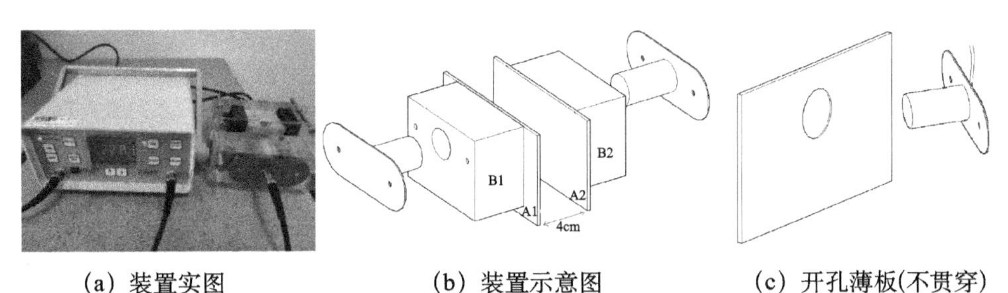

(a) 装置实图　　(b) 装置示意图　　(c) 开孔薄板(不贯穿)

图3　凝结硬化性能试验测试装置

3 结果与讨论

3.1 注浆材料波速—时间曲线

水泥浆液在初期波速几乎没有变化，利用此性质结合记录的加水时间可从水泥基材料遇水开始绘制波速—时间曲线。此外，由于后期趋于稳定阶段不是本文研究重点，故不详细测试趋于稳定阶段后期的数据。

图4显示了新拌R·SAC基浆液从遇水开始波速变化的典型情况，分为三个阶段：平缓阶段Ⅰ、快速上升阶段Ⅱ和趋于平缓阶段Ⅲ。可以明显看出：波速曲线中存在一段波速约为600m/s的平缓阶段，此时水泥浆体主要以胶体类似物或软固体形式呈现，对应水化阶段的溶解、诱导及固相产物初步形成阶段；随后进入快速上升阶段，波速突然加快，水泥浆体中固相物质占绝对主导地位，并且水化产物不断进入固相骨架的孔隙中，进而导致水泥浆体凝结硬化得更加致密；达到某个拐点后曲线逐渐趋于平缓，当波速约为2100m/s时增长速度已经非常缓慢，意味着R·SAC基材料凝结硬化已经基本完成，此时也形成了一定强度。

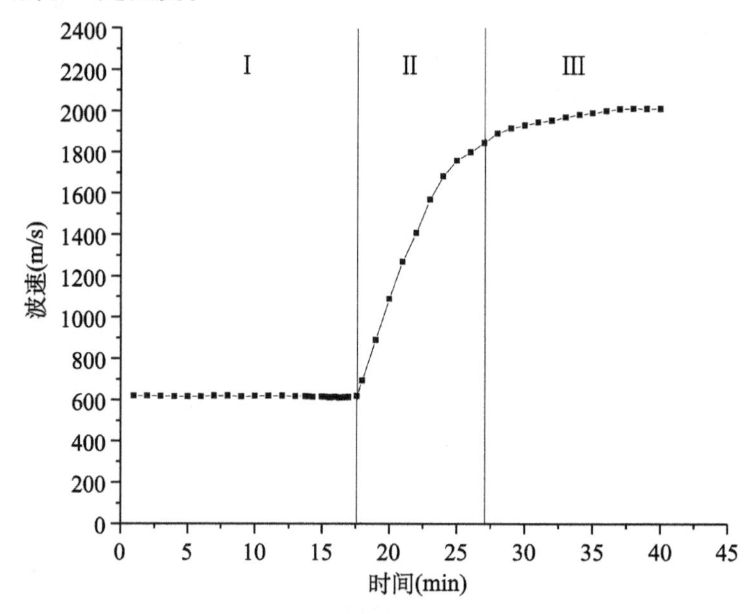

图4 R·SAC基浆液典型波速—时间曲线

图 5 所示的各聚灰比条件下 R · SAC 基浆液波速—时间曲线走势均与典型情况一致，表明 VAE 的加入不会影响速凝型注浆材料凝结硬化的发展走势。但加入 VAE 后，Ⅰ阶段结束时间发生了前移，提高了待测浆液凝结速度。此后同时间的波速均得到了一定增长，且聚灰比在 0.03 ~ 0.04 时波速最大，且趋于平缓阶段的波速也是在聚灰比为 0.04 时达到极值。这说明波速—时间曲线并非是随着 VAE 的加入不断增加，适量掺入 VAE 才能最优化地改善速凝型注浆材料凝结硬化性能。

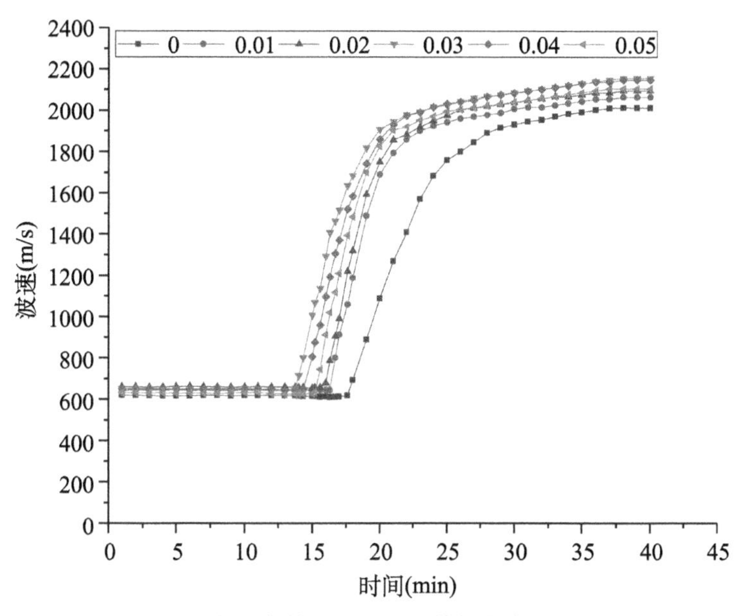

图 5　不同聚灰比条件下 R · SAC 基浆液波速—时间曲线

3.2　超声纵波法与维卡仪法结果对比

测试过程中通过手指按压发现，在波速—时间曲线出现突变即平缓阶段Ⅰ和快速上升阶段Ⅱ分界处时水泥浆液已经较硬，非常类似于该材料在上文提到的终凝时间时的硬度。因此，对比维卡仪法测得的终凝时间和超声纵波法测得的突变点，可以明显看出二者十分接近，具体数据如表 4 所示。这与王鹏飞所提出的“水泥浆体波速开始上升的时刻为终凝时刻”的结论相同，不同之处在其所述的终凝时间实则在突变点之前一段时间，而本试验中突变点与终凝时间非常接近。这是由于本文所采用的材料为快硬硫铝酸盐水泥，其凝结硬化速度很快，导致波速—时间曲线在上升阶段非常陡峭，此前终凝时间与突变点之间的距离便被缩小甚至无法明显看出。因此，使用超声纵波法测试速凝型浆材凝结硬化性能时，可用波速—时间曲线上的突变点时刻表征此材料的终凝时间。

表 4　两种方法测试 R·SAC 基浆液终凝时间结果对比

方法	时间	0	0.01	0.02	0.03	0.04	0.05
维卡仪法	t_{f0}	17′10″	16′00″	15′15″	14′00″	14′35″	14′55″
超声纵波法	t_{f1}	17′37″	16′18″	15′35″	13′45″	14′20″	15′12″
	$t_{f1}-t_{f0}$	21″	16″	18″	−19″	−13″	15″

3.3　VAE 对速凝型注浆材料终凝时间的影响

为了研究常见的聚合物添加料 VAE 对速凝型注浆材料凝结硬化性能的影响，对比分析不同聚灰比的波速—时间曲线。如表 4 所示，加入 VAE 后速凝型浆材的突变点即终凝时间缩短，说明 VAE 可缩短材料的凝结时间。此外，随着聚灰比的提高，图 5 中趋于稳定阶段的波速得到一定提升，但当聚灰比达到 0.04 后波速却几乎没有提高。针对此现象，结合 SEM 分析从微观结构上探究原因。

图 6 中 a、b 和 c 三幅图均是在 20μm 尺度下拍摄而得，图 6a 所示速凝型注浆材料试样中散布着丝带状钙矾石，且可明显看到大量深色孔隙。而图 6b 和图 6c 中试样非常致密，生成了大量 C－S－H 凝胶，而钙矾石却几乎看不到，这是由于 VAE 形成的聚合物与水泥水化形成的大量 C－S－H 凝胶已经将钙矾石包裹住，乳胶颗粒在与水泥水化的过程中改性 R·SAC 内部出现了铆接、搭接的结构，并填补了孔隙。这使得材料的内聚强度提高，形成致密的硬化体。然而，当聚灰比达到 0.04 后，微观结构已经没有明显变化，表明适量的 VAE 可改善水泥基速凝浆材多孔的问题。

4　结论

通过超声纵波法研究速凝型注浆材料的凝结硬化性能，对比其和传统的维卡仪法测试结果之间的联系，同时分析 VAE 对水泥基材料凝结硬化性能的

(a) 聚灰比：0　　(b) 聚灰比：0.04　　(c) 聚灰比：0.05

图6　R·SAC基试样SEM照片

影响，得出以下结论：

（1）波速—时间曲线显示速凝型注浆材料凝结硬化过程分为三个阶段：平缓阶段Ⅰ、快速上升阶段Ⅱ和趋于平缓阶段Ⅲ；平缓阶段Ⅰ和快速上升阶段Ⅱ连接处存在明显突变点，此点对应时间可以表征速凝型注浆材料的终凝时间。处于平缓阶段时水泥浆体主要以胶体类似物或软固体形式呈现，对应水化阶段的溶解、诱导及固相产物初步形成阶段；随后进入快速上升阶段Ⅱ，波速突然加快，水泥浆体中固相物质占绝对主导地位，并且水化产物不断进入固相骨架的孔隙中，进而导致水泥浆体凝结硬化得更加致密；达到某个拐点后曲线逐渐趋于平缓，意味着R·SAC基材料凝结硬化已经基本完成，此时也形成了一定强度。

（2）VAE可缩短浆液的凝结时间，适量的VAE可改善速凝型注浆材料多孔的问题。

参考文献

[1] 朱俊峰．现行标准法维卡仪浅析［J］．广东建材，2014，30（07）：57－60.

[2] 裴启涛，丁秀丽，黄书岭，等．速凝浆液岩体倾斜裂隙注浆扩散理论研究［J/OL］．长江科学院院报：1－8.

[3] 刘人太．水泥基速凝浆液地下工程动水注浆扩散封堵机理及应用研究［D］．山东大学，2012.

[4] 肖斌．水泥基材料凝结时间自动测试新方法应用研究［D］．福州大

学，2017.

[5] 沈卫国，胡金强，姜舰，等. 电阻率法研究路面基层专用水泥凝结硬化过程 [J]. 建筑材料学报，2010，13 (01)：125－129.

[6] 陈友德. 超声波用于水泥和石膏硬化测试 [J]. 水泥技术，2016 (04)：92.

[7] 董必钦，马红岩. 水泥胶凝材料水化进程及力学特性研究 [J]. 混凝土，2008 (05)：23－25.

[8] 杨辉. 超声波测试水泥基材料凝结时间研究综述 [J]. 四川建筑科学研究，2018，44 (05)：93－99.

[9] Sant Gaurav，Dehadrai Mukul，Bentz Dale，et al. Detecting the Fluid-to-Solid Transition in Cement Pastes [J]. Concrete International，2009.

[10] Gregor Trtnik，Goran Turk，Franci Kavčič，et al. Possibilities of using the ultrasonic wave transmission method to estimate initial setting time of cement paste [J]. Cement and Concrete Research，2008，38 (11).

[11] Nicolas Robeyst，Christian U. Grosse，Nele De Belie. Relating ultrasonic measurements on fresh concrete with mineral additions to the microstructure development simulated by C emhyd 3D [J]. Cement and Concrete Composites，2011，33 (6).

[12] 王鹏飞. 水泥浆体初、终凝时间的电学与超声甄别 [D]. 清华大学，2014.

[13] 袁进科，裴向军，陈礼仪，等. 快硬型硫铝酸盐水泥灌浆性能研究 [J]. 混凝土，2015 (08)：87－90.

[14] 杨宁，白二雷，许金余，等. VAE 乳胶粉掺量对苯丙乳液水泥基路面填缝料拉伸性能的影响 [J]. 空军工程大学学报 (自然科学版)，2018，19 (04)：105－111.

水泥基灌浆材料用低温养护剂的性能及作用机理

张丰[1,2]，白银[1,2]，蔡跃波[1,2]

（1. 南京水利科学研究院，南京　210029；

2. 水文水资源与水利工程科学国家重点实验室，南京　210024）

摘　要：以无机盐 CB、LB 和三异丙醇胺（TIPA）三组分制备低温养护剂，研究低温下，养护剂对净浆强度、凝结时间、流动度的影响，并从水化热、产物微观结构等角度出发，探讨其作用机理。结果表明：5℃低温下，低温养护剂的掺入使净浆初始流动度略有降低，初、终凝时间均有所缩短，可明显加快试件的强度发展。掺 1.8% 低温养护剂净浆 1d、3d、7d、28d 抗压强度较对比样分别提高 291%、78%、62% 和 40%，3d 后各龄期强度已超对比样 20℃下强度。低温下，低温养护剂使水泥水化诱导期缩短、加速期提前，最大放热速率较对比样增大 78%，12h、7d 累计放热量则分别增大 227% 和 52%。低温养护剂可促进水泥水化初期的水化反应，使试样中 $Ca(OH)_2$ 含量增加、水泥水化程度增大，起细化了水化初期（7d 前）试件的孔径，大孔数量明显减少，净浆 1d、7d 总孔隙率较对比样分别减小 16%、31%，试样微观结构更加致密。

关键词：低温养护剂；净浆；强度；水化热；微观结构

低温环境下，如深水水下注浆、深水固井及连续钢构桥梁等工程，水泥水化速率低、凝结时间长、水泥基材料强度发展缓慢，且养护措施实施难度大，严重影响工程施工进度，因而解决这种低温环境下水泥基材料的施工养护问题就显得尤为重要。一般来说，环境温度为 6℃时，混凝土达到设计强

基金项目：国家重点研发计划项目（2016YFC0401609）；国家自然科学基金项目（51739008）；中央级公益性科研院所基本科研业务费专项（Y419004）

作者简介：张丰（1989—），男，博士、工程师，主要从事水工材料及混凝土耐久性的研究。E-mail：fzhang@ nhri. cn

度 70%需 15d 左右，而在夏季时仅需 5～8d。为提高混凝土早期强度，常采用掺早强剂的方法，该方法操作简单、成本低廉。

起初低温早强剂多以硫酸钠或三乙醇胺为主要组分，存在后期强度倒缩、与水泥适应性差等问题[1]。研究发现，5～8℃低温下，单掺 Na_2SO_4或 TEA 均不能明显缩短混凝土终凝时间，也不能有效提高混凝土早期强度[1]。随着工程建设技术水平的提高，早强剂材料种类也不断增多。单掺过量 $Na_2S_2O_3$会导致混凝土后期强度下降，而 1% $Na_2S_2O_3$与 0.04% TEA 复掺时，可使 5℃养护下混凝土 3d、7d、28d 强度分别提高 36.9%、24.1% 和 9.6%[2]。温盛魁[3]以 0.6%三异丙醇胺、1%草酸钠和 1% NaOH 配制低温早强剂，10℃条件下，G 级水泥浆体水养 24h 强度较对比样提高了 1 倍；而 8℃养护 24h 强度提高 30%。硫氰酸钠（NaSCN）具有促凝增强作用[4]，还可降低混凝土中水的冰点，使水泥在低温下得以正常水化[5-6]，掺 1%～2.5% NaSCN 时，低温（−15±1）℃下砂浆 7d 强度显著提高，掺量过大则会出现盐析现象。王成文等[7]还发现，4℃、10℃条件下锂盐早强剂能明显缩短油井水泥稠化时间，提高浆体抗压强度，且养护温度越低，12h、24h 强度提高越明显。温盛魁[8]以 0.6%三异丙醇胺、1%草酸钠和 1% NaOH 配制低温早强剂，10℃条件下，G 级水泥浆体水养 24h 强度较对比样提高了 1 倍；而 8℃养护 24h 强度提高 30%。纳米材料一定程度上也可促进水泥强度的发展[9-10]，胶体 SiO_2可与 $Ca(OH)_2$发生火山灰反应生成 C－S－H 凝胶，填充水泥颗粒间孔隙，使水泥石早期强度显著提高[11-12]。侯献海等[13]以 0.8%纳米 SiO_2＋2%硫酸钠＋0.05%三乙醇胺＋0.2%铝酸钠复配早强剂，4℃下可使油井水泥净浆 24h 抗压强度提高 8 倍，且具有明显的“直角稠化”特性。

目前，传统早强组分已难以满足绿色、高性能混凝土的要求，主要存在：①后期强度损失大；②收缩增大；③不利于耐久性等问题[14]。此外，低温下早强剂的研究相对较少，作用机理的研究也比较缺乏。本文结合水泥水化过程，设计以无机盐 CB、LB 和三异丙醇胺（TIPA）三组分制备无碱、无氯、不含 SO_4^{2-}的低温养护剂。选定 5℃为试验条件，研究养护剂对净浆强度、凝结时间、流动度的影响规律，在此基础上，从水化热、产物微观结构等角度出发，探讨低温养护剂的作用机理。

1 实验

1.1 原材料

（1）水泥

采用混凝土外加剂检测专用 P·I 42.5 水泥（JZ）和马鞍山海螺牌 P·O 42.5 普通硅酸盐水泥（HL），其化学组成分析如表 1 所示，主要化学成分为 CaO 和 SiO_2；XRD 分析表明，两种水泥的主要矿物均为 C_3S、C_2S、C_3A 和少量的 C_4AF；激光粒度分析表明，水泥颗粒的中值粒径（D_{50}）为 16.68μm 和 24.70μm。水泥的物理性能和力学性能均满足《通用硅酸盐水泥》（GB 175—2007）的相关规定，其中，JZ 水泥的标准稠度用水量分别为 26.4%，3d、28d 抗压强度分别达 22.8MPa 和 43.7MPa。

表 1 水泥化学组成分析/%

水泥	SiO_2	CaO	MgO	Fe_2O_3	Al_2O_3	K_2O	Na_2O	SO_3	LOI	总计
JZ	20.28	62.10	2.89	3.65	4.38	—	—	2.41	1.76	97.47
HL	22.83	59.03	1.54	3.29	6.54	0.68	0.18	2.01	3.63	99.73

（2）早强组分

试验用无机盐 CB、LB 组分为阿拉丁试剂有限公司生产的分析纯化学试剂，白色晶体，在水中易溶解；三异丙醇胺（$C_9H_{21}NO_3$）为郑州兴发化工产品有限公司生产，白色粉末。

（3）其他

试验用标准砂为厦门艾思欧标准砂有限公司生产，符合《水泥胶砂强度检验方法》（GB/T 17671—1999）中的相关要求；水为当地自来水。

1.2 表征

1.2.1 强度

（1）净浆强度。采用 P·I 42.5 水泥（JZ），按水胶比为 0.40，外掺养护剂，使用 40mm × 40mm × 160mm 试模成型净浆试件，带模放入（5 ± 1）℃低温养护箱或（20 ± 1）℃标准养护室中养护，24h 拆模后继续养护至指定龄期后取出，折断后测定其抗压强度。为保证数据的可靠性，每组 5 个试件（其中一个试件立刻终止水化，留样备用），然后取平均值。

（2）砂浆强度。采用 P·O 42.5 水泥（HL）、标准砂，外掺早强组分，参照《水泥胶砂强度检测方法（ISO 法）》（GB/T 17671—1999），成型 40mm × 40mm × 160mm 砂浆试件，固定水胶比为 0.45，胶砂比为 1:3（质量比）。成型后立即用保鲜膜覆盖，带模放入（5 ± 0.5）℃低温养护箱或（20 ± 1）℃标准养护室中养护，24h 拆模后继续养护至指定龄期后取出，折断后在水泥胶砂抗折抗压试验机上测定其抗压强度。为保证数据的可靠性，每组 6 个试件，然后取平均值。脱模后试件养护时，需定期给试件表面喷水，以保证养护箱内湿度。

1.2.2 净浆流动度、凝结时间

参照《混凝土外加剂匀质性试验方法》（GB/T 8077—2012），测定掺不同早强组分净浆的流动度，用浆体在玻璃板上自由流淌的最大直径表示。采用 P·I 42.5 水泥（JZ），固定水灰比 0.45，试验温度为（20 ± 3）℃，相对湿度为（95 ± 1）%。

参照《水泥标准稠度用水量、凝结时间、安定性检验方法》（GB/T 1346—2011），采用 P·I 42.5 水泥（JZ），固定水灰比为 0.45，测定掺不同早强组分水泥的凝结时间。

1.2.3 水化热

采用 P·I 42.5 水泥（JZ），按水胶比 0.40 外掺养护剂，分别在 20℃和低温 7℃（受限于实验条件及试验设备控温能力）下，采用瑞士 TAM AIR II 热导式等温量热仪，测试胶凝材料体系 7d 内水化放热。

1.2.4 微观分析

（1）TG/DSC 分析

取备用粉末样品，采用 Netzsch STA 449 型差热/热重分析仪进行热分析，温升范围为 25 ~ 1050℃，升温速率为 10℃/min，氮气气氛。

（2）MIP 分析

取备用净浆试样，均匀在试样径向不同深度取大小不超过 8mm 的颗粒样品，抽真空干燥后，采用压汞法（MIP）分析试样孔结构。

（3）SEM 分析

取备用净浆试样，在新断裂面取薄片样品，抽真空干燥，喷金后，采用 JEOL JSM—6510 型扫描电镜（SEM）观察试样的微观形貌。

2 低温养护剂的性能

2.1 低温养护剂制备

研究表明，养护温度从 20℃降至 5℃，水泥早期水化速度减慢，水化程度大幅度减小，但低温未改变水泥的水化过程，也未改变水化产物的种类，却使产物数量减少[15]；产物微观结构疏松、多孔，从而抑制强度发展[16-17]。本文采用有机—无机复合技术，协调发挥各单一组分的早强性能，并兼顾长期力学性能与耐久性能。设计了无机盐 CB、LB 两组分和三异丙醇胺（TIPA）组分来制备水泥基灌浆材料低温养护剂。作者前期通过研究外掺不等量早强组分对砂浆 1d、3d、7d、28d 抗压强度的影响规律，确定了 3 种组分适宜的掺量范围及最佳掺量（CB、LB 和 TIPA 最佳掺量分别为 1.0%、0.5% 和 1.0%）；在此基础上，采用正交设计法进行不同组分的复配试验，得到了最优配比方案为 0.5% CB + 0.3% LB + 1% TIPA 的低温养护剂，记为 1#。

2.2 净浆抗压强度

5℃养护下，掺 CB、LB、TIPA（最佳掺量，后同）及 1#低温养护剂净浆试件各龄期抗压强度结果如表 2 所示。“对比样 -20℃” 和 “对比样 -5℃” 分别表示 20℃和 5℃养护下的对比试件。为更好比较养护剂对砂浆强度提高幅度的差异，以 “对比样 -5℃” 各龄期强度为基准，计算得对应龄期下掺养护剂净浆的抗压强度比如图 1 所示。

结果可知，养护温度从 20℃降至 5℃时，对比样各龄期下强度均有所降低，1d 强度下降显著（仅为 20℃下强度的 21%），随养护龄期的延长，强度降低幅度逐渐减小。5℃养护下，1#低温养护剂的掺入使净浆各龄期强度均有提高，早期强度提高尤为显著，且掺量越大，效果越显著。其中掺 1.8% 低温养护剂时，净浆 1d、3d、7d、28d 强度分别提高 291%、78%、62% 和 40%，除 1d 强度偏低外，净浆各龄期强度均已超对比样 20℃养护下的强度。结果表明，

5℃养护下，1#低温养护剂可明显加快净浆的强度发展，低温早强效果显著。

表2　早强组分对净浆抗压强度的影响

试样编号	掺量/%	温度/℃	抗压强度/MPa			
			1d	3d	7d	28d
对比样 -20℃		20	11.2	36.2	49.7	67.2
对比样 -5℃		5	2.4	26.8	41.0	58.2
1#	0.9	5	6.8	39.5	57.7	73.7
1#	1.8	5	9.4	47.7	66.4	81.8

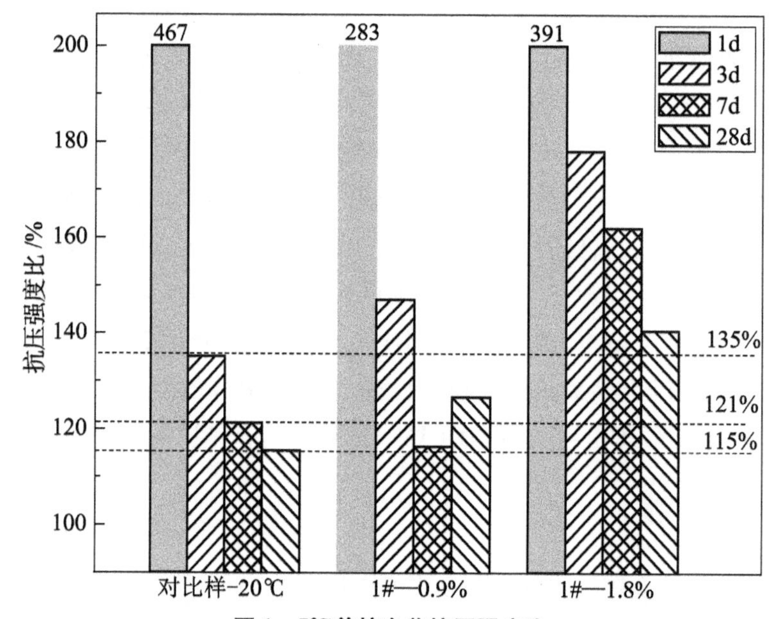

图1　5℃养护净浆抗压强度比

2.3　不同温度下砂浆抗压强度

选用海螺 P·O 42.5 水泥（HL），外掺 1.8% 低温养护剂后成型砂浆试件，分别在 20℃、5℃和 -5℃条件下养护，砂浆各龄期抗压强度结果如表 3 所示。相同条件下，养护温度越低，砂浆强度发展越缓慢，当温度低至 -5℃时，对比样砂浆强度发展已非常缓慢，7d 强度仅有 4.3MPa。1#低温养护剂在 20℃、5℃和 -5℃温度条件下，均表现出明显的早强作用，仅仅是砂浆各龄期强度提高的幅度有所差异。除 -5℃养护 1d 强度外，整体来说，养护温度越低，低温养护剂的早强效果越明显；20℃、5℃和 -5℃养护下，掺 1.8%

的 1#养护剂砂浆 3d 强度分别提高 44%、98% 和 196%，7d 强度分别提高 19%、72% 和 184%。

以上结果说明，低温养护剂的早强性能优异，不同温度下均有明显的早强作用，表现出良好的温度适应性，适用的温度范围较广。

表 3　不同温度养护下掺低温养护剂砂浆抗压强度

试样编号	温度/℃	1d		3d		7d		28d	
		抗压强度/MPa	抗压强度比/%	抗压强度/MPa	抗压强度比/%	抗压强度/MPa	抗压强度比/%	抗压强度/MPa	抗压强度比/%
HL-Contrast	20	10.7	100	28.8	100	41.8	100	56.8	100
HL-1.8%1#		24.2	226	41.5	144	49.6	119	61.8	109
HL-Contrast	5	1.8	100	17.4	100	27.4	100	52.0	100
HL-1.8%1#		8.6	476	34.3	198	44.6	172	59.7	115
HL-Contrast	-5	1.2	100	3.1	100	4.3	100	—	—
HL-1.8%1#		4.6	383	9.2	296	12.2	284		

2.4　净浆流动度

20℃条件下，掺不等量低温养护剂净浆的初始、30min 和 60min 流动度结果如表 4 所示。为更好地比较掺低温养护剂前后流动度的差异，试验中各组净浆中均掺用了 0.035% 的固体聚羧酸减水剂，对比样的初始、30min 和 60min 流动度分别为 211mm、161mm 和 152mm。

掺低温养护剂时，净浆流动度有所降低，且随掺量增大，流动度降低更加明显。其中掺 1.8% 低温养护剂时，净浆初始、30min 和 60min 流动度分别为 189mm、152mm 和 146mm，其中初始流动度下降明显，试验过程也发现搅拌结束时浆体已较粘；但 30min 和 60min 流动度与对比样相差不大。整体来说，低温养护剂会使净浆初始流动度略有降低，但影响不明显，且随时间延长，流动度下降幅度逐渐降低，因此使用低温养护剂时需掺少量减少剂。

表 4　20℃时低温养护剂对净浆流动度的影响

试样编号	掺量/%	流动度/mm		
		初始	30min	60min
对比样		211	161	152
1#	0.9	205	158	149
1#	1.8	189	152	146

2.5 净浆凝结时间

不同温度（20℃、5℃）养护下，掺不等量低温养护剂净浆的凝结时间结果如表5所示。养护温度从20℃下降至5℃时，各组净浆初、终凝时间均明显延长，凝结时间差增大，终凝时间延长尤为明显，均延长一倍以上，其中5℃养护下对比样初、终凝时间分别由4h59min、7h3min延至13h5min、18h27min。

不同温度下，低温养护剂的掺入促进了水泥的凝结，使净浆的初、终凝时间和终凝结时间差均有所缩短，且低温养护剂掺量越大，净浆凝结时间降低越明显。5℃低温下，养护剂对缩短净浆凝结时间效果较20℃条件下更为显著，但掺不等量低温养护剂净浆5℃养护下的凝结时间均滞后于对比样20℃下的凝结时间。5℃养护下，1.8%低温养护剂的掺入，使净浆初凝、终凝时间分别由13h5min、18h27min缩短至7h6min和12h2min。

表5　早强组分对水泥浆体凝结时间的影响

试样编号	掺量/%	温度/℃	凝结时间/h：min		
			初凝	终凝	凝集时间差
对比样		20	4：59	7：03	2：04
1#	0.9	20	3：53	6：04	2：11
1#	1.8	20	3：42	5：39	1：57
对比样		5	13：05	18：27	5：22
1#	0.9	5	8：23	13：27	5：04
1#	1.8	5	7：06	12：02	4：56

3　水化热分析

分别测试了20℃和低温7℃（受限于实验条件及试验设备控温能力）下，对比样及掺1#低温养护剂（1.8%）水泥的水化热，水化放热曲线如图2所示，相应水化放热参数见表6和表7。

20℃条件下，对比样水泥水化初期的最大放热速率为2.31mW/g，7d累计放热量为326.3J/g。1#养护剂的掺入，达到以下效果：①缩短了水泥水化诱导期，使加速期提前；②水化放热温峰出现时间提前3h，最大放热速率达2.86mW/g，较对比样增大约24%，放热峰延续时间则从32.3h缩短至

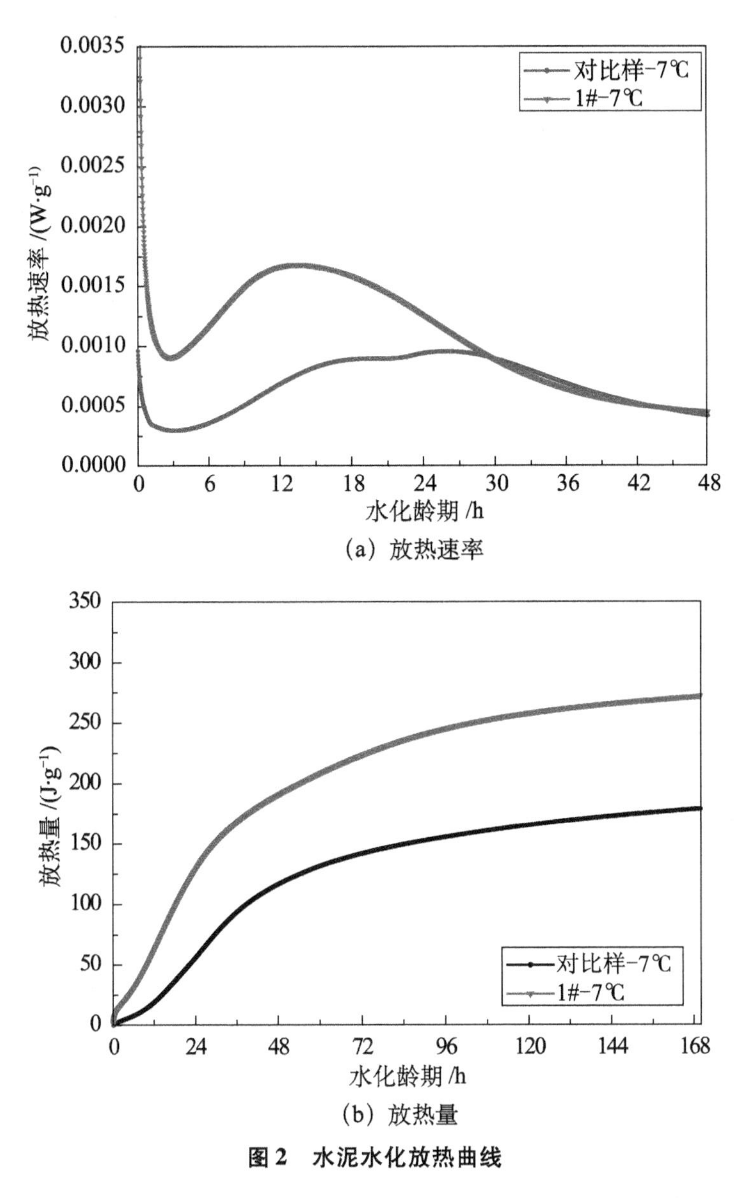

(a) 放热速率

(b) 放热量

图 2　水泥水化放热曲线

30.8h；③相同龄期下累计放热量均有所增大，7d 累计放热量达 314.2J/g，较对比样增大约 13%。

温度降至 7℃时，对比样水泥水化初期诱导期延长了 2.1h；水化放热峰变得“矮而宽”，最大放热速率仅有 950 μW/g，最大放热速率出现时间从 17.2h 延后至 26.7h，而放热峰延续时间为 20℃时的 1.7 倍；7d 累计放热量较20℃时减小了36%，说明温度降低使水泥水化放热速率、放热量均明显减小。1#养护剂掺入后，水泥水化放热速率和水化放热量均发生了明显变化，且变化程度较20℃下更为明显。从放热速率来看，7℃低温下，1#养护剂的掺入，达到以下效果：①使水泥水化诱导期时间和加速期时间均缩短了近一半，放热峰出现时间明显提前，温峰出现时间比对比样20℃时还靠前；②放热峰延续时间缩短20h，最大放热速率增大78%。从放热量来看，7℃低温下，1#养护剂的掺入使水泥各水化龄期下累计放热量均明显增大，龄期越短，放热量增大越明显，各龄期下放热量已接近对比样20℃下的放热量，这与1#养护剂对试件强度提高规律相似。掺1#养护剂的水泥12h累计放热量即达到61.4J/g，较对比样增大了227%，7d累计放热量为271.5J/g，较对比样也增大了52%。

结果表明，20℃或7℃条件下，低温养护剂均可促进水泥的水化反应，使水泥水化诱导期缩短、加速期提前，最大放热速率增大、累计放热量增大，且低温下作用效果更为显著。

表6　水泥水化放热参数

试样编号	温度/℃	诱导期结束时间/h	温峰出现时间/h	放热温峰值/（$W \cdot g^{-1}$）	放热峰延续时间/h
对比样	7	5.0	26.7	0.00095	56.4
1#—1.8%	7	2.8	13.5	0.00169	35.9

表7　水泥水化累计放热量

试样编号	温度/℃	放热量/（$J \cdot g^{-1}$）					
		12h	1d	2d	3d	5d	7d
对比样	7	18.8	55.9	116.4	141.8	165.2	178.4
1#—1.8%	7	61.4	128.2	190.3	223.2	257.9	271.5

4　产物微观分析

4.1　DSC/TG分析

对比样和掺1#低温养护剂净浆，在5℃下养护不同龄期试样的DSC/TG曲线如图3所示。各组试样在25～1050℃升温过程中DSC曲线中均含有两个明显的吸热峰，分别为50～200℃温度范围对应C－S－H凝胶中吸附水蒸发和钙矾石层间水脱水过程，380～500℃温度范围对应$Ca(OH)_2$分解过程。两组净浆试样 DSC/TG 曲线随龄期延长变化规律相似，试样总质量损失率随养护龄期延长而不断增大，说明随龄期延长，水泥水化产物逐渐增多，水化程度不断增大。由图 3a～图 3d 可知，相同龄期下，掺早强组分试样总质量损失率均大于对比样。

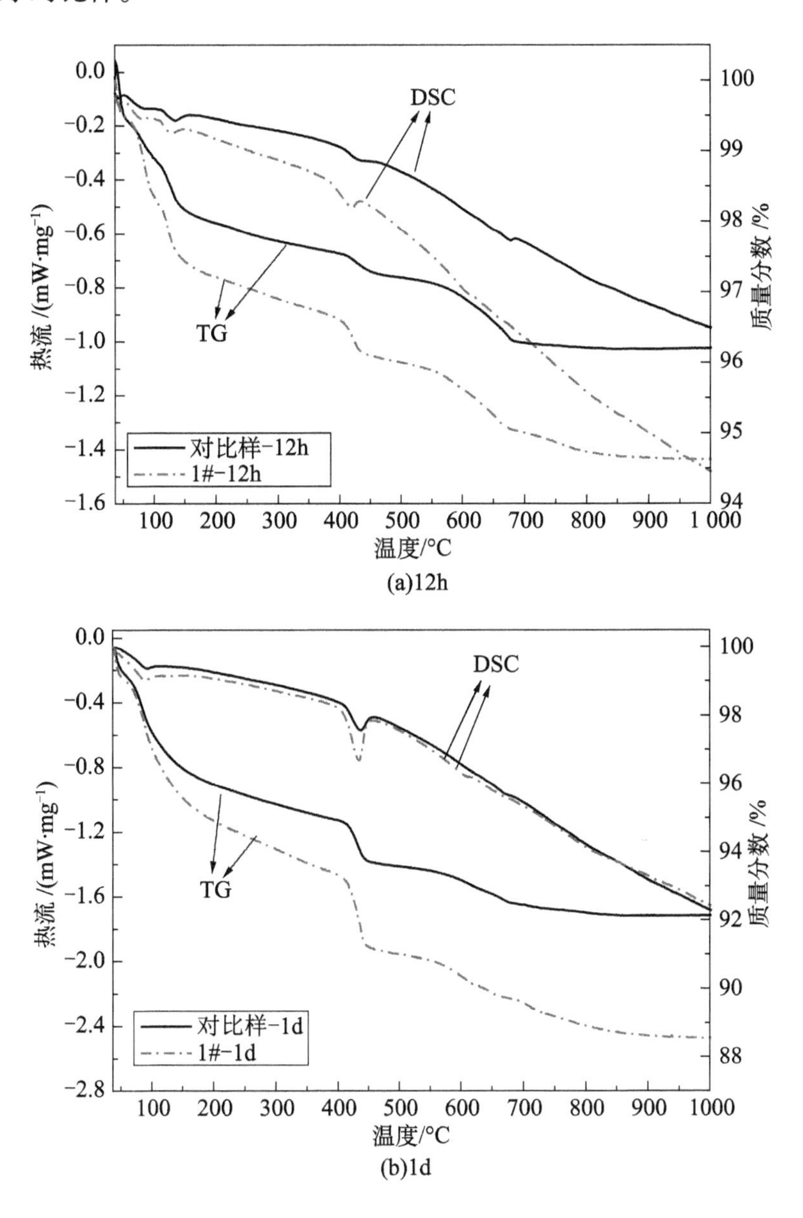

图 3　净浆试样的 DSC/TG 曲线

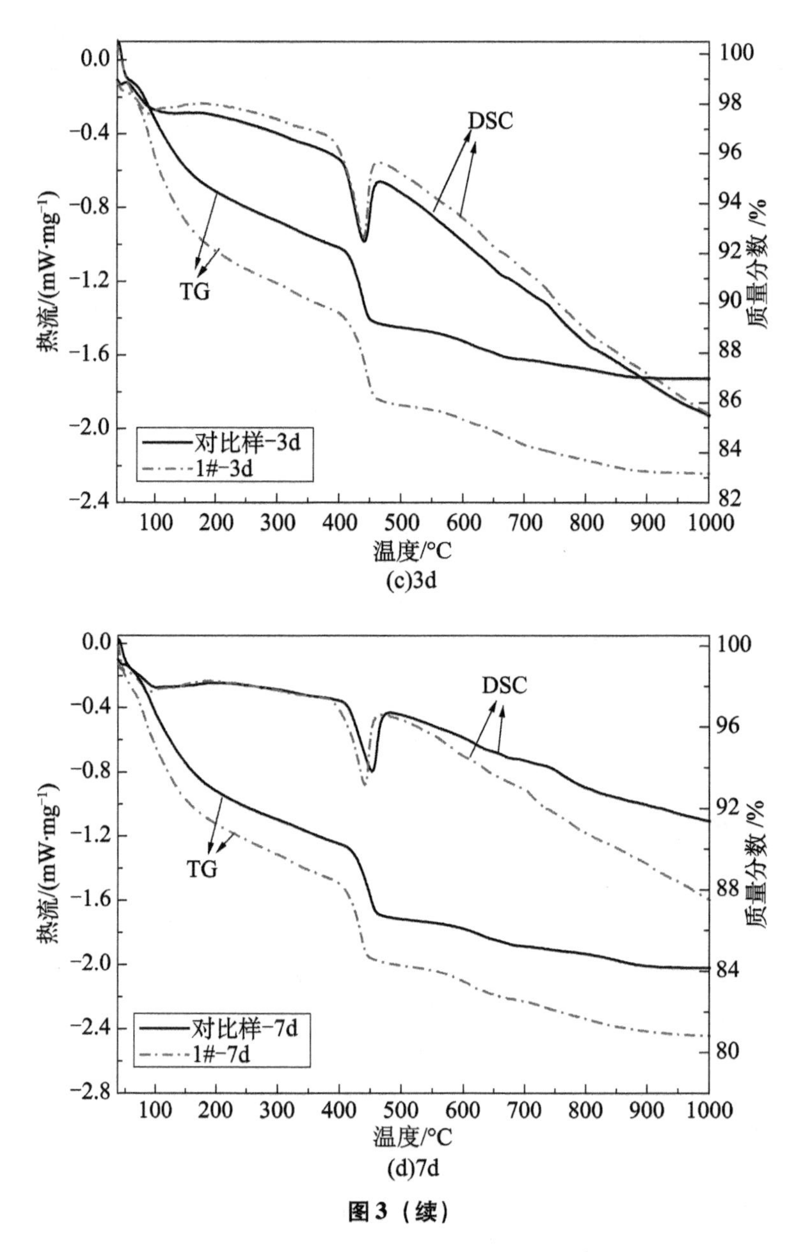

(c)3d

(d)7d

图3（续）

试样中Ca（OH）$_2$含量的大小可间接评价水泥水化程度的大小，以各试样950℃的干基质量为基准量，将各试样在380～500℃温度范围内的相对质量损失值，换算成Ca（OH）$_2$相对含量，结果如表8所示。相同龄期下，对比样中Ca（OH）$_2$含量均较低，其水化12h、1d时Ca（OH）$_2$含量分别仅有

1.19%和4.73%。掺1#早强组分时，各龄期下试样中Ca（OH）$_2$含量较对比样均明显增大，12h、1d时Ca（OH）$_2$含量较对比样分别增大了1.9倍和1.6倍；水化7d时Ca（OH）$_2$含量也增大了42%；结合前文结果可知，掺养护剂试样中Ca（OH）$_2$含量大小，与水化热及净浆抗压强度结果具有较好的相关性，这也进一步证实了低温养护剂的掺入促进了低温下水泥的水化，使其水化速率增大、水化程度提高，从而提高试件的强度。

表8　净浆试样中Ca（OH）$_2$的含量

试样编号	温度/℃	Ca（OH）$_2$含量/%			
		12h	1d	3d	7d
Contrast	5	1.19	4.73	13.17	17.12
1#-1.8%	5	3.48	12.22	20.39	24.25

4.2　SEM分析

5℃养护下，对比样和掺1#低温养护剂水泥水化1d、7d时产物的SEM图分别如图4和图5所示。由图4可知，水化1d时，水泥颗粒表面有少量絮状C-S-H凝胶，但水化程度较低，颗粒轮廓依稀可见，颗粒间有较多孔隙，整体结构较为疏松。水泥石中有较多针棒状钙矾石生成，错乱分布，形貌较为细长，还可见少量六方板状Ca（OH）$_2$晶体。水化至7d时，水泥石中Ca（OH）$_2$晶体数量增多，但尺寸较小；生成少量团簇状C-S-H凝胶，孔隙中充满较多柱状钙矾石，整体结构较1d时更为致密，但仍可见少量水化程度较低的水泥颗粒。

由图5可知，掺1#养护剂水泥水化1d时，大量水化产物相互堆积，但结构中仍有较多孔隙，整体结构较对比样已更为致密。水化至7d时，大量絮状水化产物在水泥颗粒及孔隙周围生成，相互粘结成片。试样孔隙中均生长着大量柱状钙矾石，彼此相互交错，形成网状结构；有的部位孔隙中整齐布满片状Ca（OH）$_2$晶体，此时试样整体结构已较为密实。

结果表明，低温养护剂促进了5℃低温下水泥初期（7d前）的水化，生成大量水化产物相互粘结，钙矾石及Ca（OH）$_2$晶体多在孔隙中生成，试样微观结构更加致密。

(a)1d (b)7d

图 4 对比样水泥水化产物的 SEM 照片

(a)1d (b)7d

图 5 掺 1#养护剂水泥水化产物的 SEM 照片

4.3 MIP 分析

5℃低温下，对比样和掺 1.8% 的 1#低温养护剂水泥净浆水化不同龄期后试样的孔径分布曲线如图 6 所示。相同龄期下，1#养护剂的掺入使净浆孔隙得到细化，试样最可几孔径明显减小，且 1d 时作用效果尤为显著。水化至 1d 时，对比样中孔多为 0.3 ~ 3μm 的大孔，0.3μm 以下的小孔数量较少；掺 1#养护剂净浆水化 12h 时试样中孔多为 0.3 ~ 3μm 的大孔，数量比对比样水化 1d 时还多，而水化至 1d 时试样中已几乎不含 0.3μm 以上的孔，说明 1#养护剂在 12h ~ 1d 水化龄期内已发生较快反应，使试件孔结构得到明显改善。水化至7d时，两组试样孔径分布曲线形状相似，掺1#养护剂试样的最可几孔径较对比样更小，多数孔集中在0.02～0.05μm孔径范围内，且数量较少。

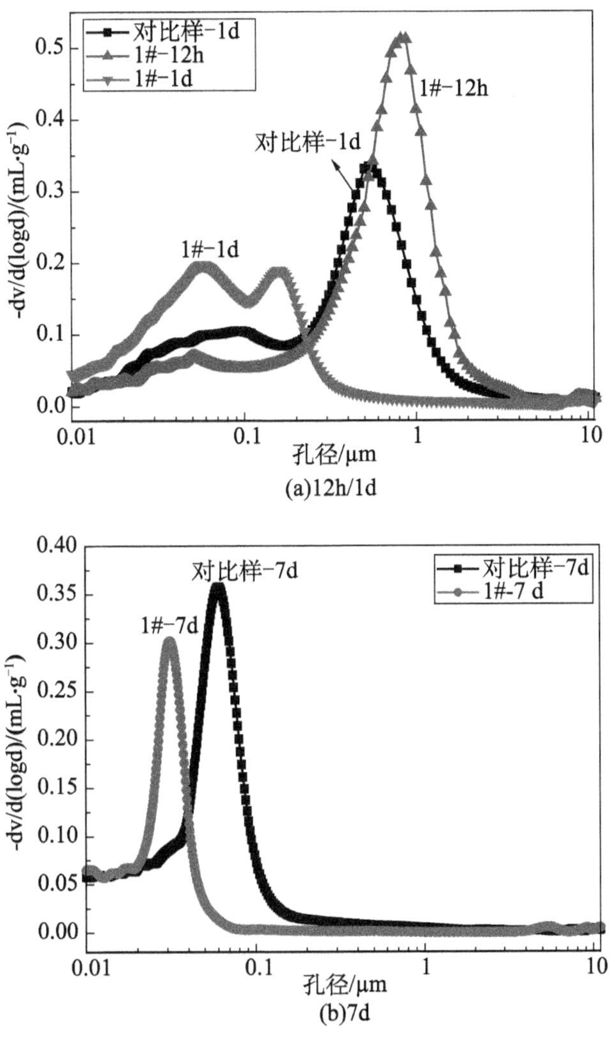

图6　净浆试样的孔径分布

养护剂的掺入除影响试样孔径分布外，还影响试样总孔隙率的大小，表9给出了各净浆试样的总孔隙率。由表9可知，1#养护剂使各龄期下净浆试样的总孔隙率均明显减小，12h时试样总孔隙率为49.8%，仅略高于对比样水化1d时的总孔隙率（45.7%）。水化1d时，掺1#养护剂试样的总孔隙率较对比样减小了16%，已接近对比样3d时的总孔隙率值；水化7d时，掺1#

养护剂试样的总孔隙率为18.9%，较对比样减小了31%，此时试样也较为致密。

MIP结果表明，5℃养护下，低温养护剂的掺入，细化了水化初期（7d前）试件的孔径，大孔数量明显减少，1d时效果尤为显著；且使试样最可几孔径减小、总孔隙率降低，试件微观结构更加致密，从而有利于试件强度提高。

表9　净浆试样总孔隙率

试样编号	温度/℃	总孔隙率/%			
		12h	1d	3d	7d
对比样	5	—	45.7	34.1	27.5
1#-1.8%		49.8	38.6	25.4	18.9

5　结论

（1）采用CB、LB和三异丙醇胺三组分制备了一种无氯、无碱、不含SO_4^{2-}的低温养护剂，明显加快低温下试件的强度发展，低温早强效果显著且28d强度仍有较大幅度提高。5℃低温下，掺1.8%低温养护剂净浆1d、3d、7d、28d强度分别提高291%、78%、62%和40%，3d后各龄期强度已达对比样20℃下强度。

（2）低温养护剂的掺入，可使净浆初始流动度略有降低，使净浆初、终凝时间和终凝结时间差均缩短，且5℃低温下作用效果更为明显。

（3）低温养护剂可促进水泥水化初期的水化反应，使水泥水化诱导期缩短、加速期提前，最大放热速率增大、放热量增大，且低温下作用效果更为显著。7℃低温下，掺1.8%低温养护剂水泥最大放热速率较对比样增大78%，12h、7d累计放热量则分别增大227%和52%。

（4）5℃养护下，低温养护剂的掺入促进了水泥的水化，使试样中$Ca(OH)_2$含量增加、总质量损失率增大，且细化了水化初期（7d前）试件的孔径，大孔数量明显减少、总孔隙率降低，净浆1d、7d总孔隙率较对比样分别减小16%、31%，试件微观结构更加致密，从而有利于试件强度提高。

参考文献

[1] 谢兴建. 混凝土早强剂应用技术研究 [J]. 新型建筑材料, 2005 (5): 33-35.

[2] 李习章, 张京涛, 王安岭. 混凝土早强组分在不同温度下的早强性能研究 [C] //"第四届全国特种混凝土技术" 学术交流会暨中国土木工程学会混凝土质量专业委员会年会, 2013.

[3] 温盛魁. 低温早强水泥浆体系的研究 [D]. 北京: 中国石油大学, 2008.

[4] DACZKO J A, KURTZ M A, DULZER M. High early-strength fiber reinforced cementitious composition: US, 6942727 [P]. 2005-09-13.

[5] 王子明, 孙俊. 聚羧酸高效减水剂与防冻组分复合研究 [J]. 低温建筑技术, 2008, 30 (3): 1-3.

[6] 程平阶, 王宁宁, 王凯, 等. 硫氰酸钠与聚羧酸减水剂复配对水泥水化的影响研究 [J]. 硅酸盐通报, 2014, 33 (10): 2672-2678.

[7] 王成文, 王瑞和, 陈二丁, 等. 锂盐早强剂改善油井水泥的低温性能及其作用机理 [J]. 石油学报, 2011, 32 (1): 140-144.

[8] 温盛魁. 低温早强水泥浆体系的研究 [D]. 北京: 中国石油大学, 2008.

[9] HOU Pengkun, WANG Kejin, QIAN Jueshi, et al. Effects of colloidal nano SiO_2 on fly ash hydration [J]. Cement and Concrete Composites, 2012, 34 (10): 1095-1103.

[10] 要秉文, 丁庆军, 梅世刚, 等. 新型早强剂对混凝土性能的影响研究 [J]. 混凝土, 2005 (9): 49-54.

[11] 步玉环, 侯献海, 郭胜来. 低温固井水泥浆体系的室内研究 [J]. 钻井液与完井液, 2016, 33 (1): 79-83.

[12] Kontoleontos F, Tsakiridis P E, Marinos A. Influence of colloidal nanosilica on ultrafine cement hydration: Physicochemical and microstructural characterization [J]. Construction and Building Materials, 2012, 35 (35): 347-360.

[13] 侯献海, 步玉环, 郭胜来, 等. 纳米二氧化硅复合早强剂的开发与性能评价 [J]. 石油钻采工艺, 2016, 38 (3): 322-326.

[14] 张丰, 白银, 蔡跃波, 等. 混凝土低温早强剂研究现状 [J]. 材料导报, 2017, 31 (21): 106-113.

[15] 王培铭, 李楠, 徐玲琳, 等. 低温养护下硫铝酸盐水泥的水化进程及强度发展 [J]. 硅酸盐学报, 2017, 45 (2): 242-248.

[16] LOTHENBACH B, MATSCHEI T, MOSCHNER G, et al. Thermodynamic modeling of the effect of temperature on the hydration and porosity of Portland cement [J]. Cement and ConcreteResearch, 2008, 38 (1): 1 - 18.

[17] LOTHENBACH B, WINNEFELDF, ALDER C, et al. Effect of temperature on the pore solution, microstructure and hydration products of Portland cement pastes [J]. Cement and ConcreteResearch, 2007, 37 (4): 483 - 491.

低温养护下溴化锂对水泥早期水化的影响

张丰[1,2]，白银[1,2]，蔡跃波[1,2]，陈波[1,2]，宁逢伟[1,2]

（1. 南京水利科学研究院，江苏南京 210029；

2. 水文水资源与水利工程科学国家重点实验室，江苏南京 210024）

摘 要：传统早强组分已不能满足绿色、高性能混凝土的要求，加之早强剂在低温（尤其是5℃）下的研究较少，且低温早强性能有限、低温作用机理尚不明确。本文以溴化锂（LiBr）作早强组分，研究5℃下LiBr对砂浆强度、净浆凝结时间以及水泥早期水化特性的影响。结果表明：5℃低温下，LiBr的掺入使净浆初凝、终凝时间略有缩短，可显著加快砂浆试件早期强度的发展，且28d强度仍有较大幅度提高，掺0.5% LiBr砂浆1d、3d、7d和28d抗压强度分别提高383%、54%、41%和11%，各龄期强度已接近对比样20℃养护下的强度。LiBr使低温下水泥水化的诱导期缩短、加速期提前，最大放热速率增大、放热量增大；使水泥水化更早进入了受扩散控制的D阶段；水化12h时产物中即有大量Ca（OH）$_2$生成，且生成了水化硅酸钙［$Ca_2SiO_3(OH)_2$］和水化溴氧铝酸钙［$Ca_4Al_2O_6Br_2 \cdot 10H_2O$］产物。

关键词：低温；早强剂；溴化锂；溶解；水化

《水工混凝土施工规范》（DL/T 5144—2015）中规定：当日平均气温连续5d在5℃以下或最低气温连续5d在－3℃以下时，应按低温季节要求施工，采取如原材料加热、蓄热养护等特殊措施。而日平均气温在5℃以上时，则属正常施工，此时气温远低于混凝土正常养护温度，且对于一些高墩、连续刚构桥等混凝土结构，养护措施实施难度大，因而严重影响混凝土施工进度。研究表明，养护温度降低，水泥早期水化速度减慢、水化程度大幅度减小，

基金项目：国家重点研发计划项目（2016YFC0401609），国家自然科学基金项目（51739008）；中央级公益性科研院所基本科研业务费专项（Y419004）

作者简介：张丰（1989—），男，博士，工程师，主要从事水工材料及混凝土耐久性的研究。E-mail：fzhang@ nhri. cn

水泥水化过程虽未改变，但产物数量明显减少[1-2]，从而抑制了强度发展[3]。

掺早强剂是提高混凝土早期强度最常用的方法[4]。起初低温早强剂多以硫酸钠或三乙醇胺为主要组分，存在后期强度倒缩、与水泥适应性差等问题。谢兴建[2]研究发现，5～8℃环境下，单掺 Na_2SO_4或三乙醇胺均不能明显缩短混凝土终凝时间，也不能有效提高其早期强度。温盛魁[5]以 0.6% 三异丙醇胺、1% 草酸钠和 1% 氢氧化钠复配低温早强剂，8℃养护时，可使净浆 24h 强度提高 30%。硫氰酸钠可降低混凝土中水的冰点，使水泥在低温下得以正常水化[6-7]，掺 1%～2.5% NaSCN 时，低温（-15 ± 1）℃下砂浆 7d 强度显著提高，掺量过大则强度提高不明显，还会出现盐析现象[7]。掺少量锂盐可显著提高水泥的早期强度[8]，Li_2SO_4与 NaSCN 复掺时可使混凝土 10h 强度较掺 1% Na_2SO_4或 3% $Ca(NO_2)_2$时分别提高 57%、72%[9]。此外，晶种或纳米材料一定程度上也可加快低温下混凝土的强度发展[10]，但掺量过高时，需解决其在混凝土中的均匀分散问题。要秉文等[11]以 2.0% 晶种、0.5% 高价阳离子硫酸盐和 0.01% 羟基羧酸制备早强剂，低温（10℃和 1℃）下，早强效果相当于提高混凝土硬化温度近 10℃，但凝结时间也有所提前。

传统早强剂已难以满足绿色、高性能混凝土的要求，主要存在：①后期强度倒缩；②收缩增大，增大开裂风险；③不利于耐久性（Cl^-加快钢筋锈蚀、SO_4^{2-}会引起硫酸盐侵蚀破坏、K^+和 Na^+易出现盐析和碱－骨料反应）等问题[12]。且之前早强剂开发与性能研究多在常温下进行，低温条件（如 0～5℃）下研究较少[13]，低温早强性能有限，作用机理也不明确。本文设计溴化锂（LiBr）作早强组分，之前相关研究较少，以允许正常施工的最低温度 5℃为条件，研究低温下 LiBr 的早强性能；水泥水化过程可概括为矿物相的溶解与水化产物的沉淀过程[14-15]，分别从溶解、水化角度出发，探索 LiBr 对水泥早期水化的影响机理。

1 试验

1.1 原材料

（1）水泥

试验采用海螺牌 P·O 42.5 水泥（HL）和混凝土外加剂检测专用 P·I

42.5 水泥（JZ），两种水泥的化学组成如表 1 所示。两种水泥的化学组分主要为 CaO 和 SiO_2，及少量的 MgO、Al_2O_3、Fe_2O_3等，其中 JZ 水泥 CaO 含量较高，达 62.10%。XRD 分析表明，两种水泥的主要矿物组成均为 C_3S、C_2S、C_3A 和少量的 C_4AF。激光粒度分析表明，HL 水泥和 JZ 水泥颗粒的中值粒径（D_{50}）分别为 24.70μm 和 16.68μm。

表 1　水泥的化学组成/wt. %

水泥	SiO_2	CaO	MgO	Fe_2O_3	Al_2O_3	K_2O	Na_2O	SO_3	LOI	总计
HL	22.83	59.03	1.54	3.29	6.54	0.68	0.18	2.01	3.63	99.73
JZ	20.28	62.10	2.89	3.65	4.38	—	—	2.41	1.76	97.47

（2）溴化锂

试验用溴化锂（LiBr）为白色结晶、分析纯，由阿拉丁试剂有限公司生产。其为一种卤素化合物，白色结晶，味微苦、无毒、易潮解，极易溶于水并放出热量，能溶于甲醇、丙酮、乙醇、乙醚等有机溶剂中，常用作空气湿度调节剂、制冷剂、催眠剂、镇静剂等。由于价格较高，目前溴化锂在混凝土中的应用还较少。

1.2　试验方法

（1）砂浆强度

采用 P·O 42.5 水泥（HL）、标准砂，按水泥质量百分比外掺不等量 LiBr，参照《水泥胶砂强度检测方法（ISO 法）》（GB/T 17671—1999），成型 40mm×40mm×160mm 砂浆试件，固定水胶比为 0.45，胶砂比为 1:3。LiBr 为固体，试验过程中将其先溶于水，再加入水泥中进行拌合。成型后立即用保鲜膜覆盖，带模放入（5±0.5）℃低温养护箱中养护，24h 拆模后继续养护至指定龄期后取出，测定试件抗压强度。脱模后试件养护时，需定期给试件表面喷水，以保证养护箱内湿度。

（2）净浆凝结时间

参照《水泥标准稠度用水量、凝结时间、安定性检验方法》（GB/T 1346—2011），采用 P·I 42.5 水泥（JZ），外掺不等量 LiBr，固定水灰比为 0.45，在不同温度（20℃、5℃）养护下，测试水泥的凝结时间。

（3）溶解量

一定压力和温度下，物质在一定量溶剂中溶解的最高量称为溶解度，一般以100g溶剂中能溶解的物质的克数来表示。试验参照溶解度测定方法，采用平衡法（重量法、化学滴定法），在1atm压力、5℃条件下，研究LiBr对C_3S、Ca（OH）$_2$在水中溶解量的影响，材料用量及配比如表2所示。具体试验步骤如下：

① 称200.00g水加入锥形瓶，加入0.2mol LiBr后，用磁力搅拌器搅拌至固体完全溶解（对比样不加LiBr）；

② 精确称量0.8000g C_3S或0.5000g Ca（OH）$_2$样品加入水中或掺LiBr的溶液中，搅拌20min后，立即将锥形瓶密封并放入5℃环境中静置；

③ 分别至1d、3d、7d和28d龄期后取出试样，采用0.45μm孔径微孔滤膜、砂芯过滤装置进行真空抽滤，滤液立即封存后放入5℃环境中待用；

④ 滤渣经多次冲洗后，连同滤膜一并放入105℃烘箱中烘干至恒重，称重后计算固体残渣质量，以此计算溶解量；

⑤ 用移液管取25mL滤液，滴加1～2滴酚酞试剂，用配制的稀盐酸（3+97）滴定至溶液无色且30s内不变色，记录稀盐酸的加入量；用0.1mol/L NaOH溶液（pH=13）标定配制的稀盐酸（3+97），以此计算不同滤液的pH值。

表2　试验配比

编号	温度	水/g	待溶物	待溶物质量/g	LiBr质量/g
C_3S－对比样	5℃	200	C_3S	0.8000	—
C_3S－LiBr					3.47（0.2mol）
CH－对比样			Ca（OH）$_2$	0.5000	—
CH－LiBr					3.47（0.2mol）

（4）水化热

采用P·I 42.5水泥（JZ），按W/B=0.40，外掺LiBr，分别在20℃和低温7℃（受限于实验条件及试验设备控温能力）下，采用TAM AIR II热导式等温量热仪，测试胶凝材料体系0～7d水化放热量。

（5）XRD分析

选用P·I 42.5水泥（JZ），按W/B=0.40，使用30mm×30mm×30mm

试模成型净浆试件，带模放入（5±1）℃低温养护箱中养护，24h拆模后继续养护至指定龄期后取出，均匀在试件不同位置取样后，放入60℃烘箱内烘干至恒重后备用。将试样用研钵和捣棒轻轻研磨过0.08mm筛，采用Rigaku SmartLab（3）型X-射线衍射分析仪对试样进行矿物组成分析，Cu靶，电压3kW，扫描范围为5°~80°，步长0.02°，扫描速度为10°/min。

（6）SEM分析

取备用净浆试样，在新断裂面取薄片样品，抽真空干燥，喷金后，采用JEOL JSM—6510型扫描电镜（SEM）观察试样的微观形貌。

2 结果与讨论

2.1 砂浆强度

5℃养护下，外掺不等量LiBr砂浆1d、3d、7d、28d抗压强度如表3所示。"对比样-20℃"和"对比样-5℃"分别表示20℃和5℃养护下的对比样试件，为更好地比较LiBr对砂浆强度的提高幅度，以"对比样-5℃"各龄期强度为基准，计算得掺LiBr砂浆的抗压强度比如图1所示。

结果表明，养护温度从20℃降至5℃，对比砂浆试件各龄期强度均有明显降低，7d前强度下降尤为显著，其中1d抗压强度为1.8MPa，较20℃养护时下降83%，7d强度下降也达34%；5℃养护下，水泥砂浆强度发展远落后于20℃养护下的强度发展。5℃养护下，掺LiBr使砂浆各龄期强度均有明显提高，其中1d强度提高尤为显著，抗压强度比均超过340%，3d抗压强度比均超过150%，低温早强效果优异，同时砂浆28d强度也有2%~11%的提高。LiBr对不同龄期强度提高，其掺量均存在一最优值，且不尽相同，当掺0.5% LiBr时，1d、3d、7d和28d抗压强度比分别为483%、154%、141%和111%，早强效果显著且28d强度不倒缩。5℃养护下，LiBr可使砂浆1d、3d、7d、28d抗压强度比远高于200%、150%、130%和100%。进一步分析可知，掺适量LiBr的砂浆5℃养护下强度发展已接近对比样20℃下的强度发展。

综上可知，5℃低温养护下，掺LiBr砂浆各龄期强度均有显著提高，低温早强性能优异，且28d强度仍有较大幅度提高，其适宜掺量范围为0.3%~1.5%。

表 3　5℃低温养护砂浆抗压强度

编号	掺量/%	抗压强度/MPa			
		1d	3d	7d	28d
对比样 -20℃	—	10.7	28.8	41.8	56.8
对比样 -5℃	—	1.8	17.4	27.4	52.0
LiBr	0.1	7.5	21.9	31.3	53.0
	0.3	6.2	28.9	36.3	56.0
	0.5	8.7	26.9	38.7	57.7
	1	6.8	28.1	38.6	55.8
	1.5	6.9	28.5	39.3	53.7

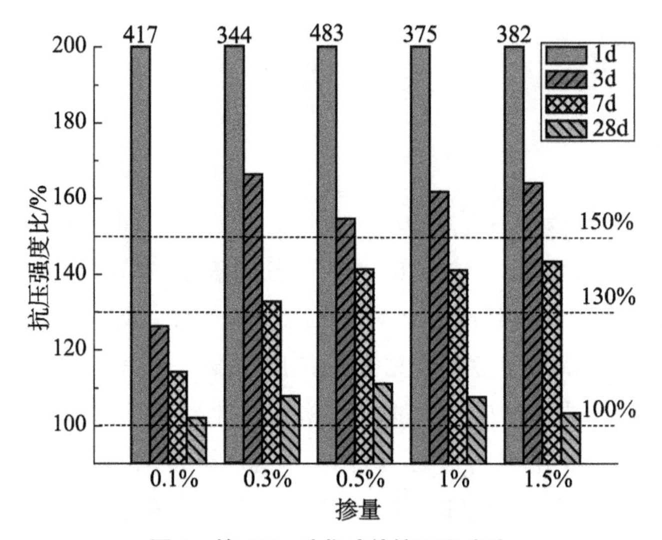

图 1　掺 LiBr 砂浆试件抗压强度比

2.2　净浆凝结时间

不同温度（20℃、5℃）养护下，对比样和掺 0.5% LiBr 净浆的凝结时间结果如表 4 所示。养护温度从 20℃下降至 5℃时，各组净浆初、终凝时间均明显延长，凝结时间差增大，终凝时间延长尤为明显，均延长一倍以上，其中 5℃养护下，对比样初凝、终凝时间 4h59min、7h3min 分别延至 13h5min、18h27min。

LiBr 的掺入均促进了水泥的凝结，使净浆的初、终凝时间和终凝结时间差均有所缩短，且 5℃低温下净浆凝结时间缩短效果较 20℃条件下更为明显；掺 LiBr 净浆 5℃养护下初凝、终凝时间均仍滞后于对比样 20℃下的凝结时间。

表4　LiBr 对水泥浆体凝结时间的影响

编号	温度	凝结时间/h：min		
		初凝	终凝	凝结时间差
JZ－对比样	20℃	4：59	7：03	2：04
JZ－0.5% LiBr		3：53	5：34	1：41
JZ－对比样	5℃	13：05	18：27	5：22
JZ－0.5% LiBr		6：59	12：03	5：04

2.3　水化过程分析

2.3.1　水化热分析

实验中测试了低温下的水泥水化热，受限于实验条件及试验设备控温能力，试验选择了7℃的低温试验条件，同时进行了20℃的试验。图2为20℃和7℃温度下，对比样及掺0.5% LiBr水泥的水化放热曲线，其中图2a所示为放热速率曲线，图2b所示为累计放热量曲线，相应水化放热试验结果见表5和表6。

20℃条件下，对比样水泥水化初期的最大放热速率为0.00231W/g，7d累计放热量为326.3J/g。LiBr的掺入，水泥水化诱导期缩短了0.6h，加速期提前；放热温峰出现时间也提前2.1h，最大放热速率达0.00274W/g，较对比样增大19%，放热峰延续时间则从32.3h缩短至30.8h，相同龄期下累计放热量均有所增大，7d累计放热量增大至303.5J/g，较对比样增大了9.4%。

温度从20℃降至7℃时，对比样水化初期诱导期延长了2.1h；水化放热峰变得"矮而宽"，最大放热速率仅有0.00095W/g，最大放热速率出现时间从17.2h延后至26.7h，而放热峰延续时间为20℃时的1.7倍；7d累计放热量较20℃时减小了36%，温度降低使水泥水化放热速率、放热量均明显减小。7℃低温时，LiBr的掺入，使水泥水化放热速率和水化放热量均发生了明显变化，且变化程度较20℃下更为明显。从放热速率来看，7℃低温下，LiBr的掺入，①使水泥水化诱导期时间和加速期时间均明显缩短，放热峰出现时间明显提前，温峰出现时间比对比样20℃时还靠前；②放热峰延续时间缩短约12h，最大放热速率增大45%，增幅比20℃时更显著。从放热量来看，7℃低温下，LiBr的掺入使水泥各水化龄期下累计放热量均明显增大，龄期越短，放热量增大越明显，且增大效果较20℃下更显著，各龄期下放热量已接近对

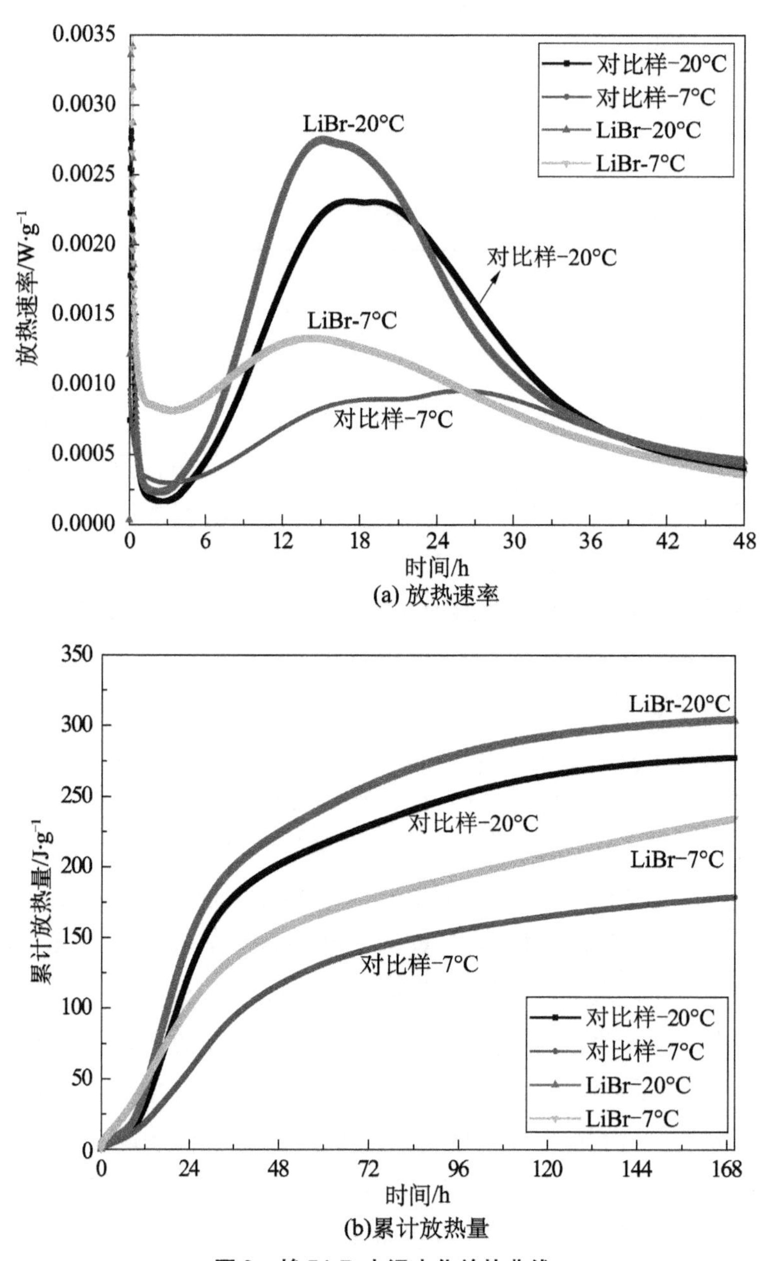

(a) 放热速率

(b)累计放热量

图 2　掺 LirB 水泥水化放热曲线

比样 20℃下的放热量，这与 LiBr 对试件强度提高规律相似。掺 LiBr 水泥水化 12h 累计放热量即达到 46. 1 J/g，较对比样增大了 145%，7d 累计放热量为 233. 9 J/g，较对比样也增大了 31%。

表5 掺 LiBr 水泥水化放热试验结果

编号	温度	诱导期结束时间/h	温峰出现时间/h	放热温峰值/($W \cdot g^{-1}$)	放热峰延续时间/h
JZ－对比样	20℃	2.9	17.2	0.00231	32.3
JZ－0.5% LiBr		2.3	15.1	0.00274	30.8
JZ－对比样	7℃	5.0	26.7	0.00095	56.4
JZ－0.5% LiBr		3.4	14.3	0.00138	44.7

表6 掺 LiBr 水泥水化累计放热量

编号	温度	累计放热量/ ($J \cdot g^{-1}$)						
		12h	24h	36h	48h	3d	5d	7d
JZ－对比样	20℃	30.5	124.4	178.8	201.6	229.1	265.1	277.4
JZ－0.5% LiBr		43.0	150.9	200.2	223.9	257.4	292.1	303.5
JZ－对比样	7℃	18.8	55.9	93.4	116.4	141.8	165.2	178.4
JZ－0.5% LiBr		46.1	99.9	134.9	155.2	177.9	208.1	233.9

结果表明，20℃或7℃低温环境下，LiBr 均可促进水泥的水化反应，使水泥水化诱导期缩短、加速期提前，最大放热速率增大、累计放热量增大，且低温下作用效果更为显著。

2.3.2 水化进程分析

关于水泥水化动力学的研究，Krstulović与 Dabić提出的水泥水化动力学模型较为常用，水泥的水化反应包括 3 个基本过程：结晶成核与晶体生长过程（NG）、相边界反应过程（I）和扩散过程（D）[16-17]。基于 Krstulović-Dabić水泥水化模型拟合得到，20℃和7℃条件下，基准水泥掺0.5% LiBr 时水化过程的动力学拟合结果如表7和表8所示，其中 K'表示水化反应过程的反应速率常数，n 表示反应级数；水化度 α_1、α_2 及时间 t_1、t_2 分别表示 NG 到 I 过程的转变点、I 到 D 过程的转变点对应的水化度和时间。

表7 掺 LiBr 水泥水化动力学拟合结果（n、K'）

编号	温度	n	K'_1	K'_2	K'_3
JZ－对比样	20℃	1.66	0.0237	0.0043	0.0014
JZ－0.5% LiBr		1.59	0.0246	0.0043	0.0017
JZ－对比样	7℃	1.24	0.0138	0.0039	0.0012
JZ－0.5% LiBr		1.11	0.0167	0.0048	0.0008

表8　掺 LiBr 水泥水化动力学拟合结果（α，t）

编号	温度	α_1	α_2	t_1（h）	t_2（h）	t_2-t_1（h）
JZ－对比样	20℃	0.06	0.42	8.3	24.3	16.0
JZ－0.5% LiBr		0.05	0.47	7.2	25.1	17.9
JZ－对比样	7℃	0.02	0.38	16.1	30.6	14.5
JZ－0.5% LiBr		0.09	0.24	7.4	16.7	9.3

结果表明，20℃或7℃低温下，掺 LiBr 水泥水化均为多元反应同时进行的复杂过程，不同阶段水化速率的主要控制因素不同。养护温度的降低、LiBr 的掺入，均未改变水泥的水化过程，水泥水化过程仍分为 NG－I－D 过程，在水化初始阶段，材料中自由水较多、水化产物较少，结晶成核和晶体生长（NG）为主控因素；随着反应的进行，自由水减少、水化产物逐渐增多，转向相边界反应（I）控制；随时间进一步推移，水化产物层越来越厚、离子迁移越来越困难，水化反应最后由扩散反应速率（D）控制[18]。

反应级数 n 的大小表示浓度对反应速率的影响程度，20℃或7℃低温下，LiBr 的掺入使 n 值均有所减小，说明 LiBr 存在时，水泥浆体内溶液浓度对结晶成核与晶体生长（NG）过程反应速率影响的程度降低了。反应常数 K 值的大小表征的是反应发生的快慢，K 值越大表示反应越容易进行，温度从20℃降至7℃时，对比样水化 NG、I、和 D 过程的反应速率常数 K_1'、K_2'和 K_3'均有所降低，其中 K_1'下降尤为显著，说明温度的降低虽未使水化反应产生根本性变化，但使水化各阶段的反应速率均降低，抑制了水化的进行，其中 NG 过程反应速率下降明显。LiBr 的掺入使反应速率常数 K_1'、K_2'均有所增大，且低温下增大更为显著，说明 LiBr 的掺入提高了 NG 和 I 过程的反应速率，促进了初期水化反应进行，且低温下促进效果更为明显；而7℃低温下，LiBr 的掺入使反应速率常数 K_3'有所减小，说明掺 LiBr 对提高 D 过程反应速率的作用有限。

由表8可知，温度从20℃降至7℃时，对比样水化 NG 与 I 过程、I 和 D 过程的转变点分别延后 7.8h 和 6.3h，对应的 α_1、α_2 值均有所减小，两转变点时间差也有所缩短，说明温度降低使水泥水化 NG 过程延长、水化程度降低、水化进程缓慢，I 过程持续时间（t_2-t_1）也有所缩短。7℃低温下，LiBr 的掺入使水泥水化两转变点较对比样均明显提前，NG 过程、I 过程持续时间 t_1、（t_2-t_1）分别缩短54%和36%，而 NG 过程水化程度 α_1 较对比样增大了3.5倍，说明低温下 LiBr 的掺入，使水化 NG 过程缩短、水化程度提高，促进了水化反应的进行，且使水泥水化更早进入受扩散因素控制的D过程。

综上所述，LiBr对于水泥水化动力学的影响主要体现在两个方面：一是结晶成核与晶体生长（NG）阶段持续时间明显缩短、水化程度提高、反应速率增大；二是缩短了相边界反应（I）阶段，使水泥水化更早进入到扩散反应（D）阶段。

2.3.3 水化产物XRD分析

图3为对比样和掺0.5% LiBr水泥，在5℃低温养护不同龄期后试样的XRD图谱。5℃低温下，随着水化龄期的延长，各组试样中C_3S、C_2S衍射峰强度逐渐减弱，Ca$(OH)_2$衍射峰强度则逐渐增强，水化1d后有钙矾石生成。

掺LiBr水泥水化12h即可见明显的Ca$(OH)_2$衍射峰，而对比样水化1d后试样中才有Ca$(OH)_2$衍射峰出现；相同龄期下Ca$(OH)_2$和钙矾石衍射峰强度均明显高于对比样。水化7d时，对比样、掺0.5% LiBr水泥试样XRD图谱中，2-Theta角为18.05°处的Ca$(OH)_2$最强衍射峰积分面积分别为39728、71475，而2-Theta角在32.2°~32.6°范围内的C_3S、C_2S衍射峰积分面积分别为20975、13363。结果表明LiBr的掺入，促进了5℃低温下水泥初期的水化，水化速率明显加快，12h时即已发生明显的水化反应。此外，掺LiBr水泥水化产物中出现了水化硅酸钙［$Ca_2SiO_3(OH)_2$］的衍射峰和水化溴氧铝酸钙［$Ca_4Al_2O_6Br_2 \cdot 10H_2O$］的衍射峰，两水化产物在水化12h后即有生成，且其衍射峰强度均随水化龄期延长而逐渐增强，可推断水化硅酸钙和水化溴氧铝酸钙是促使低温下试件强度提高的关键产物。

2.3.4 水化产物SEM分析

5℃低温养护下，对比样和掺0.5% LiBr净浆水化1d、7d时产物的微观形貌如图4所示。对比样水化1d时，水泥颗粒表面有少量絮状C-S-H凝胶，但水化程度较低，颗粒轮廓依稀可见，颗粒间有较多孔隙，整体结构较为疏松；可见少量Ca$(OH)_2$晶体，结晶良好，呈六方板状。

掺LiBr净浆水化1d时，大量水化产物相互堆积、粘结成一个整体，但结构中仍有较多孔隙，水化产物自身也存在大量小孔、表面极不平整，经能谱分析可知（如图4d所示），产物含Ca、Si、Br、O等元素，由于能谱中Br和Al元素的峰重叠，因此产物中也可能含Al元素，结合XRD结果可知，

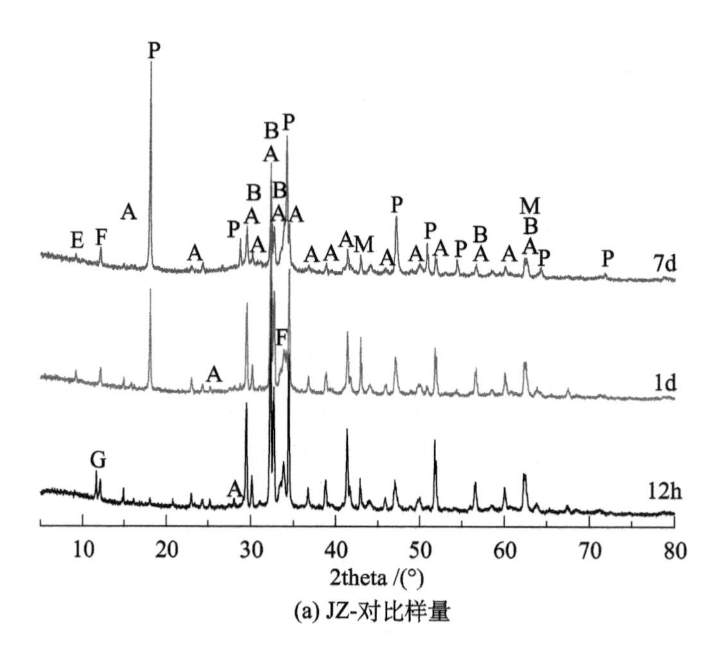

(a) JZ-对比样量

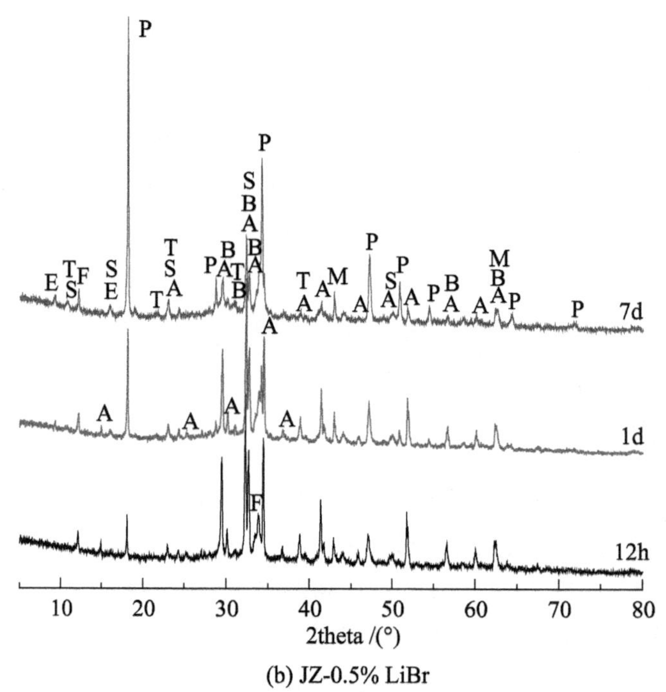

(b) JZ-0.5% LiBr

（A：C_3S，B：C_2S，E：Ettringite，F：$Ca_2Fe_2O_5$，G：Gypsum，P：Portlandite，M：MgO，S：Calcium Silicate Hydroxide，T：Calcium Aluminum Oxide Bromide Hydrate）

图 3　净浆试样的 XRD 图谱

此类水化产物应为含溴 C－S－H 凝胶和水化溴氧铝酸钙［$Ca_4Al_2O_6Br_2 \cdot 10H_2O$］。水化至 7d 时，产物中大量团絮状产物相互连接形成网状结构，且与水泥颗粒粘结紧密，此时产物中孔隙数量明显减少，整体结构较 1d 时明显更为致密。

结果表明，LiBr 促进了 5℃低温下水泥 1d、7d 的水化，生成大量含溴 C－S－H 凝胶和水化溴氧铝酸钙［$Ca_4Al_2O_6Br_2 \cdot 10H_2O$］产物，水化产物相互连生成一个整体，使试样微观结构更加致密。

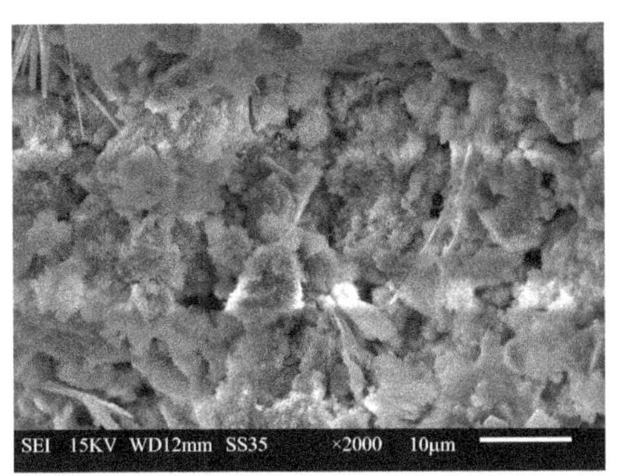

(a) JZ-对比样1d

(b) JZ-0.5%LiBr-1d

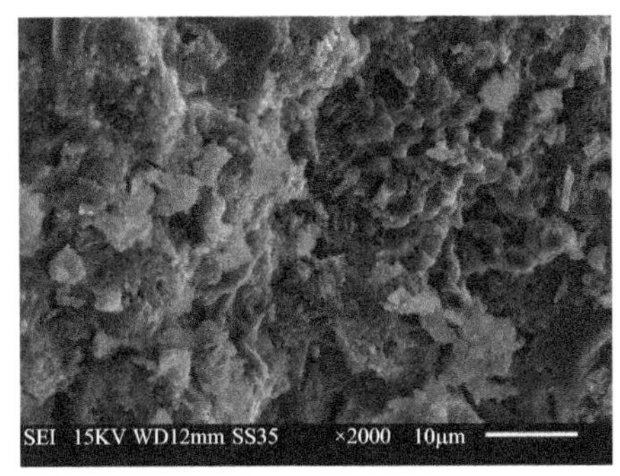

(c) JZ-0.5%LiBr-7d

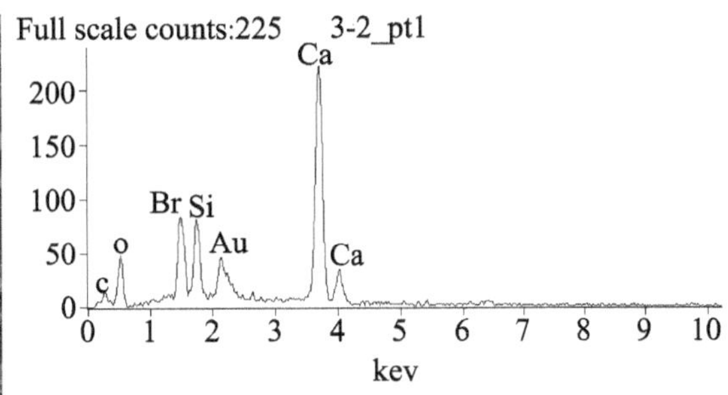

(d) EDS analysis of pt1 in (b)

图 4　净浆试样的 SEM 图

3　结论

（1）5℃低温下，LiBr 的掺入促进了水泥的凝结，净浆初、终凝时间略有所缩短；可明显加快试件的强度发展，低温早强效果显著，且 28d 强度仍有较大幅度提高，其适宜掺量范围分别为0.3%～1.5%。掺0.5% LiBr砂浆1d、3d、7d和28d抗压强度比分别为483%、154%、141%和111%，砂浆各龄期强度已接近对比样20℃养护下的强度。

（2）20℃或7℃低温环境下，LiBr均可促进水泥的水化反应，使水泥水化诱导期缩短、加速期提前，最大放热速率增大、累计放热量增大，且低温下作用效果更为显著；低温下，掺LiBr水泥水化12h、7d累计放热量较对比样分别增大了145%和31%。

（3）低温下，LiBr使水化结晶成核和晶体生长（NG）阶段明显缩短、水化程度提高，促进了水化反应的进行；且缩短了相边界反应（I）阶段时间，使水化更早进入受扩散因素控制的D阶段，从而加快试件强度发展。

（4）5℃低温下，LiBr的掺入促进了水泥初期的水化，水化速率明显加快，水化12h产物中即有大量$Ca(OH)_2$生成，还生成大量含溴C－S－H凝胶和水化溴氧铝酸钙［$Ca_4Al_2O_6Br_2 \cdot 10H_2O$］产物，水化产物相互连生使试样微观结构更加致密。

参考文献

[1] 王培铭，李楠，徐玲琳，等. 低温养护下硫铝酸盐水泥的水化进程及强度发展［J］. 硅酸盐学报，2017，45（2）：242－248.

[2] Escalante-Garcia J I，Sharp J H. Variation in the composition of C－S－H gel in Portland cement pastes cured at various temperatures［J］. Journal of the American Ceramic Society，2010，82（11）：3237－3241.

[3] Lothenbach B，Winnefeld F，Wieland E，et al. Effect of temperature on the pore solution，microstructure and hydration products of Portland cement pastes［J］. Cement and Concrete Research，2007，37（4）：483－491.

[4] 吴蓬，吕宪俊，梁志强，等. 混凝土早强剂的作用机理及应用现状［J］. 金属矿山，2014（12）：20－25.

[5] 温盛魁. 低温早强水泥浆体系的研究［D］. 北京：中国石油大学，2008.

[6] 王子明，孙俊. 聚羧酸高效减水剂与防冻组分复合研究［J］. 低温建筑技术，2008，30（3）：1－3.

[7] 程平阶，王宁宁，王凯，等. 硫氰酸钠与聚羧酸减水剂复配对水泥水化的影响研究［J］. 硅酸盐通报，2014，33（10）：2672－2678.

[8] 丁庆军，何良玉，梁远博，等．超早强微膨胀水下灌浆料的研究 [J]. 武汉理工大学学报，2014 (3)：498 - 501.

[9] 广州大学．一种混凝土复合超早强剂及其使用方法 [P]. 中国：201510894979.6，2015 - 12 - 07.

[10] Hou P, Wang K, Qian J, et al. Effects of colloidal nanoSiO_2 on fly ash hydration [J]. Cement and Concrete Composites, 2012, 34 (10): 1095 - 1103.

[11] 要秉文，丁庆军，梅世刚，等．新型早强剂对混凝土性能的影响研究 [J]. 混凝土，2005 (9)：49 - 54.

[12] 张丰，白银，蔡跃波，等．混凝土低温早强剂研究现状 [J]. 材料导报，2017，31 (21)：106 - 113.

[13] 谢兴建．混凝土早强剂应用技术研究 [J]. 新型建筑材料，2005 (5)：33 - 35.

[14] Kjellsen K O, Detwiler R J, Gjorv O E. Backscattered electron imaging of cement pastes hydrated at different temperatures [J]. Cement and Concrete Research, 1990, 20 (2): 308 - 311.

[15] Lothenbach B, Matschei T, Möschner G, et al. Thermodynamic modeling of the effect of temperature on the hydration and porosity of Portland cement [J]. Cement and Concrete Research, 2008, 38 (1): 1 - 18.

[16] R Krstulovič, P Dabič. A conceptual model of the cement hydration process [J]. Cement and Concrete Research, 2000, 30 (5): 693 - 698.

[17] 阎培渝，郑峰．水泥基材料的水化动力学模型 [J]. 硅酸盐学报，2006，34 (5)：555 - 559.

[18] 李瑶．硅酸盐水泥—硅灰复合胶凝材料低温水化特征研究 [D]. 大连：大连理工大学，2016.

速凝浆液粘度时变规律及水平裂隙扩散机理

范成文[1,3]，白银[2]，李平[1,3]，郭西宁[2]

（1. 岩土力学与堤坝工程教育部重点实验室，江苏省南京市　210098；

2. 南京水利科学研究院水文水资源与水利工程科学国家重点试验室，江苏省南京市　210029；

3. 河海大学土木与交通学院，江苏省南京市　210098）

摘　要：针对富水地区地下工程中出现的突涌水灾害，通常采用注浆方法，因此注浆体的早期性能如粘度时变规律便具有重要意义。本文采用 RST-SST 流变仪，设置恒定旋转模式测试常见速凝材料快硬硫铝酸盐水泥（R·SAC）基浆液各个时刻的粘度值，并通过函数拟合研究速凝浆液粘度时变规律；同时还分析了常见聚合物可再分散乳胶粉（VAE）在速凝浆液中的作用；此外，基于广义 Bingham 流体本构方程推演 R·SAC 浆液在水平裂隙中的扩散机理。结果表明：R·SAC 浆液遇水后维持约 15min 的初始粘度，达到突变点后粘度呈“指数型”增长；流变仪测试所得粘度值与剪切速率呈幂律函数关系；VAE 的加入使得 R·SAC 浆液初始粘度变大、粘度增长速度提高；根据速凝浆液在水平裂隙中的扩散距离公式，发现粘度对浆液流速、扩散距离影响较大，适量的 VAE 可以降低扩散距离，从而达到更迅速的封堵效果。

关键词：速凝浆液；粘度时变规律；可再分散乳胶粉；水平裂隙；扩散机理

1　研究背景

随着我国加大对中西部地区的开发力度，地下工程的建设环境愈发复杂，其中面临的水文地质条件也较为严峻[1]。一些处在富水地区的混凝土结构如

基金项目：国家重点研发计划项目（2016YFC0401609），国家自然科学基金重点项目（51739008、41977240），中央高校基本科研业务费（2018B13614）

作者简介：范成文（1993—），男，江苏淮安人，在读硕士研究生，主要从事水工材料及防灾减灾方面工作。E-mail：895325032@ qq. com

大坝、隧道等时常发生渗漏破坏，对生命财产和工程都造成威胁，渗漏修补成了亟须解决的关键科学问题[2]。在混凝土渗漏破坏抢险工作中，水泥基封堵材料的粘度性能尤为重要，它关系到速凝浆液是否能及时有效地封堵住渗漏缺陷[3]。此外，动水注浆时浆液的扩散过程也对封堵效果影响深远[4]。针对这些问题，国内外诸多学者开展了一系列研究。

由于普通水泥浆液水化较慢，在注浆初期难以凝结硬化抵抗动水压力的冲击作用，造成其很容易被冲散，从而无法达到封堵渗漏缺陷的效果[5]。于是，诸如快硬水泥浆液、水泥—水玻璃浆液以及环氧树脂浆液等速凝类注浆材料得到了快速发展，此类材料凝结速度快且早期强度就高，硬化后自身便可以抵御一定的动水冲击力，因此封堵效果较好[6-8]。

封堵材料遇水后便逐渐凝结硬化，其粘度也在时刻变化。为了描述粘度的时变规律，阮文军[9]通过试验认为，浆液在凝固前粘度存在时变性，变化规律符合指数函数形式。李术才[10]采用 SV 振弦式粘度计测定水泥—水玻璃浆液，指出其粘度曲线可用幂律函数拟合，这与张连震[11]拟合的粘度时变曲线很相似，后者在幂律函数基础上添加了一个常数项。此外，刘人太[12]和刘杰[13]使用三次多项式对水泥基浆液粘度数据进行了拟合，拟合公式相关系数 R^2 均在 0.9 以上。现有水泥基注浆材料粘度时变规律的拟合公式汇总和拟合结果见表 1 和图 1，由此可见目前水泥基材料的粘度时变规律尚无统一的拟合公式，拟合函数受测试仪器、浆液种类、计算方法等各种因素影响。与此同时，各学者对水泥基浆液的粘度测值相差甚至能达到数百倍，这亟须探究其因，以便对比现有的研究结果。

表 1　水泥基注浆材料粘度时变规律拟合公式

作者	浆液种类	粘度时变规律拟合公式	函数类型
阮文军	水泥基浆液	$\mu(t)=\mu_{p0}e^{kt}$	指数函数
李术才	水泥—水玻璃浆液	$\mu(t)=A\,t^{B}$	幂律函数
张连震	水泥—水玻璃浆液	$\mu(t)=A\,t^{B}+\mu_0$	幂律函数
刘人太	高聚物改性水泥浆液	$\mu(t)=A\,t^3+B\,t^2+Ct+D$	三次多项式函数
刘杰	水泥基浆液	$\mu(t)=A\,t^3+B\,t^2+Ct+D$	三次多项式函数

浆液在动水条件中的运动过程十分复杂，目前相关学者已尝试研究简化后的速凝浆液水平裂隙扩散机理。湛铠瑜[14]开发了单一裂隙动水注浆系统，将浆液设置为恒定粘度并代入扩散模型中计算。张霄[15]自主研发出准三维可

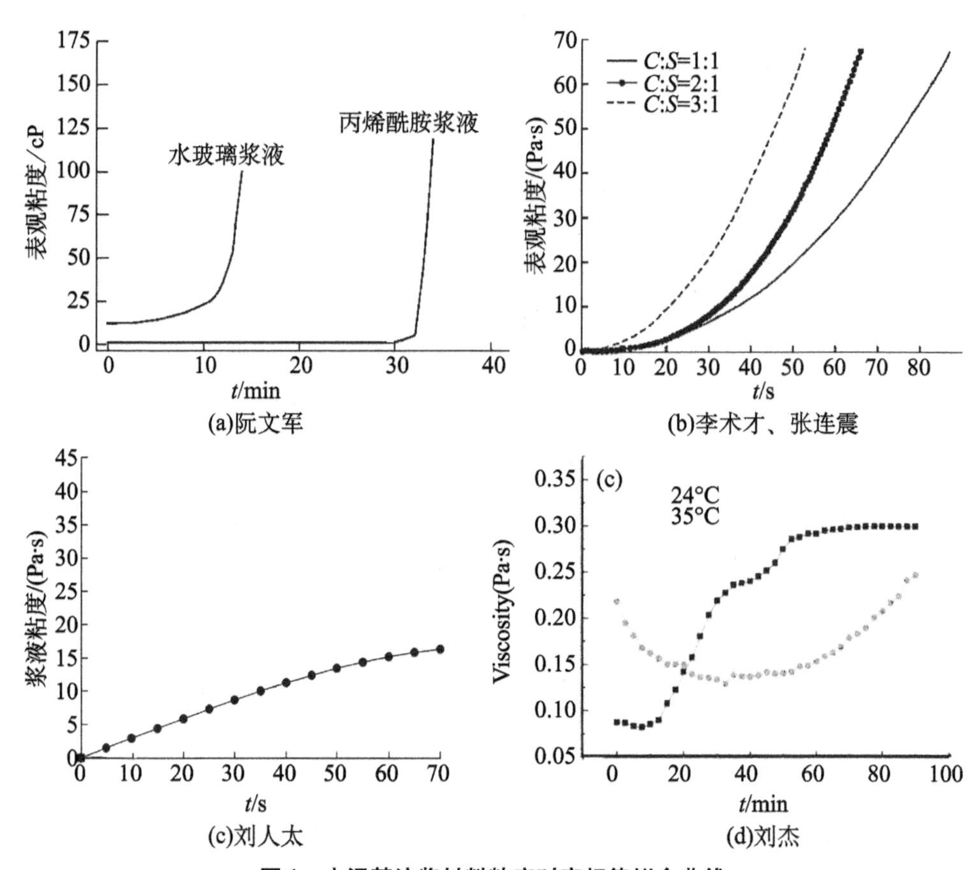

图1　水泥基注浆材料粘度时变规律拟合曲线

视化裂隙动水注浆模型，研究注浆体扩散规律并分析了不同粘度时变性的浆液对注浆扩散过程的影响。刘健[16]通过试验和数值模拟的方式探究水泥浆液在水平裂隙中的扩散规律，数值模拟过程中保持浆液粘度恒定。李术才[17]在测得粘度—时间曲线后还建立了单一平板裂隙扩散模型，推导出水泥—水玻璃浆液在水平裂隙中的压力分布方程和扩散规律。张庆松[18]认为，不考虑浆液黏度时变性时，孔口注浆压力、浆液扩散距离均与试验测量值相差较大，因此在注浆设计中应充分考虑速凝浆液黏度时间分布上的不均匀性。当前基于速凝浆液时变性的扩散机理研究较少，为方便计算，有学者在研究时甚至设置了恒定粘度浆液，这显然是与现实不符的。

本文在前人研究的基础上，选择速凝类注浆材料—快硬硫铝酸盐水泥（R·SAC）为主要原料，辅以可再分散乳胶粉（VAE）开展试验研究，并基于广义 Bingham 流体本构方程推演 R・SAC 浆液运动过程，试图探讨速凝浆液粘度时变规律及水平裂隙扩散机理。

2 速凝浆液粘度时变规律

2.1 试验方法

（1）试验材料与仪器

本试验采用河南某厂家生产的42.5级快硬硫铝酸盐水泥，水泥品质符合相关标准。聚合物为德国瓦克牌5044N型VAE，为乙烯/月桂酸乙烯酯/氯乙烯三聚物，固含量（99±1)%，表观密度（490±50）g/L，主要颗粒尺寸1～7μm。根据相关学者及试验原料产品性能设计适宜的配合比方案，室温22℃，固定水灰比0.4，聚灰比分别为0、0.01、0.02、0.03、0.04和0.05。

RST-SST流变仪，美国博勒飞公司原装进口，通过转速和扭矩控制并在测试过程中自动调整控制参数，可直接显示测量和计算数据如转速、扭矩、剪切率、剪切应力、粘度、温度、时间等。

（2）测试步骤

如图2所示，将配置而成的 R・SAC 浆液放置于搅拌锅内，使用水泥净浆搅拌机将材料搅拌均匀；新拌合而成的水泥浆液倒入塑料杯（容量1000mL，直径11.0cm，高14.4cm，为了脱模方便，在内壁刷少许油），并固定在流变仪工作台上进行测试。设置如下流变仪测量程序：

(a)称重

(b)搅拌

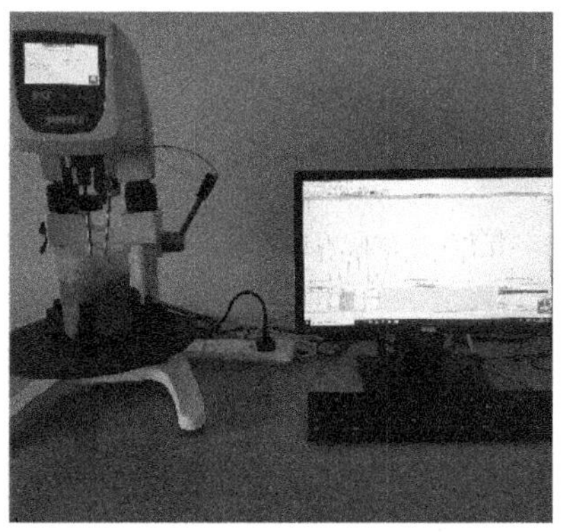

(c)装样并测试

图2 粘度试验步骤

第一步，为了防止转子和净浆硬化体凝结在一起，设置事项设置单元块为扭矩超过60mNm（流变仪扭矩上限为100mNm）后终止程序，对全部随后的测量单元块应用事项；

第二步，选取恒定旋转测量单元块，剪切速率控制模式（CSR），低剪切速率1r/min（降低转子对测试浆液凝结的影响），每分钟自动记录10个粘度值。

2.2 粘度时变曲线及拟合公式

如图3所示，测试过程发现，速凝浆液初期粘度几乎不变，保持约14min的平缓阶段，称此时的粘度为初始粘度。随后粘度急速增大，并立刻达到设置的扭矩极值。将仪器中粘度数据导出，并使用ExpGro1模型对试验数据进行拟合，得出粘度与时间的关系，相关系数R^2均在0.9以上，说明拟合程度较高，R·SAC浆液粘度—时间曲线符合幂律函数形式，其拟合公式为：

$$\mu(t) = p \cdot e^{\frac{t}{q}} + \mu_0 \tag{1}$$

式中：μ—粘度，单位为Pa·s；t—时间，其中$t=0$表示加水时刻，单位为min；μ_0—初始粘度，单位为Pa·s；p—粘度系数，与粘度增长速度呈正相关；q—与粘度突变时刻及速度有关的参数，q值越小，粘度突变时刻越早、

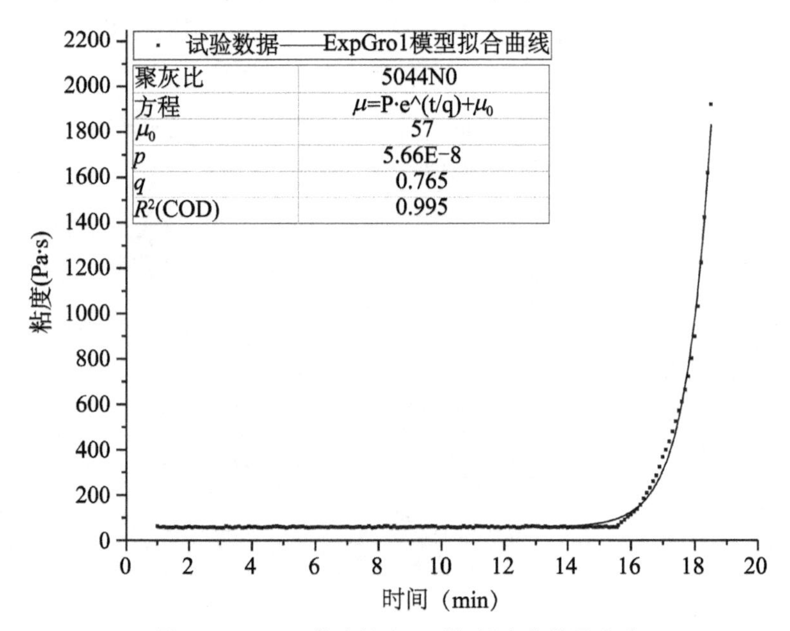

图3 R·SAC浆液粘度—时间拟合曲线及公式

速度越快。

VAE 改性 R·SAC 基浆液粘度—时间曲线同样可用此指数函数高度拟合，见图 4，拟合参数见表 2。加入 VAE 后，浆液初始粘度提高，随着聚灰比的增加，初始粘度也加大，但聚灰比达到 0.04 后，初始粘度降低。此外，粘度系数 p 及参数 q 均在 0.03 ~0.04 时达到极值，说明使用 VAE 改性 R·SAC 基浆液时，从粘度角度看存在约为 0.04 的最佳聚灰比，下文也将通过浆液扩散距离的差异性证明此结论。

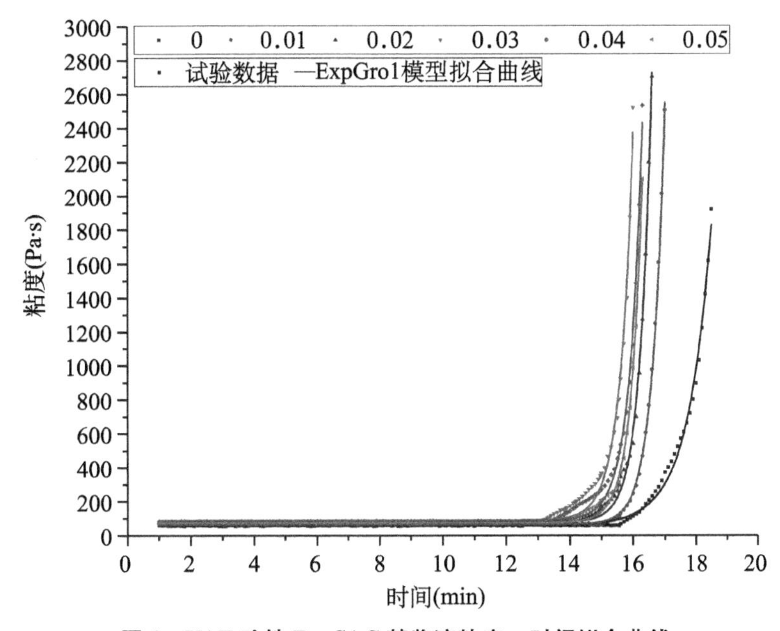

图 4　VAE 改性 R·SAC 基浆液粘度—时间拟合曲线

表 2　R·SAC 浆液粘度—时间曲线拟合参数

聚灰比	0	0.01	0.02	0.03	0.04	0.05
μ_0	57	65	79	89	88	75
p	5.66E-8	3.95E-16	3.17E-16	6.09E-14	2.69E-14	3.77E-16
q	0.765	0.393	0.381	0.419	0.418	0.378
R^2	0.995	0.999	0.997	0.987	0.990	0.995

通过阅读文献，发现不同学者测试水泥基浆液所得的粘度值差异过大，其中非常重要的原因就是设置流变仪剪切速率不同，因此，首先有必要研究粘度和剪切速率之间的关系。由粘度试验可知，封堵材料在前约 14min 内流

变参数几乎没有变化，故可利用此段时间的材料进行测试，可供相关学者研究不同剪切速率下的流变学文章时参考。如图 5 所示，得到粘度—剪切速率关系符合幂律函数形式：

$$\mu = k\gamma^{\lambda} \tag{2}$$

式中：γ—剪切速率；k、λ 与材料有关，对于本试验中的 R · SAC 基浆液 $k=307$、$\lambda=-0.967$。

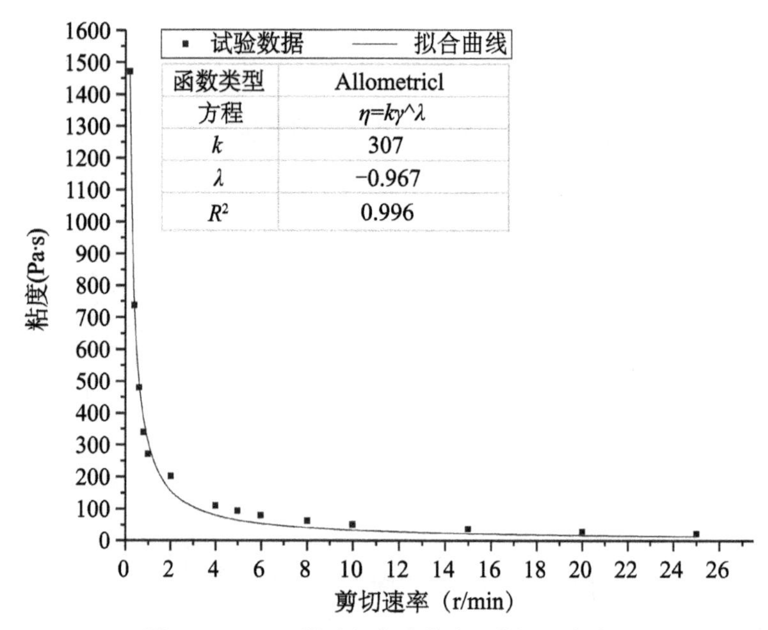

图 5　R · SAC 基速凝浆液粘度—剪切速率关系

3　速凝浆液水平裂隙扩散模型

3.1　假设条件

（1）速凝浆液不可压缩，且为各向同性流体；

（2）注浆过程中速凝浆液始终是具有同一粘度时变性的 Bingham 流体，符合广义 Bingham 模型：

$$\tau = \tau_0 + \mu(t) \cdot \gamma \tag{3}$$

式中：τ—剪切应力，τ_0—屈服剪切应力；μ（t）—粘度时变规律函数；

γ—剪切速率。

（3）注浆压力、浆液流速恒定，注浆孔尺寸忽略不计，水平裂隙中的浆液为层流且裂隙开度均匀分布；

（4）当粘度发生突变时，浆液刚开始进入水平裂隙；

（5）忽略渗流效应，不考虑水对浆液的稀释作用。

3.2 扩散运动方程

浆液进入水平裂隙后（此时 $t=0$），取微元立方体进行受力分析（如图6所示），不考虑重力及裂隙壁对其作用，研究其在水平裂隙中的运动状态。

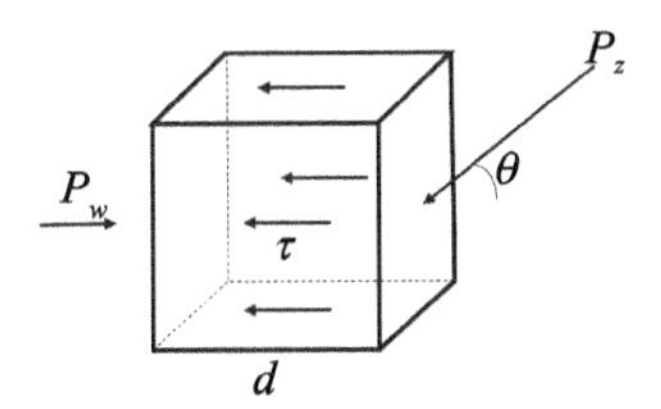

图6 微元立方体受力分析

任意微元立方体在水平方向受到三个力的作用：左侧面的水压力、上下前后4个面上的剪切应力以及注浆压力水平分力，设注浆角度为 θ，则微元立方体在水平方向所受合力为：

$$F_L = F_\tau + F_Z - F_W = \tau \cdot 4S + P_Z\cos\theta \cdot S - P_W \cdot S = (4\tau + P_Z\cos\theta - P_W)S \tag{4}$$

式中：F_L—微元立方体受到水平向左的合力；F_τ—剪切力；F_Z—注浆压力；F_W—水的压力；τ—微元立方体四周剪切应力；P_Z—注浆压力；P_W—水的压强；θ—注浆通道与水平裂隙夹角；S—微元立方体任意面的面积。

根据牛顿第二定律，可得：

$$a_L = \frac{F_L}{m} = \frac{(4\tau + P_Z\cos\theta - P_W)S}{\rho d^3} = \frac{(4\tau + P_Z\cos\theta - P_W)d^2}{\rho d^3}$$
$$= \frac{4\tau + P_Z\cos\theta - P_W}{\rho d} \tag{5}$$

式中：a_L—水平向左的加速度；m—微元立方体质量；ρ—速凝浆液密度；d—微元立方体边长。

于是，任意时刻微元立方体的速度为：

$$\nu(t) = \nu_0 - a_L t = \nu_0 - \frac{4\tau + P_Z\cos\theta - P_W}{\rho d}t \tag{6}$$

式中：$\nu(t)$ —t 时刻微元立方体速度；ν_0—初始速度，即水平裂隙内水流速度。

将试验所得粘度时变公式（1）代入上文所述广义 Bingham 流体方程（3），可得：

$$\tau = \tau_0 + \mu(t) \cdot \gamma = \tau_0 + (p \cdot e^{\frac{t}{q}} + \mu_0) \cdot \nu_0 \tag{7}$$

因此任意时刻微元立方体的速度可以表示为：

$$\nu(t) = \nu_0 - \frac{4[\tau_0 + (p \cdot e^{\frac{t}{q}} + \mu_0) \cdot \nu_0] + P_Z\cos\theta - P_W}{\rho d}t \tag{8}$$

则此时微元立方体在水平裂隙中运动的距离为：

$$l = \nu_0 t - \frac{1}{2}a_L t^2 = \nu_0 t - \frac{4[\tau_0 + (p \cdot e^{\frac{t}{q}} + \mu_0) \cdot \nu_0] + P_Z\cos\theta - P_W}{2\rho d}t^2 \tag{9}$$

对于微元立方体的初始速度即水平裂隙内水流速度，按以下水力学有压管内流体运动公式计算：

$$\begin{aligned} &Q = \nu_0 A \\ &Q = \sqrt{\frac{\Delta H}{SL}} \\ &\Delta H = P_W - P_0 \rightarrow \nu_0 = \frac{1.24635}{\pi n}\sqrt{\frac{(P_W - P_0)D^{1.33}}{\rho g L}} \\ &S = 10.3\frac{n^2}{D^{5.33}} \end{aligned} \tag{10}$$

式中：Q—初始阶段水平裂隙内水的流量；ΔH—水平裂隙两端水头差；S—裂隙壁的比阻；L—水平裂隙最大长度，10m；P_0—裂隙右端压强，0Pa；n—裂隙壁的粗糙度，0.004m；D—裂隙直径，0.02m；g—重力加速度，9.8m/s；ρ 取 2000kg/m^3。

当水平裂隙左端受到 0.7MPa 的水压时，代入公式（10）可得 v_0 = 10.51m/s。

结合粘度试验结果，比较相同注浆时间后微元立方体在水平裂隙中运动状况。计算时，由于试验剪切速率为 1，故 $\tau_0 = \mu_0 \cdot 1$，令 P_Z = 1MPa，θ =

45°。例如，对于聚灰比为 0 的浆液，将 $t=30s$ 代入公式（7）、（8）和（9），得 $\tau=3499Pa$，$a_L=10.552m/s^2$，$\Delta t=v_0/a_L=0.996s$，将 Δt→公式（9）中的 t，得 $l=5.234m$。物理意义为：速凝浆液以初速度 10.51m/s 向右运动，微元立方体受到 3 499Pa 的剪切应力并发生加速度大小为 $10.552m/s^2$ 的匀减速直线运动，持续 0.996s，在水平裂隙中扩散 5.234m 的距离后停止运动。其余配合比速凝浆液的扩散运动具体数据如表 3：

表 3　速凝浆液在水平裂隙中扩散运动计算结果

聚灰比	0	0.01	0.02	0.03	0.04	0.05
τ（Pa）	3499	3793	4173	4664	4607	4490
a_L（m/s^2）	10.552	11.140	11.900	12.881	12.767	12.533
Δt(s)	0.996	0.943	0.883	0.816	0.823	0.839
l（m）	5.234	4.958	4.641	4.288	4.326	4.407

由表中数据可知：随着聚灰比的增加，微元立方体受到的剪切应力逐渐提高，在聚灰比为 0.03 时达到极值 4664 Pa，随后数值发生了降低。这说明 VAE 在一定程度上可以提高 R·SAC 基速凝浆液的前切应力，进而改善其抵抗水力劈裂作用。由于剪切应力变大导致速凝浆液粘滞力得到增强，其运动的加速度也越大，则同一初速度条件下的运动时间、扩散距离均减少。扩散距离变化率达到了 17.3%，即加入聚灰比为 0.03 的 VAE 后，R·SAC 基速凝浆液在水平裂隙中扩散的距离降低了 17.3%，这可有效缓解注浆工程中发生浆液被冲散的问题。

4　结论

本文以 R·SAC 基速凝浆液为研究对象，辅以当前较为热门的封堵材料添加物 VAE 开展粘度试验研究，并基于广义 Bingham 流体本构方程推演 R·SAC 浆液在水平裂隙中的扩散机理，得出如下结论：

（1）R·SAC 浆液遇水后维持约 15min 的初始粘度，达到突变点后粘度呈“指数型”增长；

（2）流变仪测试所得粘度值与剪切速率呈幂律函数关系；

（3）VAE 的加入使得 R·SAC 浆液初始粘度变大、粘度增长速度提高；

（4）粘度对浆液流速、扩散距离影响较大，适量的 VAE 可以降低扩散距离从而达到更迅速的封堵效果。

参考文献

[1] 刘银，张志强，赵梓彤，等．断层破碎带在渗流作用下应力特征及控制 [J]．地下空间与工程学报，2019，15（03）：820－826.

[2] 高成路，李术才，林春金，等．隧道衬砌渗漏水病害模型试验系统的研制及应用 [J]．岩土力学，2019，40（04）：1614－1622.

[3] 张鑫，邱瑞军，侯淑鹏，等．硅酸盐—硫铝酸盐水泥混合体系浆液流变特性试验研究 [J]．混凝土，2019（08）：72－76＋81.

[4] Zeng-qiang Yang，Chang Liu，Yun Dong，et al. Study on Properties of Grouting Materials and Reinforcement Effect in Coal Roadways Influenced by Dynamic Pressure [J]. Geotechnical and Geological Engineering，2019，37（4）.

[5] 湛铠瑜，隋旺华，王文学．裂隙动水注浆渗流压力与注浆堵水效果的相关分析 [J]．岩土力学，2012，33（09）：2650－2655＋2662.

[6] 裴启涛，丁秀丽，黄书岭，等．速凝浆液岩体倾斜裂隙注浆扩散理论研究 [J/OL]．长江科学院院报：1－8 [2019－10－31].

[7] 金华．新型速凝类浆液注浆对地下水水质影响分析评价 [J]．现代隧道技术，2016，53（04）：195－201.

[8] 高红英，吴国全．速凝早强浆液在钻孔护壁堵漏中的应用 [J]．水利水电技术，1983（04）：30－36＋43.

[9] 阮文军．注浆扩散与浆液若干基本性能研究 [J]．岩土工程学报，2005（01）：69－73.

[10] 李术才，刘人太，张庆松，等．基于黏度时变性的水泥—玻璃浆液扩散机制研究 [J]．岩石力学与工程学报，2013，32（12）：2415－2421.

[11] 张连震，张庆松，刘人太，等．考虑浆液黏度时空变化的速凝浆液渗透注浆扩散机制研究 [J]．岩土力学，2017，38（02）：443－452.

[12] 刘人太，张连震，张庆松，等．速凝浆液裂隙动水注浆扩散规律模拟试验 [J]．土木工程学报，2017，50（01）：82－90.

[13] 刘杰．水泥基系列浆材流变性能研究 [D]．长沙理工大学，2017.

[14] 湛铠瑜，隋旺华．动水条件下单裂隙注浆模型试验系统设计 [J]．实验室研究与探索，2011，30（10）：19－23＋67.

[15] 张霄．地下工程动水注浆过程中浆液扩散与封堵机理研究及应用［D］．山东大学，2011.

[16] 刘健，刘人太，张霄，等．水泥浆液裂隙注浆扩散规律模型试验与数值模拟［J］．岩石力学与工程学报，2012，31（12）：2445－2452.

[17] 李术才，韩伟伟，张庆松，等．地下工程动水注浆速凝浆液黏度时变特性研究［J］．岩石力学与工程学报，2013，32（01）：1－7.

[18] 张庆松，张连震，张霄，等．基于浆液黏度时空变化的水平裂隙岩体注浆扩散机制［J］．岩石力学与工程学报，2015，34（06）：1198－1210. 陈柏林．2018 年中国水泥行业经济运行报告［J］．中国水泥，2019（02）：7－11.

聚氨酯和橡胶复合改性沥青嵌缝油膏的研制

欧阳幼玲[1,2]，陈迅捷[1,2]，张燕迟[1,2]，韦华[1,2]，何旸[1,2]

（1. 南京水利科学研究院，江苏南京　210024；

2. 水利部水工新材料技术研究中心，江苏南京　210024）

摘　要：采用废聚氨酯以及橡胶轮胎粉进行了改性沥青嵌缝油膏的研制试验。试验结果表明，聚氨酯可显著提高沥青嵌缝油膏的低温柔性以及粘结性，在聚氨酯改性基础上，橡胶粉进一步提高了油膏的高低温性能以及粘接性能。橡胶粉的细度影响改性沥青嵌缝油膏的性能。通过高低牌号的沥青复配，并采用废弃聚氨酯和橡胶轮胎粉加以改性，可以制备出具有优异的高低温性能，且可以在5℃时冷施工的沥青基嵌缝油膏。

关键词：嵌缝油膏；聚氨酯；橡胶粉；高低温性能；冷施工

1　前言

一般来说，嵌缝膏作为不定型密封材料按原材料及其性能可分为三类：

（1）塑性密封膏：以改性沥青为主要原料制成的，其价格低，具有一定的弹塑性和耐久性，但弹性差，延伸率也较差。

（2）弹塑性密封膏：即聚氯乙烯胶泥及各种塑料油膏，它们的弹性较低，塑性较大，延伸性和粘结力较好。但是，由于这类油膏主要以煤焦油为基料、苯类溶剂为稀释剂，污染环境，已被限制或禁止使用。

（3）弹性密封膏：由聚硫橡胶、有机硅橡胶、氯丁橡胶、聚氨酯和丙烯

基金项目：国家重点研发计划项目（2016YFC0401609）；中央级公益性科研院所基本科研业务费专项资金（Y919010）

作者简介：欧阳幼玲（1973—），女，湖北黄石人，高级工程师，主要从事水工材料研究工作。E-mail：ylouyang@ nhri. cn

酸萘为主要原料制成，包括硅酮类密封胶、聚硫类密封胶、聚氨酯类密封胶、丙烯酸酯类密封胶、丁基类密封胶等。这类材料的综合性能较好，属中、高档密封材料，价格偏高。

近年来，高档密封材料发展较快，尤其是硅类密封材料应用有所发展，但由于成本的原因，总的消耗还是偏低。因此，现阶段，开发既环保且性价比较高的密封膏是很现实的迫切需求。

目前改性沥青密封膏主要品种有丁基橡胶改性沥青密封膏、SBS 改性沥青密封膏、再生橡胶改性沥青油膏等。这类改性沥青密封膏大多为不同的聚合物单独改性沥青，这些聚合物可以从不同的角度改善沥青密封膏的性能，如适量的 SBS 可改善油膏的抗高温流动性，丁基橡胶可以改善油膏的低温柔韧性，橡胶粉可以提高油膏的弹性等[1]。但单一改性存在局限性，不能使改性沥青密封膏的总体性能得到全面提升。

另一方面，随着经济的发展，产生了大量废弃的聚氨酯以及橡胶轮胎，它们很难自然分解。如果能够对它们加以废物利用，不仅可以降低产品成本，同时还可以资源再生利用，符合循环经济发展要求[2-3]。

本研究针对目前对环保及高性价比的嵌缝油膏的迫切需求，拟开发一种由废聚氨酯以及橡胶粉改性的沥青嵌缝油膏，在不显著提高材料成本基础上且综合性能优良，以解决现有技术中嵌缝油膏的环保及高性价比无法兼得的问题。

2　原材料及制备方法

2.1　主要原材料

（1）基质沥青：东营市广发化工有限公司的 10#和 90#石油沥青。沥青的标号越大，其针入度和延性越大，而软化点越低。也就是说，沥青的标号越大，其粘性越小，塑性越好，而温度敏感性高，热稳定性差。采用石油沥青为基质研制嵌缝油膏，为满足嵌缝油膏低温不脆裂，高温不流淌的性能要求，则要求沥青既要粘性小，塑性高，而且热稳定性也好。但从石油沥青的技术性能来看，粘性小、塑性高和热稳定性好是矛盾的，相互制约的。

（2）聚氨酯：南京橡胶轮胎厂废弃聚氨酯材料，剪切破碎成 2～3mm 的颗粒。聚氨酯材料是由异氰酸酯与羟基化合物聚合而成。由于含强极性的氨基甲酸酯基，不溶于非极性基团，具有良好的耐油性、韧性、耐磨性、耐老化性和粘合性。聚合时，根据多元醇的不同，聚氨酯又分为聚醚型聚氨酯和聚酯型聚氨酯两种。聚醚型聚氨酯强度高，低温性能好；聚酯型聚氨酯有较好的拉伸性能、耐磨性能以及耐较高温度性。

（3）橡胶粉：细度为0.425～0.180mm（40目～80目）的A级细胶粉，邵阳市黑宝石橡胶厂生产。

（4）助剂：增溶剂、偶联剂、增粘剂、稳定剂等助剂均为市售化学试剂。

（5）填料：水泥、石灰石粉和滑石粉3种填料，细度均控制在80μm方孔筛筛余小于10%。

2.2 制备方法

将沥青在180～200℃温度下熔融，分别加入聚氨酯颗粒和橡胶粉以及助剂，搅拌熔融并保温1h，再加入填料搅拌均匀，冷却后进行各项性能试验。各项性能试验依据《建筑防水沥青嵌缝油膏》（JCT 207—2011）进行。

3 试验结果与分析

3.1 沥青的选择及其对油膏性能的影响

90#及10#沥青的针入度、软化点以及延度性能测试结果见表1。除此以外，还根据《建筑防水沥青嵌缝油膏》（JCT 207—2011）规定的试验方法，对基质沥青的耐热度以及低温柔性进行了检测。

表1 沥青性能检测结果

沥青牌号	性能				
	针入度/10^{-1}mm（5℃，60s）	软化点/℃	延度/mm（5℃，10mm/min）	耐热度（80℃）/mm	低温柔性/-30℃
90#	32.5	50.6	106	流淌	脆断
10#	13.0	96.0	12	0	脆断
90#+10#（90#:10#=60:40）	27.0	62.6	57	流淌	脆断

由基质沥青的高低温性能检测结果可知，要通过石油沥青研制达到高低温性能均符合要求的嵌缝油膏，必须选用合适的改性剂来改善低温性能；而高温性能 10#沥青可满足要求，但由于其粘塑性太差，对嵌缝油膏的低温性能十分不利。因此，通过 10#沥青与 90#沥青掺配，提高基质沥青的软化点，从而改善其高温性能。

改变沥青软化点的掺配公式如下：

$$P_1 = \frac{T - T_2}{T_1 - T_2} \times 100\% \tag{3-1}$$

$$P_2 = 100 - P_1 \tag{3-2}$$

式中：P_1，P_2—分别为高软化点沥青和低软化点沥青的用量,%；T_1，T_2—分别为高软化点沥青和低软化点沥青的软化点,℃；T：要求达到的沥青软化点,℃。

满足高温稳定性的沥青掺配比例见表 2。

表 2　沥青掺配比例表

掺配沥青编号	掺配比例/%		软化点/℃
	90#	10#	
1	100	—	50.6
2	—	100	96.0
3	57.3	42.7	70.0
4	35.2	64.8	80.0

由表 2 可知，当通过 10#沥青与 90#沥青掺配，可显著提高沥青的软化点。若要达到规范所规定的嵌缝油膏 70℃的最低耐热度，10#沥青的掺配比例根据计算将要达到 40% 以上。

3.2　聚氨酯的影响

本研究将回收的聚氨酯弹性体材料，剪切破碎成 2 ~ 3mm 的颗粒状，然后作为改性剂，高温熔融于基质沥青中，基质沥青由 10#和 90#沥青按 40:60 的质量比复合而成。

由表 3 中聚氨酯改性沥青嵌缝油膏的性能可知，聚氨酯可显著提高沥青嵌缝油膏的低温柔性以及粘结性，但降低了其高温性能。其中，在相同掺量条件下，聚醚型聚氨酯改性沥青油膏低温柔性优于聚酯型聚氨酯改性油膏，而聚酯型聚氨酯改性沥青油膏的粘结性能要好于聚醚型聚氨酯改性沥青油膏。因此，为综合它们的优势，聚氨酯改性材料将由聚醚型与聚酯型按 1:1 的质量比混合。

表 3　聚氨酯改性沥青的性能

试样编号	基质沥青/份	聚氨酯/份		填料/份	性能		
	90# + 10#	聚醚型	聚酯型	水泥	耐热度(80℃)/mm	低温柔性（-30℃）	拉伸粘结性/%
1	100	—	—	60	18	脆断	116
2	100	30	—	60	流淌	无裂纹无剥离	128
3	100	50	—	60	流淌	无裂纹无剥离	136
5	100	—	30	60	28	有裂纹无剥离	130
6	100	—	50	60	流淌	无裂纹无剥离	145

在低温柔性方面，聚氨酯改性沥青嵌缝油膏已能满足性能指标要求，但耐热度还有待改善。

3.3　橡胶粉的影响

选用不同细度的橡胶粉研究了聚氨酯与橡胶粉复合改性沥青嵌缝油膏的性能，试验结果见表 4。

表 4　聚氨酯和橡胶粉复合改性沥青嵌缝油膏性能

试样编号	基质沥青	改性材料			助剂	填料	性能			
	90# + 10#/份	聚氨酯/份	橡胶粉/份		增溶剂/份	水泥/份	耐热度(80℃)/mm	低温柔性(-30℃)	5℃时施工度/mm	拉伸粘结性/%
			40 目	80 目						
1	100	40	30	—	1.8	60	3	无裂纹无剥离	16	154
2	100	40	50	—	2.0	60	0	无裂纹无剥离	14	159
3	100	40	—	30	1.8	60	10	无裂纹无剥离	38	150
4	100	40	—	50	2.0	60	22	无裂纹无剥离	30	148

从表 4 的性能结果可知，在聚氨酯改性基础上，橡胶粉进一步提高了油

膏的高低温性能以及粘接性能。橡胶粉的细度影响改性沥青嵌缝油膏的性能。在相同的试验条件下，40 目细度的橡胶粉在改善沥青油膏耐热性能以及拉伸粘接性能方面比 80 目细度的细胶粉优，而 80 目细度的细胶粉在改善油膏的低温性能特别是在低温下的冷施工度方面比 40 目细度的细胶粉优。这可能是因为在 160～180℃温度时，橡胶粉会发生脱硫反应[4]，所以橡胶粉溶胀反应的同时还存在着橡胶分子的脱硫、降解。在高温机械力作用下，橡胶粉网状大分子结构会发生一定程度的降解，变成小型网状结构和部分链状物，从而恢复部分塑性和粘性，同时也失去部分弹性。在同样的试验条件下，细度大的橡胶粉比细度小的降解程度要高，因此不同细度的橡胶粉改性的沥青嵌缝油膏的性能也会有所差别。因此，为满足油膏在 80℃ 高温下不流淌，－30℃的低温下不脆裂，同时又具备在 5℃时可以冷施工的施工度，当采用粗胶粉制备油膏时，适当延长保温时间，而采用细胶粉时适当降低保温时间即可。

另一方面，橡胶粉和聚氨酯混融以后，形成均匀连续的网状结构，聚氨酯的分散程度增加，改善了聚氨酯与沥青相的相容性，因此复合改性沥青油膏的各组分的热力学性质更趋于一致，热稳定性得到了明显的改善[5,6]。

3.4 填料的影响

油膏配制中，填料的作用主要是为了增加密度和粘结强度，降低成本。不同填料对改性沥青嵌缝油膏性能的影响见表 5。

表 5　不同填料对改性沥青嵌缝油膏密度的影响

填料	密度/(g/cm^3)	拉伸粘结性（%）	
		浸水前	浸水后
水泥	1.30	156	144
石灰石粉	1.28	142	127
滑石粉	1.29	145	126

由表 5 可知，在相同掺量条件下，填料为水泥的油膏密度最大，拉伸粘接性最好；而且浸水后，填料为水泥的油膏的拉伸粘接性明显好于填料为石灰石粉和滑石粉的油膏。因此，油膏的填料优先选择水泥，而且水泥细度稳定，取材方便，可就地取材。

4 结论

（1）通过高低牌号的沥青复配，并采用废弃聚氨酯和橡胶轮胎粉加以改性，可以制备出具有优异的高低温性能，且可以在5℃时冷施工的沥青基嵌缝油膏。

（2）聚氨酯可显著提高沥青嵌缝油膏的低温柔性以及粘结性，在相同掺量条件下，聚醚型聚氨酯改性沥青油膏低温柔性优于聚酯型聚氨酯改性油膏，而聚酯型聚氨酯改性沥青油膏的粘结性能要好于聚醚型聚氨酯改性沥青油膏。

（3）在聚氨酯改性基础上，橡胶粉进一步提高了油膏的高低温性能以及粘接性能。橡胶粉的细度影响改性沥青嵌缝油膏的性能。当采用粗胶粉制备油膏时，适当延长保温时间，采用细胶粉时可适当降低保温时间。

参考文献

[1] 曹荣吉，陈荣生. 橡胶沥青工艺参数对其性能影响的试验研究 [J]. 东南大学学报，自然科学版，2008，38 (2)：269－273.

[2] 宋官龙，王楠洋，闫玉玲，等. 聚合物改性沥青研究进展 [J]. 当代化工，2012，(10)：1066－1068.

[3] 田军涛，黄丽萍. 废橡胶综合利用行业任重道远 [J]. 橡胶工业，2014，(01)：63.

[4] 郭朝阳，何兆益，曹阳. 废胎胶粉改性沥青改性机理研究 [J]. 石油沥青，2007，28 (6)：172－176.

[5] 许洪彬. 废胶粉及再生低密度聚乙烯复合改性沥青性能研究 [D]. 湖南大学，2015.

[6] 杨毅文，袁浩，马涛. 脱硫橡胶沥青溶胀原理及路用性能 [J]. 公路交通科技，2012，29 (2)：35－39.

低热沥青堵漏材料研发

李娜[1,2]，符平[1,2]，赵卫全[1,2]
（1. 中国水利水电科学研究院，北京　100048；2. 北京中水科工程总公司，北京　100048）

摘　要："油包水"状的低热沥青灌浆材料具有施工温度小于70℃、遇水冷却凝固、不被流水冲释等优点，适合于大孔隙（开度30～50cm、流速>0.5m/s）漏水地层的灌浆堵漏。为进一步研究低热沥青灌浆材料的物理力学性能，本文开展了低热沥青的室内性能试验研究，包括沥青特性试验、材料配比试验、强度试验、流变参数试验等，对低热沥青的材料选择、流变性、可灌性、破乳速度、温感性能等进行了深入研究，推荐了适合的配比范围，获取了低热沥青材料的性能指标，以有利于低热沥青的推广应用。

关键词：低热沥青；防渗堵漏；性能试验；流变参数

1　前言

沥青灌浆是利用沥青"加热后变为易于流动的液体、冷却后又变为固体"的性质达到堵漏的目的，其具有遇水凝固、不被流水稀释而流失的优点，适用于较大渗量的堵漏处理。沥青灌浆在国内外堵漏工程中都有应用实例，20世纪初，美国下贝克坝建设时采用沥青灌浆，以防止坝肩下石灰岩岩基的渗漏，但是后来沥青发生蠕变，形成了一条渗水通道，后又进行了第二次热沥青灌浆，降低了渗漏量；加拿大斯图尔特维尔坝在46m满库水头下，采用热沥青结合水泥灌浆成功封堵住坝基370l/s的渗流；巴西雅布鲁坝采取沥青灌浆与水泥灌浆相结合使渗漏量由47l/s减少到了3l/s；德国比格坝、巴西雅

基金项目：国家重点研发计划项目（2016YFC0401609）；中国水科院科研专项（EM0145B892017）

作者简介：李娜（1980—），女，河南泌阳人，高级工程师，主要从事地基基础处理的研究及应用。E-mail：lina1@iwhr.com

布鲁坝、李家峡水电站上游围堰、花山水电站导流洞及公伯峡水电站土石围堰和一些矿山、坑道封堵工程均采用热沥青解决了地层漏水问题[1-4]，这些工程中均是将沥青加热到工作温度150℃以上进行灌注，温度敏感性高，灌浆管路需要保温、施工工序多、工艺复杂，限制了沥青灌浆技术的应用。赵卫全等[5]通过添加柴油、石蜡等外加剂研发成功改性沥青，施工温度在100℃左右。符平等[6]利用先乳化后破乳原理开发出“油包水”状态的低热沥青，在70℃时仍具有良好的流动性和可泵性，同时遇水凝固、不冲释，适合于大空隙漏水地层的堵漏灌浆，在多个工程中得到应用。为进一步研究低热沥青灌浆材料的物理力学性能，本文进行了基质沥青性能试验、不同材料配比试验、强度试验、流变参数试验等，对低热沥青的材料选择、流变性、可灌性、破乳速度、温感性能等进行了深入研究，完善了低热沥青材料的性能指标，以有利于低热沥青的推广应用。

2 低热沥青的配比试验

2.1 试验材料

（1）沥青：沥青原料对破乳后浆液的性能有决定性的作用，其软化点不宜太高，否则破乳后粘度太大，不利于泵送；也不宜太低，否则浆液太软，抵抗压力的能力降低，且蠕变更突出，不利于沥青凝结体的长期防渗。选用三种沥青：水工沥青70#、水工沥青90#、道路沥青110#，其性能参数测试如表1所示，表观粘度随温度变化过程如图1所示。

表1 基质沥青性能指标试验结果

沥青标号	15℃时的密度/（g/cm³）	针入度（100g、5s；25℃）/0.1mm	软化点（环球法）/℃	120℃表观粘度/MPa. s
70#	1.025	67.8	47.7	2254.2
90#	0.980	86.5	44.6	1201.5
110#	0.978	117.3	41.7	155.2

由表1和图1可知，基质沥青的表观粘度与温度相关，在低于55℃时接近塑性状态，在高于85℃时逐渐呈现出牛顿流体特性。110#道路沥青的软化点最低，易于加热，但针入度较大，影响低热沥青固结体强度，且易产生较大的蠕

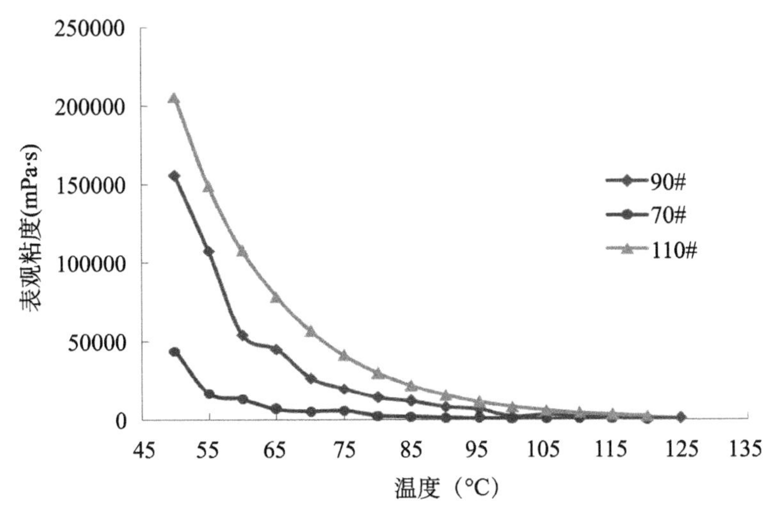

图1　基质沥青表观粘度随温度变化过程

变。70#水工沥青的针入度较小，有利于提高低热沥青破乳后的固结体强度，但软化点过高，不易加热，对灌浆设备和施工工艺要求较高。综合考虑沥青的热性能、变形能力和黏结强度，选用90#水工沥青作为低热沥青的原料。

（2）水：水是沥青分散的介质，为了防止沸腾、发泡现象，水温与热沥青的温度和宜小于200℃，对于低标号沥青，水温适当降低，对于高标号沥青，水温采用较高水温。试验采用自来水，水温的范围为50～100℃，根据试验情况，找出水温的适用范围。

（3）乳化剂：试验分别采用了慢裂慢凝KW1#、慢裂慢凝KW2#、中裂KW3#、中裂KW4#、阴离子KW5#、快裂KW6#、高渗透KW7#等7种乳化剂进行了对比试验。

（4）破乳剂：试验选择了7种破乳剂AD1#～AD7#进行了对比试验。

（5）外加剂：通过向沥青浆液中加入水泥、化学试剂等外加剂可以加快沥青的破乳速度，提高结石体的强度，采用水泥还可减少沥青用量，降低灌浆成本。试验选择普通硅酸盐水泥42.5、快凝快硬硫铝酸盐水泥、水泥速凝剂、水玻璃、偏铝酸钠、无水氯化钙等6种外加剂进行了对比试验。

2.2　分组配比试验

（1）以沥青为基数，掺加不同含量水泥、组合不同乳化剂进行配比试验，配比范围见表2。配比试验结果表明，水泥含量达到1.0时配制的低热沥青不可泵，低于0.6时不能将沥青破乳，推荐比例为0.6～0.8；7种乳化剂中，快裂乳化剂不适用，部分乳化剂不能充分乳化沥青，中裂KW3#乳化效果较好；乳化剂含量低于0.01时不能乳化，高于0.03时乳化充分，考虑到经济性和乳化效果，推荐比例为0.03，典型配比试验结果见表3。

表2　掺加水泥的配比范围

	沥青	水泥	水	乳化剂
配比	1	0.5～1.0	0.75～1	0.01～0.06

表3　掺加水泥的配比试验

沥青	水泥	水	乳化剂	破乳时间/s	破乳后温度/℃	破乳效果
1	0.6	1	0.03	90	58	油包水，流动性好，粘性好
1	0.7	1	0.03	80	62	油包水，流动性好，粘性好
1	0.8	1	0.03	60	65	油包水，流动性差，较粘稠

（2）以沥青为基数，乳化剂采用KW3#，掺加不同含量水泥和破乳剂共同破乳进行配比试验，配比范围见表4。配比试验结果表明，7种破乳剂AD1#～AD7#破乳效果差异不大，均能快速破乳，破乳剂含量低于0.01时破乳速度降低，高于0.03时破乳效果较好，但破乳后的沥青较粘稠，增加泵送难度，考虑到经济性和破乳效果，推荐比例为0.01，典型配比试验结果见表5。

表4　掺加水泥和破乳剂的配比范围

	沥青	水泥	水	乳化剂	破乳剂
配比	1	0.6～0.8	0.75～1	0.03	0.01～0.06

表5　掺加水泥和破乳剂的配比试验

沥青	水泥	水	乳化剂	破乳剂	破乳时间/s	破乳后温度/℃	破乳效果
1	0.6	1	0.03	0.01	60	68	油包水，流动性好，粘性好
1	0.7	1	0.03	0.02	50	70	油包水，流动性差，较粘稠
1	0.8	1	0.03	0.03	40	73	油包水，流动性差，较粘稠

（3）以沥青为基数，乳化剂采用KW3#，破乳剂采用AD2#，掺加破乳剂和不同含量的外加剂（快硬水泥、速凝剂、水玻璃、偏铝酸钠、无水氯化

钙）进行配比试验，配比范围见表6。配比试验结果表明，添加外加剂后，破乳速度均有所提高，掺加偏铝酸钠和快硬水泥后的破乳效果较好，沥青成团析出，较不添加外加剂的硬度略高。典型配比试验结果见表7。

表6　掺加外加剂和破乳剂的配比范围

	沥青	外加剂	水	乳化剂	破乳剂
配比	1	0.03~0.1	0.75~1	0.03	0.01

表7　掺加外加剂和破乳剂的配比试验

沥青	外加剂	外加剂含量	水	乳化剂	破乳剂	破乳时间/s	破乳后温度/℃	破乳效果
1	氯化钙	0.05	1	0.03	0.01	38	78	油包水，流动性好，粘性好
1	偏铝酸钠	0.05	1	0.03	0.01	38	78	油包水，流动性好，粘性好，较硬
1	速凝剂	0.05	1	0.03	0.01	35	75	油包水，流动性好，较粘稠
1	水玻璃	0.05	1	0.03	0.01	38	74	油包水，流动性好，粘性好
1	快硬水泥	0.6	1	0.03	0.01	35	79	油包水，流动性好，粘性好，较硬

通过掺加水泥破乳，破乳速度稍慢，析出的低热沥青流动性较好；掺加水泥和破乳剂共同破乳，破乳速度快，低热沥青粘性大，流动性稍差；掺加化学试剂或快硬水泥后，析出的低热沥青温度较高，硬度有所提高。原料推荐配比为：沥青1、乳化剂（中裂、慢裂）0.03、水泥0.6~0.8、水0.75~1、破乳剂0.01，化学试剂0.03~0.05，快硬水泥0.3~0.6，可根据不同灌浆过程对破乳速度、析出温度、固结体强度的不同需求等调整具体配比值。

2.3　低热沥青性能试验

采用KW3#乳化剂，取沥青:水泥:水:乳化剂的配比为1:0.6:1:0.03进行试验，对析出的低热沥青，测试了密度、针入度及软化点指标，与基质沥青的性能指标进行了对比，试验结果见表8。因25℃的低热沥青针入度较大，超出量程，因此对比了15℃条件下的针入度值。

表 8　低热沥青与基质沥青性能指标对比

试验内容	90#基质沥青	低热沥青	备注
密度/(g/cm^3)	0.980	1.35	15℃
针入度/0.1mm	2.97	5.21	100g、5s；15℃
软化点/℃	44.6	41.7	环球法

低热沥青的密度比基质沥青高，针入度比基质沥青较大，相应的软化点则有所降低。

3　低热沥青的抗压强度试验

采用抗压仪和养护箱，测试了不同配比试块的 7 天抗压强度。典型配比试验结果见表 9。

表 9　不同配比试块的 7 天抗压强度

组	沥青	水泥	外加剂名称	外加剂比例	水	乳化剂	破乳剂	7d 抗压强度/MPa
1	1	0.6	/	/	1	0.03		2.52
2	1	0.7	/	/	1	0.03		2.59
3	1	0.8	/	/	1	0.03		2.67
4	1	0.6	/	/	1	0.03	0.01	2.85
5	1	0.7	/	/	1	0.03	0.01	2.89
6	1	0.8	/	/	1	0.03	0.01	2.96
7	1	0.6	氯化钙	0.03	1	0.03	0.01	3.17
8	1	0.6	偏铝酸钠	0.03	1	0.03	0.01	3.23
9	1	0.6	速凝剂	0.03	1	0.03	0.01	3.11
10	1	0.6	水玻璃	0.3	1	0.03	0.01	3.14
11	1	0.3	快硬水泥	0.3	1	0.03	0.01	3.2

由以上试验结果可知，由水泥和破乳剂共同破乳析出的低热沥青比仅用水泥破乳析出的低热沥青强度略高，添加化学试剂或快硬水泥后，析出的低热沥青强度明显提高，其中添加快硬水泥和偏铝酸钠及破乳剂的试件，强度可达 3.2MPa 左右。

4　低热沥青的温感试验

（1）试验装置

沥青的性能与温度密切相关。针对灌浆过程中可能遇到的大孔隙、低水温条件，设计 15cm × 15cm × 10cm 的低热沥青试件，测定其在 15℃ 水温下试块的温度分布情况及降温过程。研制了一套温度场采集装置，由变送器、温度传感器、开关电源、RS485 采集模块及采集软件构成，见图 2。

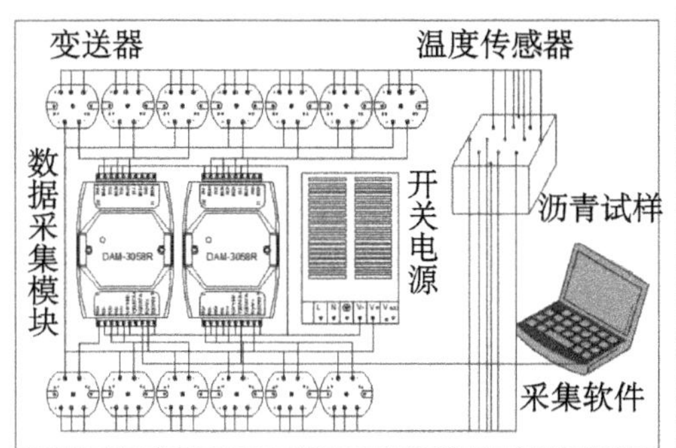

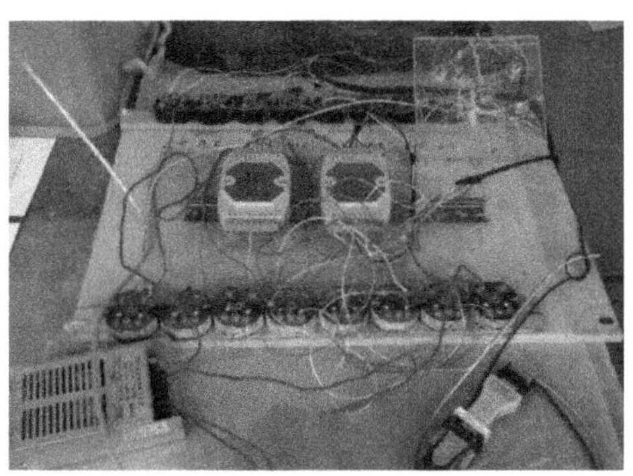

图 2　温度场采集装置

（2）试验结果及分析

采用 KW3#乳化剂，取沥青∶水泥∶破乳剂∶水∶乳化剂的配比为 1∶0.6∶0.01∶1∶0.03 进行试验，制作 15cm × 15cm × 10cm 的试件，放入 15℃ 的恒温水浴中，测试试件的温度场变化情况，试验结果如图 3 所示。

由以上试验结果可知，沥青的导热性能较差，温度扩散较慢，试件最外侧直接与水接触部分降温较快，试件中央区域的温度始终高于四周的温度，离边界越远降温越慢。因此，在灌浆过程中，在灌入的几分钟内，低热沥青仍会具有相当高的温度，保持一定的流动性，在灌浆压力作用下，可扩散至一定的距离。

5　低热沥青的流变性能试验

（1）流变特性

含水泥颗粒的低热沥青是典型的宾汉流体，宾汉流体的流变特性可以用式（1）表示

$$\tau = \tau_B(t) + \eta(t) \cdot \frac{\mathrm{d}v}{\mathrm{d}r} \tag{1}$$

式中，$\tau_B(t)$、$\eta(t)$ 分别为宾汉流体的内聚强度、塑性粘滞系数。

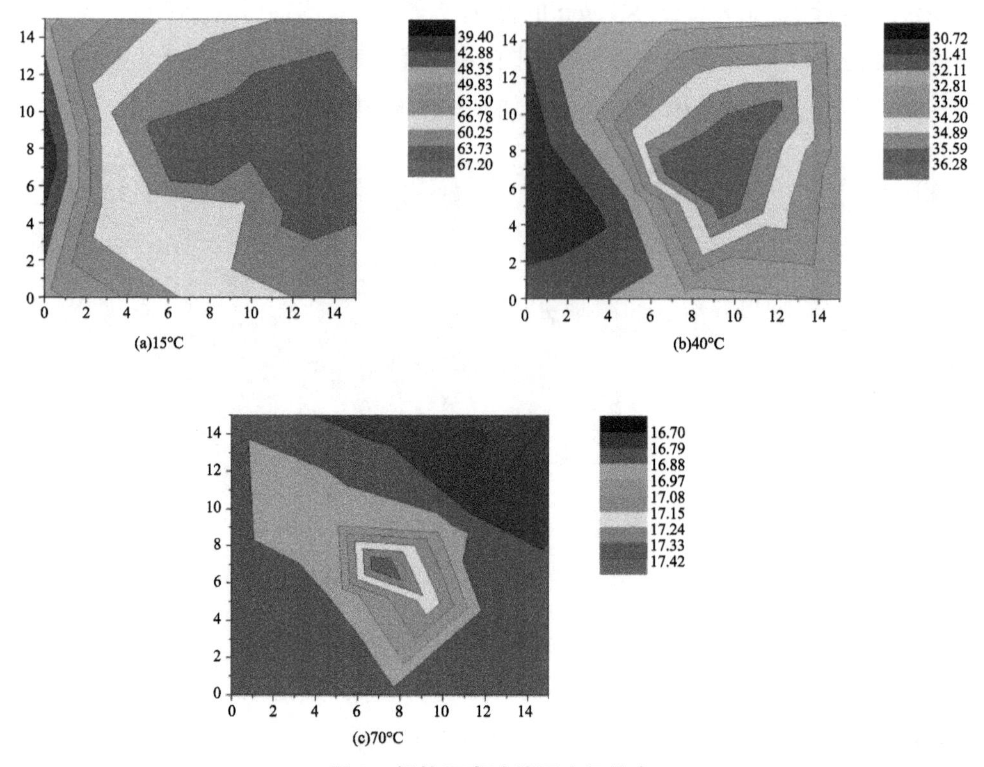

图 3　低热沥青试件温度场分布

设计了一套真空减压毛细管测粘度装置，取装有沥青的毛细管上的一段，长度为 L（图 4）。剪切应力随着径向半径 r 呈线性变化，由毛细管外壁的最大值至毛细管中心的最小值，此关系对牛顿流体及非牛顿流体都成立，故有式（2）：

$$\tau/\tau_{max} = r/R \tag{2}$$

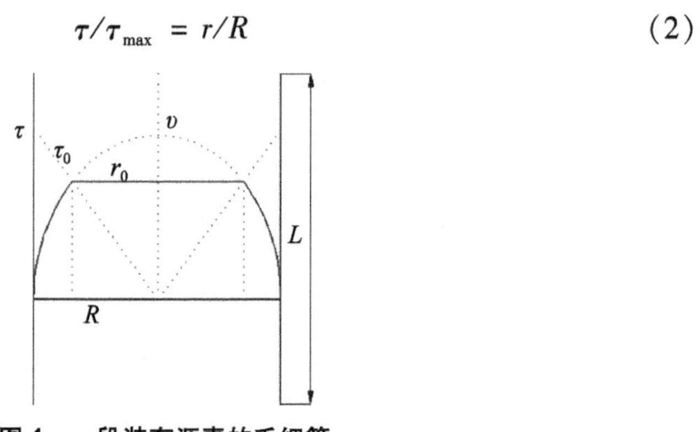

图 4　一段装有沥青的毛细管

υ 在稳定流动情况下，圆柱表面上的切应力、圆柱截面上的压力和浆液的重力满足式（3）的条件平衡式：

$$2\pi R\tau_{\max}L = P\pi R^2 - \pi R^2\lambda L \tag{3}$$

由方程（1）、（2）、（3）可推导出 $\tau_B(t)$ 和 $\eta(t)$ 的计算公式（4）、（5）。

$$\tau_B = \frac{3D(P_c - \lambda L)}{16L} \tag{4}$$

$$\eta = \frac{\pi D^4}{128L}\left[\frac{P_1 - P_2}{q_1 - q_2}\right] \tag{5}$$

式中，q_1 为毛细管中沥青在压力 P_1 下的流量；q_2 为毛细管中沥青在压力 P_2 下的流量；D 为毛细管的直径；L 为毛细管的长度；Pc 为 $P-q$ 曲线与 P 曲线的交点坐标；λ 为毛细管的比重。

（2）试验装置及试验方法

研制了一套真空减压毛细管测粘度装置（图 5），包括：①提供负压的装置为真空泵，包括一个真空泵专用电动机和一个装有水的缓冲瓶；②沥青流通通道为不同管径和长度的毛细管；③测压装置包括真空泵接口处的真空表及插在接料玻璃瓶橡胶塞上的真空表；④接料装置为一个带有橡胶塞的玻璃瓶，橡胶塞上分别钻三个孔，接真空表、毛细管和真空泵，接料瓶放置在电子秤上，以便在实验过程中及时记录接料瓶的重量差；⑤沥青保温装置为一套可控制温度的加热设备及用有机玻璃板制作的水槽。

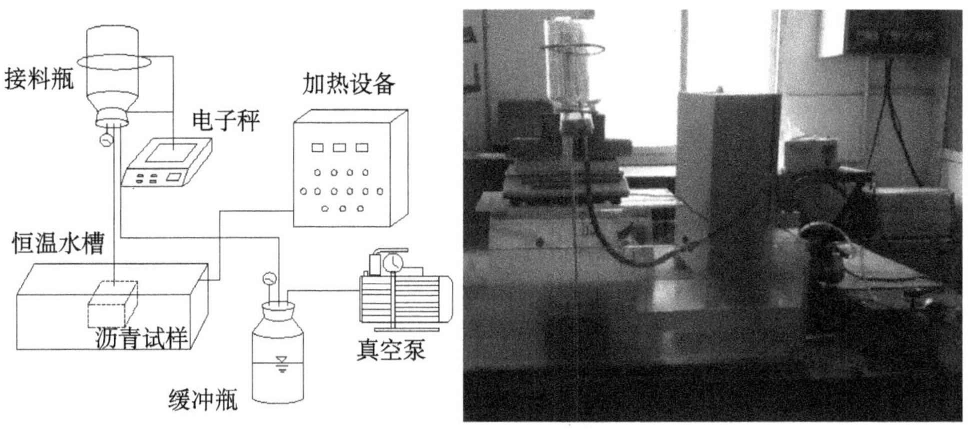

图 5　真空减压毛细管测粘度装置

制作 15cm×15cm×30cm 的低热沥青试件，放入可控制不同水温的恒温水槽中，利用真空泵抽负压，测定在不同压力下沥青被吸入接料瓶的重量变化，根据公式（4）、（5）即可计算出低热沥青在不同温度下的流变参数。

（3）试验结果及分析

试验结果见表 10、表 11。表 10 为在温度 60℃条件下，采用 KW3#乳化剂，固定沥青:水:乳化剂的比例为 1:1:0.03，改变水泥的含量从 0.5～0.8，对比添加破乳剂破乳和仅用水泥破乳的流变参数。表 11 为采用 KW3#乳化剂，固定沥青:水:乳化剂的比例为 1:1:0.03，改变水泥的含量从 0.5～0.7，流变参数随温度的变化过程。

表 10　掺加水泥和破乳剂的流变参数试验结果（60℃）

沥青	水泥	水	乳化剂	破乳剂	η/MPa·s	τ_B/Pa
1	0.5	1	0.03	/	1449	61.63
1	0.6	1	0.03	/	1615	66.98
1	0.7	1	0.03	/	3029	80.56
1	0.8	1	0.03	/	28050	98.06
1	0.5	1	0.03	0.01	3548	60.20
1	0.6	1	0.03	0.01	4794	61.58
1	0.7	1	0.03	0.01	5362	65.19
1	0.8	1	0.03	0.01	67744	67.28

由表 10 和图 6 可知，水泥的含量越大，析出的低热沥青的粘度越大；同样配比，采用水泥和破乳剂共同破乳比仅用水泥破乳析出的低热沥青粘度明显增加。水泥比例大于 0.7 时，低热沥青的粘度增加较快，在 0.8 时粘度达到 67744MPa·s。因此，在温度为 60℃的条件下，水泥比例大于 0.8 时会增加灌浆泵送难度。

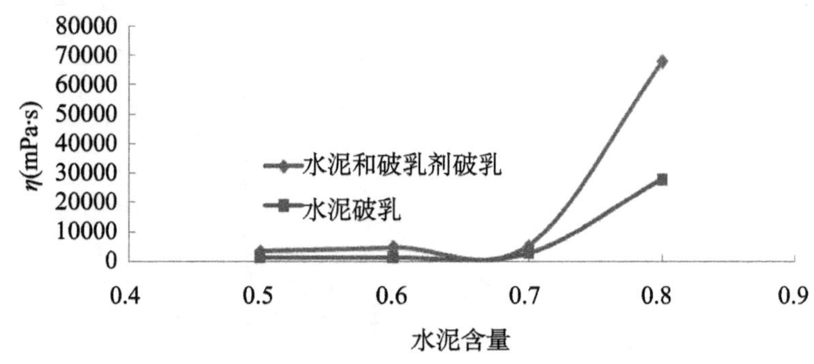

图 6　不同水泥配比的低热沥青流变参数（60℃）

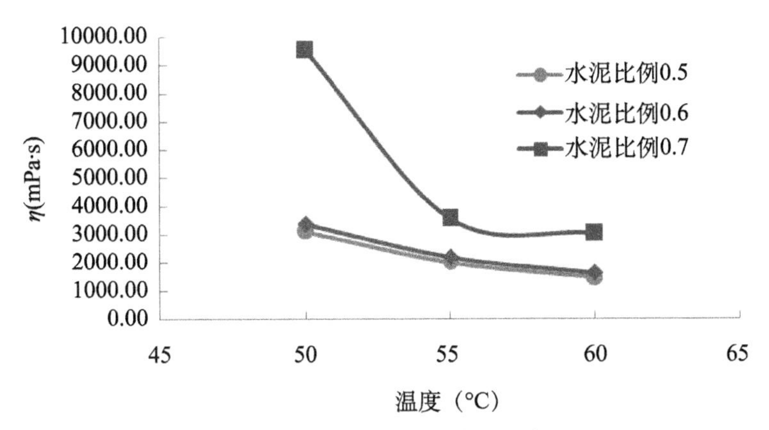

图 7　不同温度的低热沥青流变参数

表 11　不同温度的流变参数试验结果

沥青	水泥	水	乳化剂	温度/℃	η/MPa·s	τ_B/Pa
1	0.5	1	0.03	50	3094.03	68.51
1	0.5	1	0.03	55	2005.50	65.82
1	0.5	1	0.03	60	1448.72	61.63
1	0.6	1	0.03	50	3367.90	71.87
1	0.6	1	0.03	55	2183.64	68.51
1	0.6	1	0.03	60	1615.31	66.98
1	0.7	1	0.03	50	9523.68	90.91
1	0.7	1	0.03	55	3555.11	83.30
1	0.7	1	0.03	60	3028.51	80.56

由表 11 和图 7 可知，随着温度的降低，低热沥青的粘度逐渐增加，水泥比例为 0.5 和 0.6 的变化趋势接近，水泥比例为 0.7 时，低热沥青的粘度增加较快，在 50℃时粘度达到 9523.68MPa·s。因此水泥含量大于 0.7，温度低于 50℃时会增加灌浆泵送难度。

6　结论

低热沥青在 60℃以上具有较好的流动性和可泵性，比常规沥青灌浆加热温度低，能耗少，同时遇水凝固、不冲释，适合于大孔隙（开度 30～50 cm、流速 >0.5m/s）漏水地层的灌浆堵漏。

（1）低热沥青原料的配比范围推荐为沥青 1，水泥 0.6～0.8，水 0.75～1，乳化剂0.03，破乳剂0.01。低热沥青的性能试验对比了仅用水泥破乳和添加破乳剂破乳的不同方式，添加破乳剂后粘度增加，可根据不同的灌浆需求调整破乳方式和比例范围。

（2）低热沥青的破乳速度和浆液温度可以通过调整添加水泥的含量进行小范围的调整，添加破乳剂后破乳速度较快，但流动性也有所降低；通过添加化学试剂或快硬水泥可以提高固结体的强度。

（3）通过温感试验可知，低热沥青的导热系数较低，沥青内部温度降低速度缓慢，在灌入的几分钟内，仍具有相当高的温度，保持较好的流动性，在管路内、孔内或地层孔隙内都具有良好的可灌性，在灌浆压力作用下，可扩散至较远的距离。

（4）低热沥青含有大量的水泥颗粒，其流变形式为典型的宾汉流体，其初始剪切强度在60Pa以上，且随着时间推移快速增长，有利于低热沥青抵抗水流的冲击作用。

参考文献

[1] Deans G. Lukajic use of asphalt in treatment of dam foundation leak-age: Stewartville Dam [J]. ASCE Spring Convention. Denver. April 1985.

[2] Sedat Turkmen. Treatment of the seepage problems at the Kalecik Dam (Turkey) [J]. Engineering Geology, 2003, 68: 159 – 169.

[3] 倪至宽，等．防止新永春隧道涌水的热沥青灌浆工法 [J]. 岩石力学与工程学报，2004 (23): 5200 – 5206.

[4] 傅子仁，等．热沥青灌浆工法于地下工程涌水处理的应用 [C]. 第六届海峡两岸隧道与地下工程学术及技术研讨会论文集．2007.

[5] 赵卫全，等．改性沥青灌浆堵漏试验研究 [J]. 铁道建筑技术，2011 (9): 43 – 46.

[6] 符平，等．低热沥青灌浆堵漏技术研究 [J]. 水利水电技术，2013 (12): 63 – 67.

快硬硫铝酸盐水泥基封堵材料早期性能研究

范成文[1,3]，白银[2]，李平[1,3]，郭西宁[2]

（1. 岩土力学与堤坝工程教育部重点实验室，江苏省南京市　210098；
2. 南京水利科学研究院水文水资源与水利工程科学国家重点试验室，江苏省南京市　210029；
3. 河海大学土木与交通学院，江苏省南京市　210098）

摘　要：为了开发适用于有压作用下混凝土结构渗漏缺陷快速封堵的材料，本文采用可再分散乳胶粉（VAE）改性快硬硫铝酸盐水泥（R·SAC）。使用流变仪测试R·SAC粘度时变规律，揭示其流变学性能；通过抗折抗压试验以及“8”字模粘结试验测试R·SAC的力学性能，并结合扫描电镜（SEM）分析，从而得到R·SAC基封堵材料较为完整的早期性能。结果表明：R·SAC初始粘度维持时间约为40min，随后粘度呈“指数型”急剧增长；加入VAE后R·SAC的初始粘度增加、突变点提前且突变后粘度增长速率显著加快，提高了封堵材料抵抗渗漏水压的能力，掺量在4%时此现象最为明显；掺量为3%~4%时可将R·SAC的早期抗折强度提高15%~21%，抗压强度则随掺量提高而降低，折压比上升表明改性R·SAC柔韧性提高；1d粘结强度在VAE掺量为4%时达到最大值，粘结强度较对照组提高121%；SEM分析表明改性R·SAC内部颗粒之间形成了致密的搭接结构，封堵渗漏缺陷的能力得到明显改善。

关键词：混凝土渗漏；快硬硫铝酸盐水泥；可再分散乳胶粉；早期性能；掺量

随着国家“南水北调”西线工程规划以及“一带一路”倡议的不断推进，处于高水压地区的水工建筑物规模日益增大，此类建筑通常采用混凝土

基金项目：国家重点研发计划项目（2016YFC0401609），国家自然科学基金重点项目（51739008），中央高校基本科研业务费（2018B13614）

作者简介：范成文（1993—），男，江苏淮安人，硕士研究生，主要从事水工材料及防灾减灾方面研究。E-mail：newborn1021@foxmail.com

通讯作者：白银（1984—），男，山西忻州人，高级工程师，主要从事水工材料相关研究。E-mail：ybai@nhri.cn

材料修筑而成[1]。对于处在高水压环境中的建筑，若存在混凝土裂缝，则会发生渗漏，造成结构局部承载力和稳定性下降[2-3]。裂缝得不到及时有效的处理时，甚至会使建筑发生整体性破坏，严重威胁人民群众的生命和财产安全[4]。当下主流的渗漏封堵方法是对裂缝进行灌浆[5-7]。早期工程上采用普通硅酸盐水泥（P·O）作为灌浆材料，但其硬化体体积易收缩，削弱封堵效果[8]。为此，相关学者着手研究快硬硫铝酸盐水泥（R·SAC），试验及工程实践均表明，R·SAC 具有比 P·O 更好的封堵效果[9-11]。为了进一步提高封堵材料的性能，人们在 R·SAC 中添加 VAE 等聚合物[12-13]。VAE 是一种通过喷雾干燥的特殊水性乳液，与水泥在水中混合后，颗粒之间形成搭接结构，粘结强度突出，可提高水泥基材料柔韧性，显著改善水泥基材料的粘附、抗折、防水和抗裂等多种性能[14]。

在研究封堵材料性能时，很多学者都在注重测试长龄期性能，然而对于混凝土渗漏封堵材料来说，其早期就可形成硬化体，仅仅研究长龄期性能显得不够充分。混凝土渗漏封堵属于应急抢险类工作，作业时间非常有限，在封堵材料泵送至封堵位置过程中，其硬化过早或过迟都将对施工产生不良影响。即使是流变阶段后期也会出现迅速硬化的现象，因此有必要对封堵材料的早期性能作全面分析。本文测试了 VAE 对 R·SAC 流变性能的影响，同时测试其早期的抗折、抗压和粘结性能，并通过 SEM 分析揭示 VAE 对 R·SAC 的改性机理。

1 原材料及试验方法

1.1 原材料

（1）德国瓦克牌 8034H 型可再分散乳胶粉，其性能指标见表 1。

表 1 8034H 型可再分散乳胶粉性能指标

聚合物	固含量/（%）	灰分/（%）	表观密度/（g/L）	主要颗粒尺寸/μm	最低成膜温度/℃
乙烯/月桂酸乙烯酯/氯乙烯	99 ± 1	13 ± 2	450 ± 50	0.3 ~ 9.0	0

（2）河南某厂家生产的 42.5 级快硬硫铝酸盐水泥，其化学成分见表 2。

表2　硫铝酸盐水泥化学成分/ω%

CaO	Al_2O_3	SiO_2	SO_3	Fe_2O_3	MgO
42.25	28.93	10.96	8.88	3.71	1.45

1.2　试验方法

在室温20℃条件下制样并测试，配合比情况为：固定水灰比0.4，8034H型可再分散乳胶粉掺量分别为硫铝酸盐水泥用量的0%、1%、2%、3%、4%、5%。

（1）流变学试验：以粘度为测试的主要指标，使用美国博勒飞RST-SST流变仪。配合而成的封堵材料搅拌均匀后倒入塑料杯中（容量1000mL，直径110mm，高144mm，为了脱模方便，在内壁刷少许油），并如图1所示固定在流变仪测试台上。采用恒定旋转测试模式，剪切速率控制（CSR），为减少转子对材料凝结硬化速率的影响，设置低频率转速为1r/min。

（2）力学试验：以抗折强度、抗压强度和粘结强度为测试的主要指标，使用TYE-300D型水泥胶砂抗折抗压试验机与YF-900型电脑拉力试验机。抗折抗压试验时将净浆试样放在仪器夹具中间，试样的成型面要与受压面垂直。开动压力机，使试样在指定载荷速率范围内加载直至破坏。而在粘结强度试验中，基准试块是在“8”字模中成型的半个“8”字普通硅酸盐水泥砂浆试块，龄期均为28d以上。将粘结部位用钢丝刷打毛，并取出新拌合的封堵材料浇筑另外半个“8”字模，形成完整试样。成型好的试样养护至一定龄期后取出放置在拉力试验机中测试（如图2所示），拉断试样后用游标卡尺量出破坏面尺寸，结合拉力值计算出粘结强度。

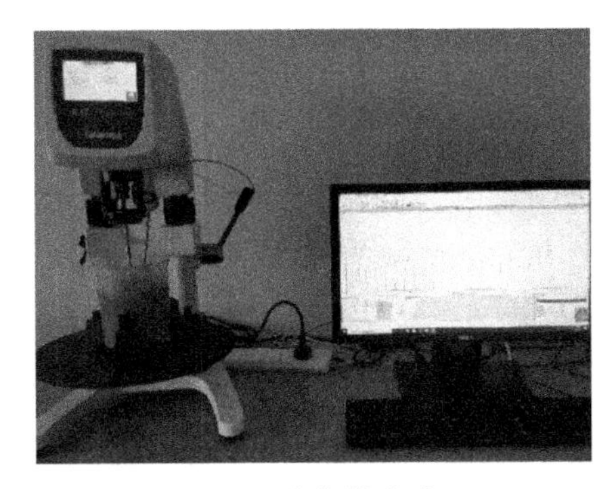

图1　流变学试验

图2　粘结试验

2 结果与讨论

2.1 流变学试验

水泥浆液是一种固、液混合物，从加入水开始，水泥即发生水化反应。随着水化反应的不断进行，净浆发生着黏、弹、塑性的演变，也就是逐渐失去流动性从而硬化形成强度的过程。水泥浆液的流变特性对水泥的微观结果、理化性质有着重要的影响，宏观上说流变性能可直接决定此类材料在泵送过程中的性能。流变学试验结果如图 3 所示，拟合公式通用方程相关参数见表 3。

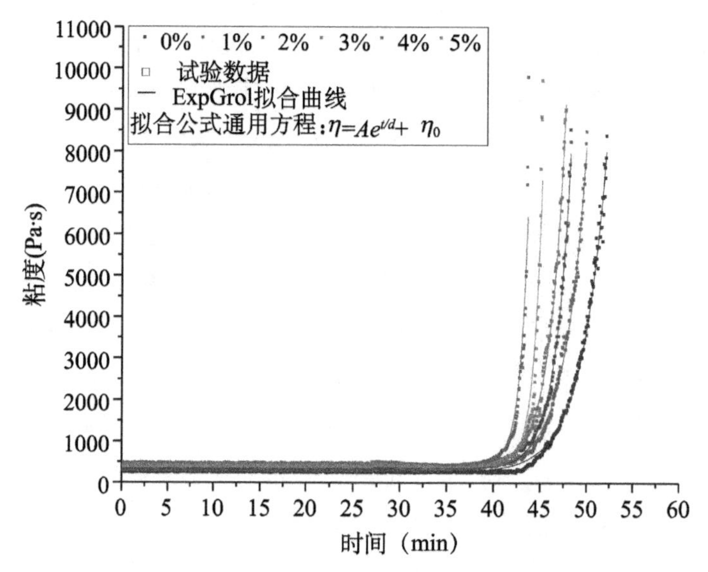

图 3 8034H 型 VAE 改性 R · SAC 粘度—时间曲线

表 3 ExpGro1 模型拟合公式通用方程参数

方程	$\eta = Ae^{t/B} + \eta_0$			
参数 掺量/（%）	A	B	η_0	R^2
0	2.02E-05	2.63867	250	0.99436
1	2.43E-06	2.28175	304	0.99609
2	1.27E-09	1.63974	345	0.99374
3	1.98E-09	1.63829	401	0.99569

续表

方程	$\eta = Ae^{t/B} + \eta_0$			
参数 掺量/（%）	A	B	η_0	R^2
4	1.37E－18	0.87601	444	0.93155
5	2.54E－18	0.91579	386	0.93374

由图3可以看出，随着时间的增长，各掺量的改性R·SAC粘度在遇水约40min内均无明显变化，称此时的粘度为初始粘度。这是由于水泥浆液作为一种多分散尺度的、多相悬浮体系，水泥颗粒悬浮分散在液相中，水化作用下水泥浆液是具有反应活性的悬浮分散体系，故在初始阶段为粘塑性流体。通过ExpGro1模型对试验数据进行拟合，得出粘度η与时间t的关系，相关系数R^2均在0.93以上，说明拟合程度较高。图表结合可发现，η_0即为前文所述初始粘度，而A、B则分别是与粘度增长速度、粘度突变时刻相关的参数，A值越大粘度，增长越快，B值越大，粘度突变速度越慢。由此，可得出8034H型VAE改性R·SAC粘度—时间关系通用表达式为：

$$\eta = Ae^{t/B} + \eta_0$$

式中：η—粘度，Pa·s；t—时间，其中$t=0$表示加水时刻，min；η_0—初始粘度，Pa·s；A—与粘度增长速度呈正相关的参数；B—与粘度突变时刻及速度有关，B值越小，粘度突变时刻越早、速度越快。

比较不同掺量下初始粘度值可以看出：随着8034H型VAE掺量的提高，改性R·SAC的初始粘度先逐渐增加，并在4%掺量达到极值444Pa·s，随后降低。这说明8034H型VAE加入R·SAC中后，净浆的粘性有所增加。随后当达到某个临界点时粘度在图中呈“指数型”上升，并迅速达到流变仪测量扭矩上限。由图3还可大致看出，随着掺量提高粘度增长曲线更加陡峭，而粘度曲线越陡峭，在封堵过程则意味着材料失去流动性越快，越不容易被高水压冲走。为进一步分析粘度急剧增长阶段各掺量下改性R·SAC的差异，可分析通用表达式$\eta = Ae^{t/B} + \eta_0$中B值。由表3发现，随着掺量增加，B值逐渐上升，4%时达到极值，这说明掺量在4%时改性R·SAC的粘度突变速度最快。例如，分别令$\eta = 1000$（净浆处于可流动状态）、8000（净浆硬化为软固体），求得对应的横坐标，同一条粘度—时间曲线上两交点横坐标之差即可表明材料粘度从1000Pa·s上升至8000Pa·s所需时间ΔT。如0%掺量下的

材料所需时间 $\Delta T=43.60\text{min}-41.83\text{min}=1.77\text{min}\approx106\text{s}$，同理算得其余掺量下时间如表 4 所示。

表 4　粘度由 1000 Pa・s 上升至 8000 Pa・s 所需时间

掺量/（%）	0	1	2	3	4	5
时间/s	351	315	245	237	106	112

不同掺量下改性 R・SAC 粘度由 1000Pa・s 上升至 8000Pa・s 的时间差异较大，其中未添加 VAE 的 R・SAC 需要 351s，而加入 4% 掺量的 8034H 型 VAE 后所需时间仅为 106s，改性水泥粘度在 1000Pa・s 至 8000Pa・s 阶段增长速度提高了 231%。因此在封堵材料泵送至混凝土渗漏缺陷位置后，从流变学角度可认为加入 4% 的 8034H 型 VAE 可大幅提高 R・SAC 在灌浆处的变粘速度。

2.2　力学试验

随着 R・SAC 水化的进行，浆体逐渐丧失流动性、缓慢凝结演变为具有一定粘弹性的软固体直至固体。对于水泥净浆和混凝土来说，强度是基本性能指标。在混凝土修补中，修补材料的各项性能应与老混凝土相匹配，物理性能相接近。而净浆与混凝土之间的粘结强度对于修补耐久性也非常重要，因为修补材料和老混凝土基面之间胶结良好是成功修补的关键。通过抗折抗压试验研究 VAE 对 R・SAC 净浆抗折抗压强度的影响，结果如图 4、图 5 所示。

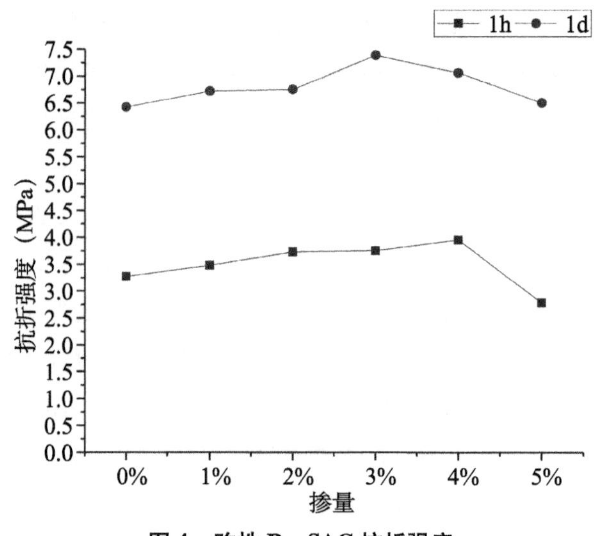

图 4　改性 R・SAC 抗折强度

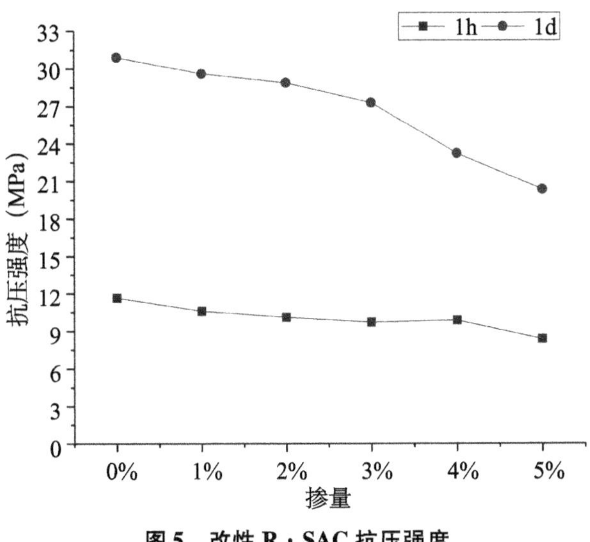

图5　改性R·SAC抗压强度

整体来看，8034H型VAE对提高R·SAC的抗折强度略有提高，1h和1d龄期下均为3%～4%掺量时效果最好，较基准水泥相比，抗折强度提高了约15%～21%，继续提高掺量，则抗折强度下降；8034H型VAE的加入，明显降低了各龄期的抗压强度，且掺量越大，抗压强度越低。

采用折压比表征混凝土的柔韧性，其值越大，则材料的柔韧性越好，抗开裂能力越高。表5为根据本次抗折抗压试验的结果而得的各类试件折压比。表5中，1h和1d的改性R·SAC折压比均为先上升再下降，且在4%～5%时折压比最大，达到0.400、0.304。这说明加入8034H型VAE后，R·SAC的柔韧性得到了提高，因此可有效抵抗混凝土再次发生开裂。

表5　改性R·SAC折压比

掺量/（%） 龄期	0	1	2	3	4	5
1h	0.281	0.328	0.368	0.386	0.400	0.332
1d	0.208	0.227	0.234	0.271	0.304	0.319

根据界面的相关理论可知，材料的结合在界面处是最薄弱的，大多数破坏都发生在界面或者从界面开始的。为此，本文研究新拌改性R·SAC与老旧混凝土之间的粘结强度，结果如图6所示。由图可以明显看出，加入8034H型VAE后，R·SAC的粘结强度得到了显著提高：在4%掺量下粘结

强度达到了 1.04MPa，而基准组粘结强度仅为 0.47MPa，提高了 121%。因此，8034H 型 VAE 具有较为良好的粘结性能，显著提高了界面的粘结程度。

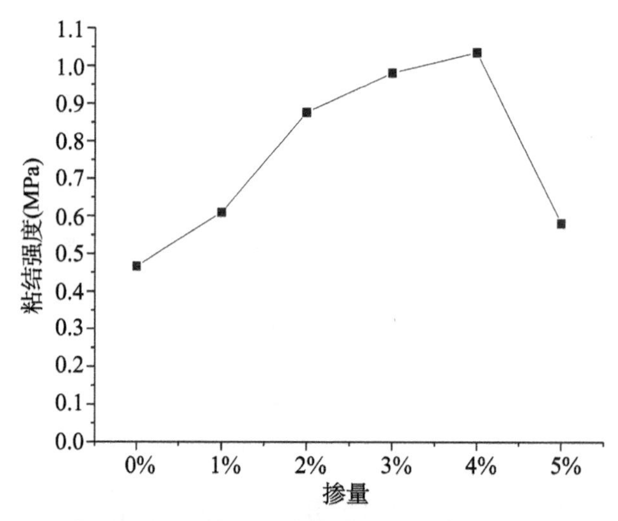

图 6　8034H 型 VAE 改性 R·SAC 1d 粘结强度

为了从微观结构进一步探究 VAE 对 R·SAC 的改性机理，对硬化体进行取样并做水化 1d 的 SEM 分析。从图 7 中可以看出，R·SAC 试样在水化 1d

图 7　R·SAC 试样 SEM 照片

时生成了团絮状 C－S－H 凝胶，丝带状钙矾石散布在硬化体中，图中黑色圈内可明显看到大量深色孔隙。这说明未添加 VAE 的 R·SAC 内部结构不是特别致密，在有压的水环境下难以起到良好的抗渗性能。通过图 8 所示的同龄期 VAE 改性 R·SAC 试样 SEM 照片发现，此时已经生成了大量 C－S－H 凝胶而钙矾石却看不到，这是由于 VAE 形成的聚合物与水泥水化形成的大量 C－S－H 凝胶已经将钙矾石包裹住。聚合物被限制在毛细孔隙中，聚合物颗粒絮凝在一起，即乳胶颗粒在与水泥水化过程中改性 R·SAC 内部出现了铆接、搭接的结构，形成如图 8 所示的连续的聚合物网状结构，并填补了孔隙，说明 VAE 聚合物可将 R·SAC 水化物粘结起来。这使得材料的内聚强度提高，形成致密的硬化体，因此可显著改善 R·SAC 封堵渗漏缺陷的能力。

图 8　改性 R·SAC 试样 SEM 照片

3　总结

本文按封堵材料的流体—流固体—固体发展顺序开展试验，比较不同掺量的8034H型VAE对R·SAC早期性能的影响。试验表明：在混凝土渗漏的修补工程中，8034H型VAE可有效提高R·SAC的早期性能，且4%为最优掺量。主要的研究结果有以下几个方面：

（1）R·SAC初始粘度维持时间约为40min，随后粘度呈“指数型”增长，因此此类封堵材料泵送至灌浆位置时间不宜超过40min。

（2）掺入VAE后R·SAC的初始粘度略有增加、突变点提前，突变点后粘度增长速率显著加快，提高了封堵材料抵抗渗漏水压的能力，掺量在4%时最佳。

（3）掺量为3%～4%时可提高R·SAC的早期抗折强度15%～21%，抗压强度则随掺量提高而降低，折压比上升表明改性R·SAC柔韧性提高，可有效降低外压作用下发生开裂的可能。

（4）改性R·SAC的1d粘结强度在VAE掺量为4%时最大，较对照组提高121%，显著提高了新老混凝土界面的粘结程度。

（5）掺入VAE后，R·SAC内部颗粒之间形成了致密的搭接结构，封堵渗漏缺陷能力得到明显改善。

参考文献

［1］张希黔，黄乐鹏，康明．现代混凝土新技术发展综述［J］．施工技术，2016，45（12）：1-9.

［2］王振振，张社荣．近海复杂环境因素对闸墩混凝土裂缝的影响［J］．水利水运工程学报，2017（06）：92-97.

［3］Jong-Ho Shin，Sang-Hwan Kim，Yong-Seok Shin. Long-term mechanical and hydraulic interaction and leakage evaluation of segmented tunnels［J］. Soils and Foundations，2012，52（1）.

［4］郑刚，戴轩．灾害环境下隧道不同部位漏水对于周围土体及平行隧道的影响研究［J］．岩石力学与工程学报，2015，34（S1）：3196-3207.

［5］彭亚敏，沈振中，甘磊．深埋水工隧洞衬砌渗透压力控制措施研究［J］．水利水运工程学报，2018（01）：89-94.

［6］沙飞，刘人太，李术才，等．运营期渗漏水隧道注浆材料适用性［J］．中南大学学报（自然科学版），2016，47（12）：4163-4172.

［7］LI Xudong，HAN Naifu，ZHU Qiqin，et al. Discussion and practice on the method of selecting multi-parameter in high pressure jet Grouting Engineering [P]. Electrical and Control Engineering (ICECE), 2011 International Conference on, 2011.

[8] 张文超，于方，薛炜. 临海软弱土注浆加固选材及工艺的试验研究 [J]. 工程勘察，2019，47 (02)：15－20.

[9] 邵晓妹，李珍，韩炜. 沥青—水泥复合防水材料的制备及性能研究 [J]. 材料导报，2014，28 (S2)：410－414.

[10] 叶正茂，芦令超，常钧，等. 硫铝酸盐水泥基防渗堵漏材料凝结时间调控机制的研究 [J]. 硅酸盐通报，2005 (04)：58－61＋65.

[11] S. W. Tang, Z. He, X. H. Cai, et al. Volume and surface fractal dimensions of pore structure by NAD and LT-DSC in calcium sulfoaluminate cement pastes [J]. Construction and Building Materials, 2017, 143.

[12] 南雪丽，王超杰，刘金欣，等. 冻融循环和氯盐侵蚀耦合条件对聚合物快硬水泥混凝土抗冻性的影响 [J]. 材料导报，2017，31 (23)：177－181.

[13] 王培铭，赵国荣，张国防. 可再分散乳胶粉在水泥砂浆中的作用机理 [J]. 硅酸盐学报，2018，46 (02)：256－262.

[14] 彭家惠，毛靖波，张建新，等. 可再分散乳胶粉对水泥砂浆的改性作用 [J]. 硅酸盐通报，2011，30 (04)：915－919.

二　水下修补材料工程应用

柔性碳纤维复合板材及其在水下混凝土裂缝修补中的应用

孙志恒[1,2]，李萌[1,2]，韦昊南[1]

（1. 中国水利水电科学研究院材料研究所，北京市 100038；

2. 北京中水科海利工程技术有限公司，北京市 100038）

摘 要：本文针对水下高水头混凝土裂缝表面封堵材料的需要，研制开发了柔性碳纤维复合板材。通过室内测试及模型试验，验证了该复合板材具有本体抗拉强度高，在承受高水头的作用下能有效防止裂缝的张开，防渗性和耐久性好，能适应混凝土基面的不平整度，在库水压力作用下可以与坝面紧密结合，显著提高了水下混凝土裂缝表层封堵的防渗效果。柔性碳纤维复合板材首次在四川观音岩水电站水下混凝土裂缝封堵工程中应用，取得了很好的效果。

关键词：水下混凝土裂缝；柔性碳纤维复合板材；裂缝表面封堵

1 前言

我国拥有9.8万座水库大坝，100m以上高坝数量居世界首位。水库大坝在蓄水初期或者经过若干年的运行后，在高水头作用下有可能出现坝体裂缝渗漏现象，不仅影响大坝正常运行，有时甚至对工程安全造成威胁。近年来我国实施了大规模的水库大坝除险加固工作，中小型甚至少数大型水库的加固处理通常采取放空水库加固，然而有些水库放空难度极大或者根本不具备放空条件，有些在较深水域的水下裂缝处理难度极大，特别是对我国一大批

基金项目：国家重点研发计划项目（2016YFC0401609）；中国水科院基本科研业务费专项（SM0145C102018；SM0145B632017）

作者简介：孙志恒（1962—），教授级高级工程师，主要从事水工混凝土建筑物检测、评估与修补加固技术研究。E-mail：sunzhh@ iwhr. com

高坝大库而言，放空水库基本不可行。因此开展对于高水头下混凝土裂缝表面的封堵材料研究及相应的水下施工工艺具有现实意义。

碳纤维增强复合材料加固技术是通过树脂胶结材料将碳纤维增强复合材料粘贴于混凝土结构表面，通过两者的共同作用以达到加固补强、改善受力性能的一种结构加固技术。碳纤维加固技术具有高强高效、耐腐蚀性能及耐久性好、不增加构件的自重及体积，便于施工的优点[1]。但是需要在干燥环境下施工，且碳纤维布经过环氧树脂浸渍固化后为脆性板材，成膜后的脆性板材不能粘贴或锚固。针对高水头环境下水下裂缝表面封堵材料的要求，本文利用碳纤维高强、高弹模和单组分聚脲柔性好的特点，开发可以在水下封堵裂缝的柔性碳纤维复合板材。要求这种板材具有柔性好，能适应混凝土裂缝变形及水下施工；防渗性和耐久性好，能封闭裂缝表面渗漏通道；抗拉强度高，可以承受高水头的作用，能有效防止混凝土裂缝发生水力劈裂，起到补强加固的作用。

2　柔性碳纤维复合板材

2.1　柔性碳纤维复合板材的组成

碳纤维布本身是柔性卷材，通过将单组分聚脲与碳纤维布浸渍复合，可以形成一种柔性碳纤维板材[2-3]。该板材既充分利用了碳纤维布抗拉强度高的特点，又利用了单组分聚脲粘接强度高、防渗性好的特点[4]。为了将柔性碳纤维板材能很好地与混凝土表面贴合紧密，在柔性碳纤维板材表面再粘贴一层 GB 塑板，组成柔性碳纤维复合板材。复合 GB 后的柔性碳纤维复合板材具有柔性好、抗拉强度高、与混凝土之间结合紧密、防渗性及耐久性好等特性。

2.2　柔性碳纤维板材抗拉强度试验

碳纤维布的主要技术参数见表 1。为了研究碳纤维布与不同粘结剂浸渍后的力学性能，本文选用单组分聚脲（Ⅰ型）、单组分聚脲（Ⅱ型）和环氧树脂三种粘结剂（技术参数见表 2 ~ 表 3）[5-6]，分别与碳纤维布浸渍组合成型碳纤维板材，进行拉伸强度测量。抗拉强度试验依据 GB/T 3354—2014 定向纤维增强塑性料拉伸性能试样方法，试验加载速度为2mm/min。测量结果见表4。

表1　碳纤维布的主要技术参数

检测项目	参数要求
抗拉强度标准值，MPa	≥3400
受拉弹性模量，GPa	≥240
伸长率,%	≥1.7
弯曲强度，MPa	≥720
层间剪切强度，MPa	≥45
单位面积质量，g/m^2	300 和 200

表2　单组分聚脲的主要技术指标

项目	技术指标	
	Ⅰ型	Ⅱ型
拉伸强度，MPa	≥15	≥20
扯断伸长率,%	≥300	≥150
撕裂强度，kN/m	≥40	≥60
硬度，邵A	≥50	≥80

表3　环氧浸渍胶的主要技术参数

检测项目	参数要求
抗拉强度，MPa	≥55
受拉弹性模量，MPa	≥2500
伸长率,%	≥3.0
抗弯强度，MPa	≥80，且无碎裂状破坏
抗压强度，MPa	≥80

表4　碳纤维布与不同浸渍粘结剂组合碳纤维板材的拉伸试验

浸渍材料	断裂伸长率（%）	拉伸强度（MPa）
抗冲磨型聚脲	1.78	2154
防渗型聚脲	1.83	2259
环氧树脂	1.72	3052

从表4可以看出，碳纤维布与单组分聚脲（Ⅰ型和Ⅱ型）浸渍形成的板材断裂伸长率与碳纤维布与环氧树脂浸渍形成的复合板材断裂伸长率基本一致，在1.7%～1.85%范围内，说明碳纤维板材断裂伸长率取决于碳纤维的断

裂伸长率，与浸渍胶的关系不大。

由于单组分聚脲柔性较大，试验成型样片中碳纤维受力不均匀，导致聚脲浸渍的柔性碳纤维板材的破坏形式是碳纤维的断裂不在同一断面，实测断裂拉伸强度较环氧树脂浸渍的碳纤维板材偏小。只要成型时碳纤维厚度均匀，碳纤维布与不同的浸渍胶组合，碳纤维板材的拉伸强度和断裂伸长率主要取决于碳纤维布本体强度，与浸渍胶和浸渍后板材的厚度无关。

3 水下裂缝表面封堵试验

3.1 柔性碳纤维复合板材的加工

由于聚丙烯板（简称 PP 板）与聚脲不粘，选用 PP 板为模板，先在 PP 板上刮涂 0.8mm 厚 SK 手刮聚脲，表干后涂第二遍聚脲，涂刷粘贴碳纤维布，辊涂至碳纤维表面聚脲覆盖为止（见图 1），表干后再涂刷第三遍聚脲（0.5mm 左右），在聚脲表干前将 GB 塑性板直接粘贴在聚脲表面，养护 20d 以后形成柔性碳纤维复合板材。

图 1　SK 手刮聚脲内部复合碳纤维布

由于聚脲的粘度较环氧树脂大，为了保证聚脲能很好地浸渍到碳纤维布内，选用200g/m^{2}的高强碳纤维较300g/m^{2}的高强碳纤维浸渍效果更好。

3.2 模型水下裂缝表面封闭

室内模型示意图如图2所示，先在直径为75cm的钢桶内浇筑50cm厚的混凝土，混凝土中间留长50cm、宽10mm的槽（见图3），养护28d以后装上底盖，底盖留有可控制开关的排水孔。

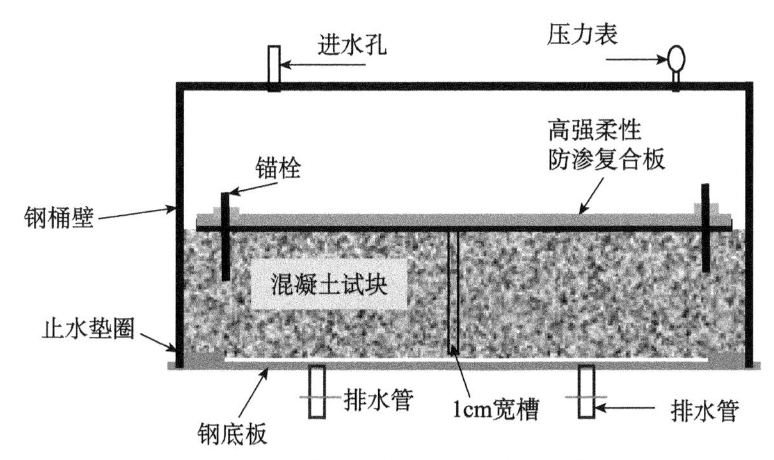

图2 裂缝表面水下锚贴柔性碳纤维复合板材模型示意图

水下裂缝表面封堵方案采用在水下裂缝表面直接锚贴柔性碳纤维复合板材的方案。先将模型底部的排水孔关闭，钢桶内充满水，在水中将高强柔性碳纤维复合板材覆盖在宽10mm宽槽表面，见图4；柔性碳纤维复合板材周边用钢压条和锚栓固定；打开排水孔，保证模型底部水流畅通。

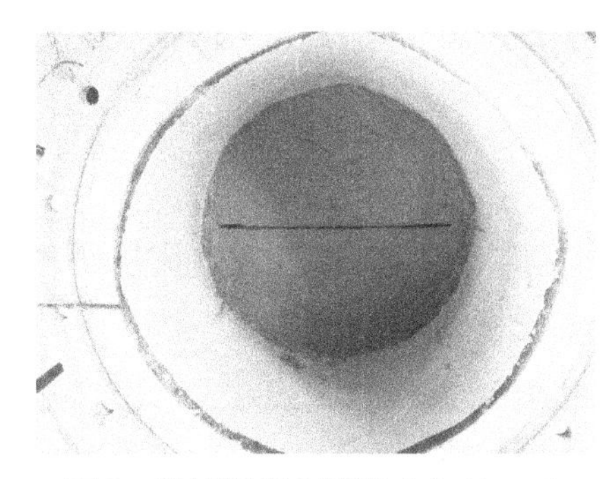

图3 模拟混凝土裂缝（宽10mm）

图4 带水锚固柔性碳纤维复合板材

3.3 模型加载试验

装上钢桶顶盖，将进水孔与加压泵连通，开始向钢桶内加水，加压过程见图5。水压按每小时增加0.1MPa的速度从0逐渐加到1.5MPa。当水压力加载至0.6MPa时，排水孔有渗水现象，继续加载至1.5MPa后一直渗水，维持压力24h后渗水逐渐减少至0，并持续稳压90d。

图5　模型内充水加压试验装置

从试验结果可以看出，在1.5MPa水压力长期作用下，柔性碳纤维复合板材表面沿混凝土槽方向出现一条较浅的凹槽，但未出现刺破现象；压板周边局部有GB板挤出现象，GB板起到了充填及密封效果；柔性碳纤维复合板材总体防渗效果很好，达到了预期的目的。

4　某水电站大坝水下裂缝处理工程实例

4.1　工程概况

某水电站为金沙江水电基地中游河段“一库八级”水电开发方案的最后一个梯级水电站，位于云南省华坪县与四川省攀枝花市的交界处。电站水库正常蓄水位1134m，库容约20.72亿m^3，装机容量300（5×60）万kW。枢纽主要由挡水、泄洪排沙、电站引水系统及坝后厂房等建筑物组成。观音岩水电站为碾压混凝土重力坝，最大坝高159m，工程于2016年5月28日全面投产发电。

该水电站大坝建设过程中，左岸 11#～15#坝段灌浆廊道等部位曾发现有混凝土裂缝。2015 年 4 月 25 日，16#坝段 1005 廊道、1021 廊道、1063 廊道出现顺河走向、陡倾产状、贯通上游库水的混凝土裂缝，业主单位及时组织了缺陷修复。电站蓄水发电后，2017 年 4 月 1 日 14#坝段出现类似 16#坝段的混凝土裂缝，相应部位的廊道出现渗漏。通过对大坝上游坝面混凝土裂缝进行 ROV 水下检查的报告显示，28#坝段和 29#坝段有水平裂缝，主要分布在 EL. 1079m 高程和 EL. 1081m 高程，总长度 91. 5m。其中 EL. 1081m 高程的水平裂缝位于 29#坝段，长度 36m；EL. 1079m 高程的水平裂缝从 29#坝段延伸至 28#坝段，长度 55. 5m。需在坝前进行水下裂缝处理，裂缝部位最大水深 120m，采用氦氧混合气潜水技术进行水下作业，系大深度氦氧混合气潜水作业技术首次在国内水利水电行业的应用。

4. 2 水下水平裂缝处理方案及施工工艺

大坝水下混凝土水平裂缝处理方案采用沿裂缝开槽、回填柔性材料、内部化学灌浆、表面用防水板封闭的方案，方案见图 6。

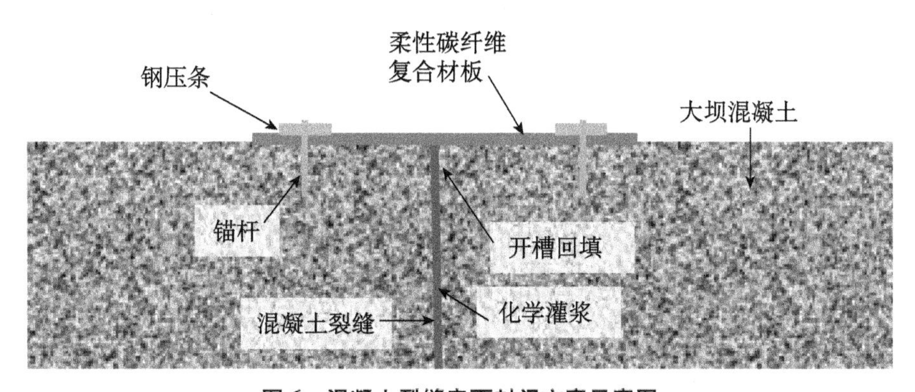

图 6 混凝土裂缝表面封闭方案示意图

表面封闭材料选用了柔性碳纤维复合板材，该材料在抗拉强度、防渗效果及耐久性等方面与以往使用的复合土工膜相比有着绝对优势。柔性碳纤维复合板材具有本体抗拉强度高，可以承受高水头的作用，有效防止水平裂缝的张开，可以避免水头作用下发生水力劈裂，起到补强加固的作用；柔性碳纤维复合板材防渗性和耐久性好，板材中 GB 板后可以适应混凝土基面的不平整度，在库水压力作用下可以与坝面紧密结合，显著提高了板材的防渗效果。

水平裂缝水下处理施工工艺流程为：缝面复核检查——缝面清理——骑缝切槽——钻灌浆孔——埋灌浆管——封缝——灌浆——拆除灌浆管——喷墨检查——缝面清理——锚贴柔性碳纤维复合板材——不锈钢压条固定（射钉枪固定）——封边及喷墨检查。

4.3 柔性碳纤维复合板材水下安装

由于深水作业效率低、成本高，水下水平裂缝处理施工的原则是尽量减少水下作业的时间。柔性碳纤维复合板材表面封闭施工工艺如下：

（1）柔性碳纤维复合板材在现场成型，养护20天以上。

（2）根据裂缝长度与走向，在坝上将柔性碳纤维复合板材剪裁成型，宽度为40cm，并通过搭接粘接的方式将柔性碳纤维复合板材按坝段宽连接成一体。

（3）在柔性碳纤维复合板材两边打孔，安装钢板压条，使柔性碳纤维复合板材与钢压条组合成一体，现场情况见图7。

图7　柔性碳纤维复合板材连接、打孔、安装钢压条

（4）进行水下锚固试验，确定水下锚固步骤。

（5）水下裂缝混凝土表面打磨（宽度大于50cm）、清理。

（6）采用吊装的方式将组合钢压条的柔性碳纤维复合板材放入水下，现场吊装过程见图8。

（7）由潜水员将柔性碳纤维复合板材铺设在混凝土裂缝表面，并用锚栓固定钢压条，裂缝表面封堵施工完成后的情况见图9。

图8　吊装柔性碳纤维复合板材入水

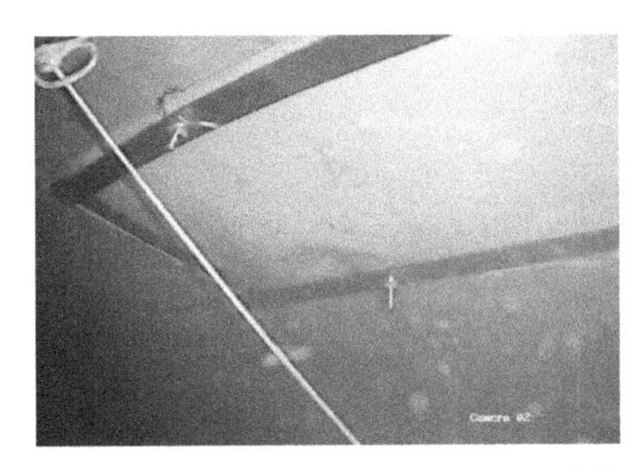

图9　水下裂缝表面锚贴复合板材封堵后的情况

5　结语

柔性碳纤维复合板材具有本体抗拉强度高，能承受高水头的作用，有效防止裂缝的张开，可以避免高水头作用下发生水力劈裂，起到补强加固的作用；柔性碳纤维复合板材防渗性和耐久性好，复合板材中的GB塑性板后能适应混凝土基面的不平整，在库水压力作用下可以与坝面紧密结合，显著提高了板材的防渗效果。通过室内试验及在观音岩水电站大坝水下裂缝处理工程应用实例表明，在深水条件下采用柔性碳纤维复合板材封堵混凝土裂缝的效果显著。

参考文献

[1] 赵彤，谢剑．碳纤维布补强加固混凝土结构新技术［M］．天津：天津大学出版社，2001.

[2] 董晓农，李萌，孙志恒，马宇．预应力钢筒混凝土管内壁复式碳纤维加固试验与计算分析［J］．水利学报，2019. 6.

［3］孙志恒，董晓农，郝巨涛，马宇．PCCP内壁复式碳纤维加固技术及计算分析［J］．水利水电技术，2018.7.

［4］孙志恒，夏世法，付颖千，甄理．单组份聚脲在水利水电工程中的应用［J］．水利水电技术，2009.1.

［5］水电水利工程聚脲涂层施工技术规程 DL/T5317—2014.

［6］碳纤维片材加固混凝土结构技术规程 CECS146：2003.

水下修复技术在南水北调某渠段滑塌边坡治理中的应用

宋冲[1]，单宇翥[1]

（1. 青岛太平洋水下科技工程有限公司，山东 青岛 266100）

摘　要：南水北调中线干线工程某渠段为全挖方渠段，过水断面采用现浇混凝土衬砌。2016年7月，因突降特大暴雨，造成该渠段渠道马道塌陷，下部换填土体滑移，衬砌板破坏严重。因南水北调中线工程负担着沿线20多座大中城市的供水，如何在保证持续供水、不调度水位的前提下，快速实现滑塌渠段的清理修复，同时保证施工作业区域环保标准不降低、砂卵石土层的高效开挖以及水下混凝土的浇筑质量是本工程的施工关键点。通过对滑塌渠段边坡修复过程中采用的透水水下围挡的安装、超高压力射流水下开挖清理、衬砌板混凝土水下高质量施工等先进施工技术、工艺的描述，介绍了水下工程技术在南水北调某渠段滑塌边坡修复工程中的应用。

关键词：南水北调中线干线工程；持续供水条件下施工；边坡水下修复

1　渠化工程概况

南水北调中线干线工程某渠段为全挖方渠段，挖深18m左右。渠道设计纵比降为1/20000，设计底宽 $b=14.5\text{m}$。采用闸前常水位的运行方式，运行中允许水位波动小，运行条件要求较高。设计工况下，输水渠道内水流平均流速为0.8～1.2m/s，设计水深7m，加大水深约7.55m。一级马道高程101.81m，宽5m，一级马道以上各级马道宽2m，相邻马道高差6m。本渠段

作者简介：宋冲（1988—），男，山东青岛人，工程师，本科生，主要从事水工建筑物水下补强加固工程的技术工作。E-mail：songc@ qpoc. com

过水断面为现浇混凝土衬砌，强度等级为 C20，渠道衬砌分缝临水侧采用聚硫密封胶封闭，下部采用闭孔塑料泡沫板充填。渠段分布有砂卵石强透水层和具有膨胀性的粘土岩层，砂卵石地层换填粘土垂直厚度为 3.7m。

南水北调中线工程建成以来运行平稳，水质优良，主要水质指标满足地表水环境质量Ⅱ类要求[1]。工程运行至今，在缓解受水区缺水困境，提高城市供水保证率，改善居民饮用水品质，增加水资源战略储备，改善生态环境等方面取得了显著的综合效益。

2 工程问题

2016 年 7 月 9 日，因该渠段所在地突降特大暴雨，其中 7 月 9 日凌晨 2 点至上午 11 点降雨量达到 429.6mm。经巡查发现该渠段上游左岸一级马道出现裂缝，后发展为渠道一级马道塌陷（见图 1），下部换填土体滑移（见图 2），衬砌板破坏严重。

图 1　一级马道路面破坏现场图

为保障该渠段安全、稳定工作，需对滑塌部分进行边坡修复。边坡修复方案采用首先安装钢围挡创造静水施工条件，然后进行滑塌衬砌及换填土体的清理工作，最后浇筑水下混凝土修复表面衬砌。

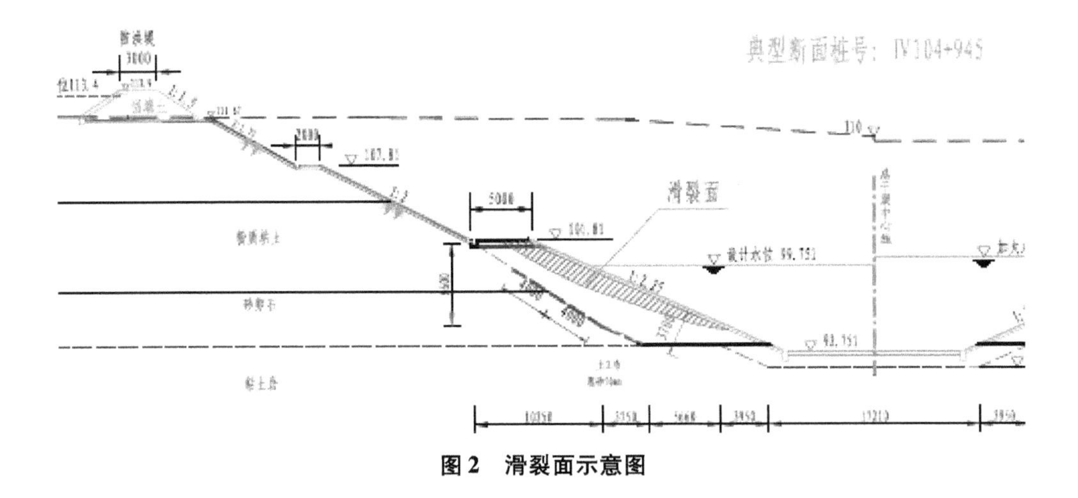

图2 滑裂面示意图

3 工程特点及水下施工重难点

3.1 工程特点

该项目对围堰施工、施工导流和水下施工三种方案进行了对比。

围堰方案可采用钢围堰或土石围堰，两种围堰均可形成止水结构，将滑塌渠段包围形成封闭区域。该方案在围堰安装完毕后，对围堰内进行抽水、吸泥等工作，创造干地施工条件，然后进行边坡修复工作。但钢围堰打设会破坏渠段上下游原有完好的衬砌结构，造成进一步的衬砌破坏；而渠底宽度不足、抛石筑堤影响水质等因素也决定了土石围堰难以实施。此外，围堰作为止水结构，在干地施工条件形成后会承受围堰内外水头差造成的水压力，对围堰结构的建设精度、稳定性、安全性均有严格要求，施工难度较大，工程造价高。

施工导流方案采用在滑塌渠段上下游外新开辟河床外临时导流明渠，为水流通过其他路径导向下游提供条件，再封闭滑塌渠段，抽水、吸泥，创造干地施工条件，然后对滑塌段进行修复，待修复完成后，再将临时导游明渠封堵。全围堰法施工导流技术成熟，止水效果好，但临时导流明渠建设尺度需不低于原渠段，再考虑到临时明渠与原渠段连接段夹角不宜过小、新建临时渠段会破坏上下游原有衬砌结构、临时工程建设征地拆迁体量大等因素，施工导流方案的经济效益差，社会风险高。

水下施工方案采用潜水员在水下直接施工作业的方式进行修复。潜水员采用管供式空气潜水，在水上工作人员的指示下，完成水下检查、水下清理、水下架设模板、水下浇筑混凝土等各项工作。潜水员通过水下摄像机、水下电话、电缆与水上工程技术人员、监理人员和甲方人员同步画面，同步监督、检查、指导工作。

相比较于围堰方案及施工导流方案，水下施工方案有以下几个优势：

（1）对工程运营影响小。水下施工不需要建设围堰或导流建筑物来创造干地施工条件，无弃水施工要求，不影响南水北调中线干线工程的正常运行，可保证下游城市正常生活、工业用水。

（2）施工进度快。水下施工不需要额外建设围堰以创造干地施工条件，在适宜的水流条件下即可直接作业，作业前置条件少，可快速投入到修复工作中。

（3）工程造价低。围堰方案止水结构虽然是临时措施，但设计要求高，施工难度大；施工导游方案开挖方量多，占地面积大。上述两方案受限于必须干地施工，在临时措施方面投入太多，经济效益差。

（4）对环境友好。南水北调中线工程是重要的民生工程，沿线水质优良。围堰方案和施工导游方案都需要大型施工机械进场，进行打桩或土石方开挖、运输工作，工程量多，污染大，不利于环境保护与水质保持。而水下施工方案仅需水上浮驳搭配吊机进行衬砌段的清理与修复工作，不涉及大型土石方工程，对现场条件或周边环境无过多扰动，环保低碳。

3.2 水下施工重难点

水下施工采用水下开挖清理以及水下浇筑不分散混凝土的方式修复衬砌板，存在以下重难点：

（1）南水北调中线干线环保问题

南水北调中线工程水质指标满足地表水环境质量Ⅱ类要求，水质优良，硬度低，是受水区居民重要的饮用水水源[1]。在水下修复滑塌渠段的过程，需进行开挖清理以及水下混凝土浇筑，都会引起施工水域水体浑浊和一定的水质污染。

（2）施工区域水流条件问题

设计工况下，南水北调中线工程输水渠道内水流平均流速为0.8～1.2m/s，不满足潜水员水下安全作业要求的0.5m/s限值，需采取措施降低水流流速。

（3）砂卵石土层开挖难度大的问题

渠段内分布有砂卵石换填粘土层，垂直厚度3.7m。砂卵石土由砂类土和碎石土地混合而成，其中粒径大于20mm的卵石颗粒含量超过全重的50%。该土层卵石的硬度高，分布不均，开挖难度大；土体的粘结力强，分块凿除切割土体时锯条难以掘进。同时，受限于施工现场条件，长臂挖掘机、大型塔吊及龙门吊均无法使用。

（4）水下混凝土浇筑质量要求高的问题

水下恢复混凝土衬砌，一方面要实现自身浇筑面的平整，不发生胀模、错台、鼓包等缺陷，另一方面需要保证浇筑质量，混凝土强度、耐久性等指标不低于原衬砌混凝土标准，而南水北调中线工程作为居民饮用水供水渠道的定位也对该渠段混凝土抗分散、环保等性能有较高的要求。

4 水下修复施工关键技术

为修复水下衬砌结构，施工方案采用大型水下围挡的方式，将施工区域用挡板包围，形成静水施工条件后，对滑塌处衬砌、粘土清理，最后水下现浇水下不分散混凝土恢复表面衬砌。在该施工方案实施过程中，有如下几点关键技术。

4.1 钢围挡水下安装施工

为减少水下施工对干渠水质的污染，以及在施工区域形成静水区，需要在边坡修复范围外设置三面围挡（见图3）。围挡采用透水结构，允许在出现局部壅水造成围挡内外水头差时围挡内水体与渠道内水体进行缓慢交换以达到平压的目的。因水体交换速度很慢，围挡内施工扰动引起的水体浑浊外泄极少，对干线渠道内水质基本无影响。

水下围挡采用钢模板作为面板，钢模板采用钢板和槽钢作加工制作。考虑迎水面方向挡板受力最大，因此迎水面方向钢模板上需用槽钢作为骨架

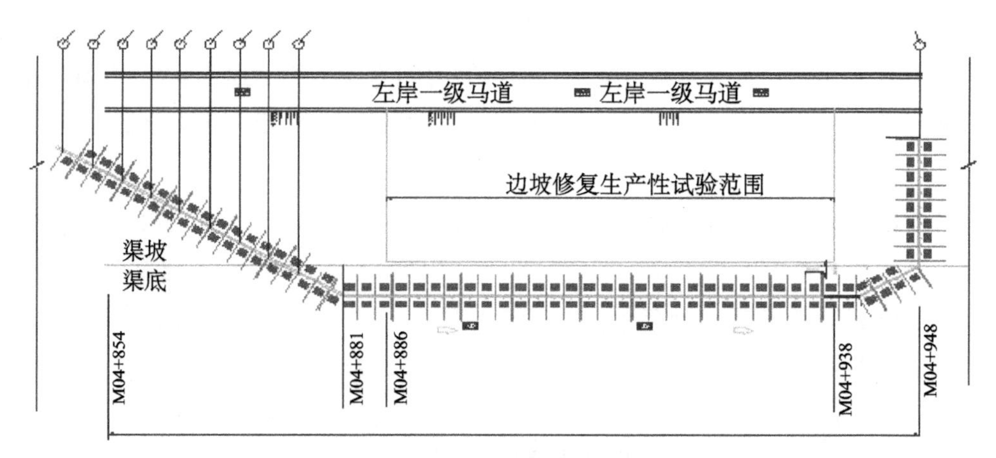

图 3　水下围挡安装平面示意图

（见图 4），增加钢模板的整体强度。背水面和顺水流方向的钢模板几乎不受水流力冲刷，因此钢模板上可设置少量槽钢作为骨架，仅做构造性设计以承受水位局部壅高造成的水压力。

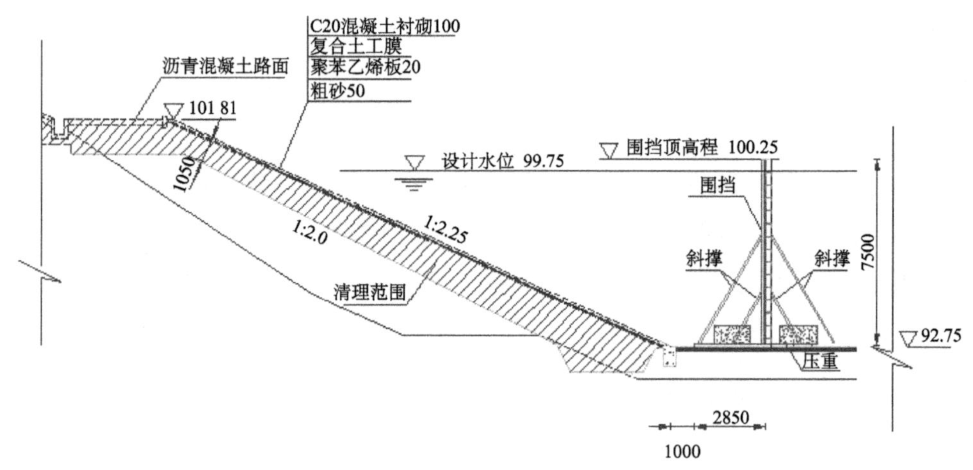

图 4　水下围挡安装典型断面示意图

钢模板通过提前安装好的导向支架下放到位，导向支架采用槽钢制作，支架两侧用碎石袋进行压重。

钢模板全部下放到位后，形成整体挡水结构（见图 5），围成水域内形成静水施工条件。

图 5　钢围挡安装后整体效果图

4.2　开挖工程

在进行土体开挖工作时发现土体中夹杂卵石，卵石分布离散且强度高，对绞刀磨损严重，为高效、环保、经济地完成开挖工作，现场进行多种试验方案比选，包括：

（1）长臂挖掘机开挖方案。现场需将二级边坡向里开挖 1.5 ~ 2m 供机械安放，可能影响边坡稳定，方案不可行。

（2）20MPa 高压力射流方案[2]。将高压水管固定在脚手架管上，人员在陆上进行移动，20MPa 水压条件下底部只能向下冲刷出 1 个 10cm 左右的坑，效率较低。

（3）高压水配合大型绞吸泵方案。开挖效率较单纯 20MPa 高压水方案有所提高，但仍不能满足施工要求。

（4）潜水员水下人工清理方案。由潜水员水下使用液压锯和液压镐设备将渠坡底部土体较硬的部分打碎，然后人工装填吊笼，使用塔吊吊至截流沟，但是每天最多清理约 $1m^3$ 左右土体，效率低。

（5）大抓斗开挖方案。现场使用大抓斗进行土方开挖试验，受限于塔吊起重能力和龙门吊起重高度，无法将抓取的土体清运出施工区域，方案不可行。

（6）绳锯切割方案。使用绳锯进行土体切割，但是由于土体粘性较大，与链条的粘结力较大，使得液压设备运行1min左右出现油压大引起的漏油现象，方案不可行。

（7）100MPa超高压力射流方案[2]。采用100MPa超高压水进行水下土体冲刷，开挖效率可以达到16m³/d，每次冲刷的厚度可以达到20～30cm，冲刷的土体有散体和块体，冲刷完毕后，现场使用绞吸泵进行抽排，土体泵送性能良好。

经综合比选，采用100MPa超高压水方案对砂卵石土层进行开挖，开挖效果良好，达到了预期效果。

4.3 水下衬砌混凝土工程

该渠段水下混凝土浇筑方式为工字钢及槽钢水下建立模板骨架，模板单元通过定位螺杆安装就位，随后浇筑水下不分散混凝土。

4.3.1 水下模板安装

为实现斜坡上架设模板，在坡底设置齿槽，坡顶浇筑地梁，并安装槽钢预埋件以支撑后续安装的模板骨架纵梁。纵梁采用20#工字钢（见图6），下部加角钢焊接桁架以加强整体刚度。纵梁安装间距3.03m，安装完成后采用槽钢作为横梁进行纵梁之间的连接，形成网格状模板骨架。骨架安装完成后，

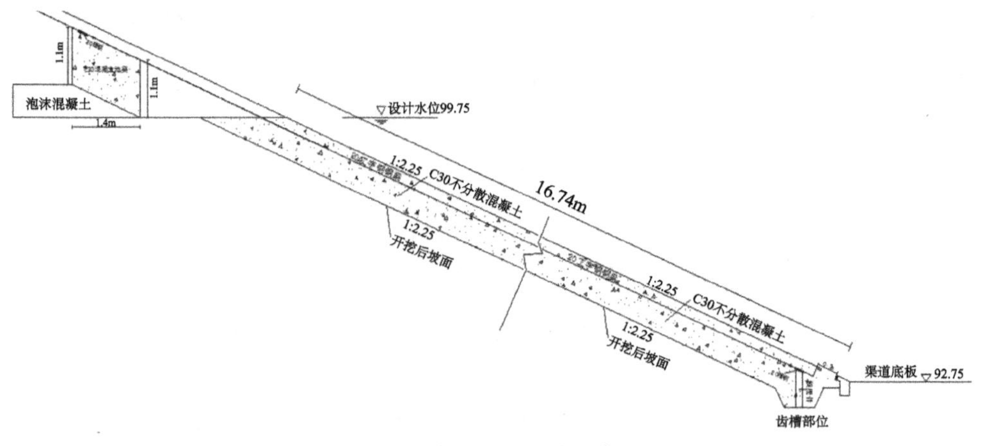

图6 边坡工字钢安装示意图

分块对齐安装模板单元并用槽钢与钢梁上的定位螺杆进行连接，从而实现钢模板的水下吊装就位与固定（见图7）。

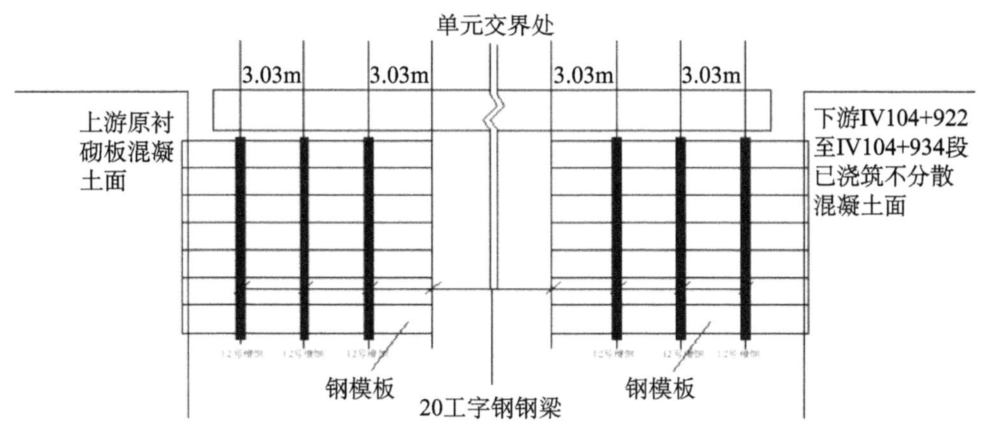

图7　钢模板安装示意图

水下模板安装完成并压实后，采用导管法进行水下不分散混凝土浇筑，完成边坡修复。

4.3.2　水下不分散混凝土的材料性能

水下不分散混凝土采用UWB－Ⅱ型絮凝剂配制，该种絮凝剂配制的混凝土具有超强的抗分散性、适宜的流动性和满意的施工性能，真正实现了水下混凝土的自流平和自密实[3]，适用于本工程的水下衬砌浇筑施工。UWB型水下不分散混凝土的性能特点包括：

（1）抗分散性。即使受到水的冲刷作用仍具有很强的抗分散性，可有效抑制水下混凝土施工时产生的pH及浊度上升，对水质影响小。

（2）优良的施工性。UWB型水下不分散混凝土富于粘稠和塑性，具有优良的自流平性及填充性，可在密布的钢筋之间、骨架及模板的缝隙靠自重填充。

（3）较好的保水性。UWB型水下不分散混凝土可提高混凝土的保水性，不会出现泌水或浮浆，保证浇筑质量。

（4）安全环保。UWB型水下不分散混凝土絮凝剂对人体无毒无害，可用于饮用水工程。

5 结语

青岛太平洋水下科技工程有限公司于2017年8月开始衬砌修复工作，至2018年5月完成全部水下混凝土的施工。通过水下浇筑不分散混凝土，修复了滑塌段的衬砌结构。完工后衬砌工作性能良好，实现了对边坡的有效防护，保障了南水北调中线工程主干渠的正常工作。

作为国家层面的民生工程，南水北调中线工程牵涉到3800万人的用水[1]，能否快速、环保、经济、高质量地修补滑塌渠段，关系到中线工程今后运营维护成本的高低以及使用年限能否达到预期目标。青岛太平洋水下科技工程有限公司总结多年水下施工经验，提出了透水水下围挡的安装、超高压力射流水下开挖清理、衬砌板混凝土水下高质量施工等先进工程技术，在滑塌渠段修复工程中应用实施并取得良好的效果，环保、经济、快速、高质量地完成了修复任务，证明直接水下施工渠道衬砌是可行的，在遇到类似工程问题时也可推广使用。

参考文献

[1] 林明利，张全，李宗来，张桂花，张志果，等．南水北调中线输水水质水量变化特征及城市供水应对措施建议［J］．给水排水，2016（42）：9－13.

[2] 薛胜雄，等．高压水射流技术工程［M］，2006.

[3] 姜福田．水工混凝土性能及检测［M］，2012.

大坝深水检测与修补加固技术

张云[1]，王文胜[1]，程国清[1]，余灿林[2]

（1. 杭州华能工程安全科技股份有限公司，浙江杭州 311121；

2. 中国电建集团昆明勘测设计研究院有限公司，云南昆明 650033）

摘　要：水库大坝建设的快速发展在极大地促进我国绿色能源和水资源安全保障的同时，也给大坝安全运行管理带来了很大的挑战，对大坝深水检测和加固技术的需求日益迫切。传统的检测和加固技术需采用放空水库或者降低库水位，以创造无水作业环境或者达到60m以浅水深进行空气潜水作业的条件，本文结合近年来水库大坝领域深水技术的应用和实践情况，介绍水库大坝120m级深水检测与加固技术。

关键词：水库大坝；深水检测；深水修补加固；氦氧混合气

1 研究背景

我国各个时期已建和在建的水库大坝达9.8万座，其中坝高超过100m的大坝达200余座，这些高坝大库的安全稳定运行直接影响防洪、灌溉、供水、航运等，与国家民生和社会稳定息息相关。水库大坝要在不降低水库运行水位、不减少电厂发电效益、不影响流域水情调度、不造成库区生态环境破坏、不带来负面社会影响的情况下，实现水利水电行业大坝安全运维及突发事件处置，必须突破传统空气潜水60m水深的极限，研究水下120m级氦氧混合气潜水技术[3]及相应的检测与修复加固技术，开辟全新的技术和安全保障手段，进而为水利水电行业全水深检测和作业技术提供研究基础。

作者简介：张云（1988—），工程师，主要从事水利水电工程安全领域水下建构筑物病害检测和修补加固技术研究。E-mail：441079379@qq.com

2 深水工程概述

随着我国大型水库、水电站工程建设及投入运行数量越来越多，水库大坝的各种检修和维护工作任务随之剧增，其中，很多工作只能在水下进行，而传统的水下技术受60m以浅水深限制。

我国内河水库大坝深水检测与加固工程实践，从2014年开始在海拔3314m的雅鲁藏布江藏木水电站采用氦氧混合气潜水技术开展潜水及安全技术现场试验，最大试验水深达115m（折算）。试验内容包括高海拔环境下深水的水下检测深水氦氧混合器潜水及安全技术试验、生命医学试验等。实现了我国水库大坝大深度潜水技术、检测技术由60m到120m的重大突破，为我国高坝大库安全运行管理提供了全新的技术支撑，填补国内技术空白。

2017年大渡河某大型水电站放空洞闸门链轮损坏坠落，链轮坠落水深为110m，重量23t，长度达22m。采用氦氧混合气潜水技术进行深水检测及作业，将链轮水下切割后分节分段起吊，顺利完成链轮应急打捞任务，确保了电站2018年度汛期安全。

金沙江某大型水电站大坝深水部位存在裂缝，需要对裂缝进行检测与加固处理。大坝廊道在电站蓄水发电后出现裂缝并伴有渗漏，经采取廊道内灌浆封堵处理后，专家咨询团建议在坝前迎水面进行裂缝封堵和补强加固处理，以避免高压水对大坝结构造成破坏。后期经深水检测，裂缝主要分布在水下60～120m范围，2018年5月开始进行深水检测及加固处理，2019年7月完成全部裂缝补强加固处理工作，项目累计完成120m级氦氧混合气潜水作业约1000班次。整个处理过程没有限制和干扰电站库水位，电站机组正常运行，经济和社会效益十分巨大。同时，氦氧混合气潜水技术在内河水库大坝领域的大规模应用，为混合气潜水医学及装备研究、作业工器具发展等起到了巨大的推动作用。

3 深水检测技术

深水检测是专业技术人员和潜水员借助特定功能的仪器设备，在水下复杂环境进行检查或探测的任务。水下检测技术涵盖范围广，主要包括：水下结构物普查、损伤缺陷检测、界面尺寸复核、结构强度检测、水下淤积物检测、水下管路及线缆探测、金属结构裂缝探查、混凝土结构裂缝检测，以上技术的运用都是后续水下施工、缺陷修复、安装施工、水下救捞、施工决策的基础资料。

水下检测所用设备按照类型分为水面直观视频监控检测设备、水下数字检测设备。水面直观视频监控检测设备，主要由潜水员或水下机器人携带水下光学、声学、激光等设备，进行水下复杂环境下的摄像、探摸、探测等[5]；水下数字检测设备，需要软件和分析后得出水下检测具体情况，适合大深度水下各种平面结构的检测和数字记录。

针对电站检测内容的不同需求可选择不同的检测设备，深水检测主要设备为水下遥控潜水器检测、三维矢量声呐渗流探测、多波束检测、深水潜水员人工水下检测等。

3.1 水下遥控潜水器技术

水下遥控潜水器携带特定功能的探测仪器，去完成既定任务的水下机电一体的装置，它可实时进行水下视频检测和观测。水下遥控潜水器高分辨率影像和高亮度照明组合提供捕获的高质量的数码图像。采用开放式框架和模块化部件，具备自动定深/定向、仪器自我泄漏检测、二维声呐导航、3D 定位和追踪等功能。

水下遥控潜水器主要优势能在复杂危险的环境下或大水深环境下，代替人工去完成检测任务，且具有便捷、灵活、安全、经济等特点[5]。水下遥控潜水器检测配置如下：

（1）ROV 本体及推进器。

（2）脐带缆：零浮力或微小负浮力。

（3）前置主摄像头和灯光。

（4）辅助摄像头。

（5）各类传感器：高度、深度传感器；二维、三维图像声呐；水下激光三维扫描仪。

根据搭载设备的不同，涉及下述常用检测技术。

3.1.1 三维矢量声呐渗流探测技术

水电站大坝及水利堤防等设施的渗漏是水利水电工程中常见的问题，水工建筑的渗漏大多在水面以下，在一些较为规则的构筑物表面查找渗漏，若要在广阔水域快速、准确地找到渗漏源，特别是在不规则的山体开挖面、堆石区、黏土覆盖区找到渗漏源是非常困难的事情，而三维矢量声呐渗流探测仪是通过检测流体流动时对声束的作用，以测量和感知水体流动量的高灵敏的检测仪器，它的流速测量精度可达到1m/d。

声呐渗流检测技术应用的主要仪器是“三维流速矢量声呐测量仪”，由测量探头、电缆和笔记本电脑三部分组成。

3.1.2 多波束检测技术

多波束探测扫描总宽度150°至180°，多波束探测系统不仅实现了测深数据自动化和在外业准实时自动绘制出测区水下彩色等深图[4]。多波束探测系统工作原理是利用超声波原理进行工作的，信号接收单元由 n 个成一定角度分布的相互独立的换能器完成，每次能采集到 n 个实测数据信息。水下多波束测深系采用多组阵和广角度发射与接收，形成条幅时高密度水深数据，以带状方式进行，波束连续发射和接收，测量覆盖程度高，对水下地形可100%覆盖，经过数据处理，可生成测深数据图、水深等值线图、三维立体图、剖面图等各种详细信息的资料。多波束的优点在于定位精度高、噪声少，能够进行三维可视化分析[4]。

多波束探测设备主要有PTK基准站、通信天线、流动站、三维运动传感器、声速剖面仪、罗经、表面声速计、发射换能器、接收换能器和数据采集器。

3.2 深水潜水人工检测

潜水技术是指操作人员进入水下环境，利用潜水装具解决呼吸、承受水下压力和行动等问题所采用的技术。作业水深在60～120m范围时通常使用氦氧混合气常规潜水技术。常规潜水是相对饱和潜水而言的，是指潜水员在水中或高气压环境下的暴露时间小于24h，机体内各类组织尚未被中性气体所饱和的潜水。呼吸气体为氦氧混合气时，定义为氦氧混合气常规潜水。根据

《常压潜水最大安全深度》（GB12552）规定，氦氧混合气潜水最大作业深度为120m；混合气潜水装备采用水面需供式潜水装具，潜水装备是混合气潜水检测与加固处理作业的基本保障，目前混合气潜水入水方式为吊笼和开式钟。氦氧混合气常规潜水主要设备配备如下：

（1）移动式甲板减压舱1套。

（2）开式钟系统2套（开式钟主脐带长130m，每套开式钟配备2条潜水员出钟脐带）。

（3）开式钟控制室1套。

（4）热水机1套。

（5）潜水装具3套（含潜水头盔、热水潜水服、安全背带、压铅、潜水员回家气瓶等）。

（6）水下监控电视3套（每套开式钟配备3套监控）。

（7）氦氧混合气源若干。

（8）氧气若干。

（9）治疗用氦氧混合气若干。

（10）热水机用柴油若干。

（11）深水液压动力站、液压工具。

（12）深水灌浆系统。

若潜水作业工程量较大，应配备2套甲板减压舱，其中1套专门用于减压病的治疗（或预防性治疗），确保潜水员发生减压病时能够及时得到治疗，同时确保检测作业不受影响。

4　深水修补加固技术

4.1　深水修补加固材料

4.1.1　渗漏封堵灌浆材料

水溶性聚氨酯是深水环境渗漏封堵的理想灌浆材料，具有水下可灌性好、堵漏效果好等特点。化学灌浆时，采用LW水溶性聚氨酯掺入适量HW水溶性聚氨酯材料，以选择合适的凝结时间和固结体膨胀倍率。水溶性聚氨酯化学灌浆材料主要性能指标见表 1 和表 2。

表 1　LW 水溶性聚氨酯化学灌浆材料

项目	指标
浆液黏度（MPa·s）	≤400
浆液密度 g/(cm^3)	1.05±0.05
凝胶时间（s，浆液∶水=1∶5）	≤60
拉伸强度（MPa）	≥1.8
拉断伸长率（%）	≥80
包水量	≥25
固结体遇水膨胀倍率（%）	≥100

表 2　HW 水溶性聚氨酯化学灌浆材料

项目	指标
浆液黏度（MPa·s）	≤100
浆液密度 g/(cm^3)	1.1±0.05
凝胶时间（min，浆液∶水=100∶3）	≤30
潮湿面粘接强度（MPa）	≥2.0
抗压破坏强度（MPa）	≥20

4.1.2　水下补强加固材料

环保型水下环氧灌浆材料由透明的改性环氧树脂（A 液）及透明的固化剂（或淡黄色 B 液）组成。环保型环氧灌浆材料密度、黏度略大于水，内聚力强，能与水形成稳定界面。具有特优的浸润能力与超强渗透性。环保型环氧浆材在干、湿环境，特别是在有压力水条件下，同样显示出浆材在水下优异的操作性能与超强内聚力。水下固化后的力学性能远优于国家标准指标要求，与干燥环境下的固化物力学性能相差不大。潮湿条件或水环境下浆材固化物与受灌介质（岩石、砂、混凝土等）粘接力强。环保型环氧灌浆材料浆液及其固化物均符合食品级环境卫生安全标准。其性能指标如表 3：

表 3　材料主要性能指标

测试项目		性能指标
外观	配浆毕	均匀、无分层
浆液密度（g/cm^3）	配浆毕	1.05±0.05
初始粘度（MPa·s）	配浆毕	≤20
可操作时间（100MPa·s 时）	20℃	2~48h

续表

测试项目			性能指标
固化物抗压强度（MPa）		28d	≥60
拉伸剪切强度（MPa）		28d	≥10
固化物抗拉强度（MPa）		28d	≥15
粘结抗拉强度（MPa）	干粘	28d	≥4.5
	湿粘	28d	≥3.0
抗渗压力（MPa）		28d	≥1.2
渗透压力比		%	≥400

4.1.3 水下表面封堵材料

（1）塑性止水材料

塑性止水材料是专门为混凝土施工缝止水而研制的止水材料。塑性止水材料具有抗渗、耐候、耐老化性好、抗水压能力强、冷施工简便等特点[6]。该材料止水效果明确、适应变形好，在长时浸水作用下无溶解物析出、无毒无污染，该材料的主要特性见表4。

表4 塑性止水材料产品主要性能指标

项目	指标
拉伸强度（MPa）	3.5
扯断伸长率（%	350
硬度（邵尔A）（度）	40±3
静水膨胀率（%）	≥200

（2）水下快速密封剂

双组份快速密封剂具有水下不分散、固化快、与水下混凝土粘接力强、无毒、使用方便等特点，用于大坝混凝土伸缩缝、结构缝在进行水下化学灌浆前的灌浆管埋设及缝面封闭等[6]。其技术指标见表5。

表5 水下快速密封剂的主要性能指标

项目	指标	
外观（20±2℃）	A组分	灰色粉末
	B组分	无色透明液体
凝结时间（20±2℃）（min）	初凝	<20
	终凝	<25

续表

项目		指标			
强度指标（MPa）	龄期	4h	8h	24h	3d
	抗压强度	14.5	17.6	27.3	28.4
	抗折强度	3.8	3.9	6.6	6.8
	抗拉强度	1.8	2.0	2.9	2.7
	粘接强度	1.3	1.2	1.5	1.5

（3）水下界面剂

水下涂料是一种改性环氧涂料，它是以环氧树脂为主。并采用专用的水下固化剂，使得它在水中具有较好的涂刷性能，且与钢板、混凝土等材料有着很强的粘接力，用于深水水下工程的缺陷修补、结构补强、表面保护等等。可以将混凝土防渗保护材料与潮湿面甚至水下混凝土表面进行很好的粘接，其基本性能见表6。

表6　水下界面剂主要性能指标

项目		指标
固化时间25℃	表干	4~8h
	实干	8~12h
黏结强度	干燥	3.8MPa
	饱和面干	2.5MPa
	水下	2.5MPa
附着力		1~2级
抗冲		50kg·cm
抗弯		1~2mm

（4）表面封闭保护复合材料

柔性碳纤维板是利用高强度或高弹性模量的连续碳纤维，单向排列成束，用SK手刮聚脲浸渍形成碳纤维增强复合片材。柔性碳纤维板充分利用了SK手刮聚脲防渗性能好和碳纤维抗拉强度高的优点，具有抗拉强度超高、柔性及耐久性好、施工安装方便等特点。

柔性碳纤维板的断裂伸长率为1.5%左右，拉伸强度大于2000MPa，拉伸模量为200GPa左右。用于高水头水下混凝土裂缝表面的封堵，可以同时起到防渗和补强加固的作用。碳纤维主要性能指标见表7。

表7　碳纤维的规格及性能指标

碳纤维种类	单位面积重量（g/m^2）	单层厚度（mm）	抗拉强度（MPa）	拉伸模量（MPa）
CFS－Ⅰ（高强度）	300	0.167	>3400	>2.4×105

SK手刮聚脲：SK手刮聚脲为单组分，由含多异氰酸酯-NCO的高分子预聚体与经封端的多元胺混合，并加入其他功能性助剂所组成。SK手刮聚脲具有优异的力学性能，具有－45℃的低温柔性，能适应低温环境，尤其是能抵抗低温时混凝土开裂引起的形变而不渗漏，防渗效果很好。主要性能指标见表8。

表8　SK手刮聚脲主要技术指标

项目	技术指标
拉伸强度（MPa）	>15
扯断伸长率（%）	>300
撕裂强度（kN/m）	>40
硬度，邵A	>50
吸水率（%）	<5

由于水工混凝土表面大多不平整，为了提高柔性碳纤维板对混凝土表面裂缝的止水效果，在柔性碳纤维板表面复合了一层GB柔性板，形成柔性碳纤维复合GB板，具有更好的密封防渗效果。主要技术指标见表9。

表9　GB板主要性能指标

<table>
<tr><td colspan="3">检验项目</td><td>单位</td><td>指标</td></tr>
<tr><td rowspan="3">浸泡5个月质量损失率（常温×3600h）</td><td colspan="2">水</td><td>%</td><td>≤2</td></tr>
<tr><td colspan="2">饱和 $Ca(OH)_2$ 溶液</td><td>%</td><td>≤2</td></tr>
<tr><td colspan="2">10% NaCl 溶液</td><td>%</td><td>≤2</td></tr>
<tr><td rowspan="4">拉伸黏结性能</td><td rowspan="2">常温，干燥</td><td>断裂伸长率</td><td>%</td><td>≥125</td></tr>
<tr><td>黏结性能</td><td>—</td><td>不破坏</td></tr>
<tr><td rowspan="2">常温，浸泡周期2160h</td><td>断裂伸长率</td><td>%</td><td>≥125</td></tr>
<tr><td>黏结性能</td><td>—</td><td>不破坏</td></tr>
<tr><td colspan="3">流淌值*（60℃、75°倾角、48h）</td><td>mm</td><td>≤2</td></tr>
<tr><td colspan="3">密度</td><td>g/cm^3</td><td>≥1.4</td></tr>
<tr><td colspan="3">浸水6个月与混凝土粘接强度损失率</td><td>%</td><td><10</td></tr>
<tr><td colspan="3">抗渗性（稳压72h不渗水）</td><td>MPa</td><td>≥2.5</td></tr>
</table>

4.2 深水修补加固技术

水利水电行业深水修补加固技术施工现场环境差异大，所采取的措施也不尽相同。结合国内已实施的深水项目，本文主要介绍水下切割技术及深水部位裂缝修复技术。

4.2.1 深水切割技术

深水切割采用水下氧弧切割，其原理是利用水下电弧产生的高温和氧气同被切割金属元素产生的化学反应能够获得大量化学反应热，加热、熔化被切割金属，并借助氧气流的冲击力将切割缝中的熔融金属及氧化熔渣吹除，从而形成割缝[2]。

深水水下氧弧切割用到主要设备包括切割电源、切割电缆、切割炬、闸刀开关、氧气瓶、氧气调压总成、氧气管、钢管及切割电极（切割条）等。

（1）水下切割参数的确定

氧弧切割规范参数主要指切割电流、氧压和切割角的选择和确定。

切割电流，当电流过小时，引弧、续弧不稳定，造成短路，切割效率下降。电流过大时，药皮爆裂，割不透，影响工作效率。切割电流的确定，通常主要根据被割金属的板厚来确定，详见表10。

表10　切割电流与板厚的关系表

板厚（mm）	<10	10～20	20～25	>25
电流（A）	280～300	300～340	340～400	>400

氧压，水下氧弧切割时，氧压选择对切割效率影响很大，氧压大小与被割金属性质和厚度相关，切割同一种金属材料，其氧压取决于板厚，详见表11。

表11　切割氧压与板厚的关系表

板厚（mm）	<10	10～20	20～30	>30
氧压（MPa）	0.6～0.7	0.7～0.8	0.8～0.9	>0.9

切割角，是指切割电极与被割钢板割缝垂线之间的夹角。水下氧弧切割时，随着切割角改变，切割速度随之改变。切割电流、氧压和切割角，参数选配恰当，可大大提高水下切割效率。切割板厚度越大，切割角越小，其关

系详见表12。

表12　切割角与板厚的关系表

板厚（mm）	<10	10～20	>30
切割角	50°～60°	40°～50°	<40°

（2）深水水下切割操作程序

① 做好切割前的准备工作。

② 连接好气路和电路。

③ 根据被割件厚度、水深、氧气管长度、工件锈蚀程度等选择规范中的参数。

④ 切割炬直接带入水下，割条一次不宜携带太多，且割条应装袋。

⑤ 清理切割范围的沉积物后开始切割。先开氧，后通电，当割条燃烧残留 30mm，关闭电路，熄灭电弧，停止供氧。

（3）深水水下切割安全管理

① 氧弧切割前，了解被割物件结构的情况，切割时无发生意外危险。

② 电源开关放置在电话员旁，如果不需用电或有紧急情况，潜水员通知电话员，迅速切断电源，防止发生意外危险。

③ 实施切割时，潜水员注意防范头盔等触碰被割物件，以防被目标位强力弹动伤害。

④ 当被割物件即将割断时，潜水员应告诉水面，通知其他潜水员切勿走近截断处。

⑤ 在水下切割时，摸清物件情况，在开割时，应从里到外、从上到下，但必须在被割件上留出部分作最后割断，以防割落时潜水员被挤压。

⑥ 在水下坐仰割或反手割作业时，必须留出避让位置，以免被割件落下砸伤潜水员。

⑦ 水下切割被吊起的物件时，应了解移动方向，并站在其另一侧，同时将潜水装备梳理后，方可进行切割作业。

4.2.2　深水裂缝堵漏及修复技术

（1）深水裂缝堵漏及修复处理工艺

①缝面清理—②骑缝切槽—③钻灌浆孔、埋灌浆管—④嵌压塑性止水材

料—⑤封缝—⑥灌浆—⑦拆除灌浆管—⑧灌浆部位检查及清理、涂刷界面剂—⑨粘贴防渗保护材料、不锈钢压条固定—⑩封边及喷墨检查。

（2）深水裂缝堵漏及修复施工方法

缝面清理：水面裂缝复核完成后，采用水下专用液压旋转动力刷对整个缝面及两侧混凝土表面进行清洗，彻底清除附着物和松散层，清理宽度为裂缝两侧各30～40cm。

骑缝切槽：采用水下液压锯骑缝切U型或者V型槽[1]，采用液压镐凿除槽内混凝土，槽的深度和宽度应符合设计要求。

钻灌浆孔：潜水员入水后，到达指定位置，首先使用专用潜水表，确定作业部位深度，根据当前水位计算此处高程。当确定该裂缝位置属于处理范围后，采用液压钻在需要灌浆的裂缝顶端开始进行钻孔施工，钻孔位置、钻孔方向、间距均应根据工程实际情况进行专项设计。

埋灌浆管：水面作业人员对本裂缝灌浆管采用防水布粘贴至灌浆管上后，记号笔对灌浆管逐一编号，以方便记录，标记完成后，潜水员入水，由裂缝顶部开始依次将灌浆管插入孔内，并采用水下密封剂进行封孔。

嵌压塑性止水材料：灌浆部位喷墨检查完成后，进行止水材料施工。沿裂缝将塑性止水材料固定在槽内，止水材料直径为3cm×2cm，将塑性止水材料嵌入槽内并固定。

封缝：塑性止水材料嵌填完成后，开始进行封缝处理，裂缝封闭依次进行，封缝材料采用水下密封剂。水面辅助人员把SXM水下快速密封剂的A组分摊铺在拌和板上，加入其重量36%的B组分，搅拌均匀，由潜水员将其嵌入裂缝中，进行塞压并将周边抹平，直到凝固为止。

灌浆：本次化学灌浆同时灌注灌浆孔，灌浆孔间距控制在1m，潜水员将水下灌浆管安装完成后，将每个灌浆孔的灌浆管引至水面作业平台，采取同时灌注的方式进行。化学灌浆遵循“低压、慢灌”的原则[1]，灌浆嘴部位的实际相对压力应符合设计要求。待灌浆压力达到灌浆结束标准或灌浆压力维持10min不下降，潜水员水下关闭灌浆孔的闸阀。

拆除灌浆管：待浆液固化后，采用工具拆除灌浆管。

灌浆部位检查及清理：灌浆完成后，对灌浆段裂缝进行检查并摄像；采用水下液压旋转动力刷对整个缝面及两侧进行清洗，彻底清除裂缝表面及两侧附着物和松散层。

涂刷水下界面剂：塑性止水材料安装完成后，开始进行水下界面剂涂刷施工，根据现场每组潜水施工进度，将水下界面剂分段涂在防渗保护材料上，要求涂刷均匀且不漏刷。

粘贴防渗保护材料、不锈钢压条固定：粘贴宽度40～60cm的防渗保护材料，如需搭接，搭接长度不小于10cm；用厚度5mm、宽度50mm的不锈钢压条对防渗保护材料压边固定，并采用水下射钉枪将防渗保护材料固定，水下射钉间距约50cm。

封边及喷墨检查：用水下涂料对防渗保护材料各边进行封边，以确保封边密实。封边完成后，对防渗保护材料周边进行系统的喷墨检查，潜水员近观目视检查处理效果。

5 结语

深水环境水下检测与加固技术能够为涉及国计民生的大型、特大型水库大坝安全运行提供坚实的技术保障，能够服务于水利水电领域日益增多的高坝大库日常维护、例行检查、安全稳定运行，以及突发事件应急处置，具有十分重要的经济、社会、生态意义。

参考文献

[1]《最新水下工程设计施工工艺手册》. 中国建筑工业出版社，2007.

[2]《水下焊接与切割》. 国防工业出版社.

[3]《产业潜水最大深度》.（GB/T12552—1990）.

[4] 声呐探测白云水电站大坝渗漏点的应用研究. 人民长江，第43卷第1期 2011年.

[5] 水下机器人技术. 机器人技术应用，2003，3（3）：8－12.

[6] 新型水下灌浆材料的研制. 新型建筑材料，2006，7，25－28.

模袋混凝土技术在渠道衬砌板水下修复工程中的应用

宋冲[1]，单宇翥[1]

（1. 青岛太平洋水下科技工程有限公司，山东青岛　266100）

摘　要：工程长时间运行后，在水流冲刷、磨蚀及其他外力因素的破坏作用下，渠道衬砌板不可避免地会出现塌陷、隆起、破碎移位等情况。因此，目前在基本不具备停水维修条件下，有必要开展水下修复试验研究并形成新的施工工艺。经过数次试验研究形成的水下修复施工工艺，包括模袋混凝土平整度控制和模袋整体吊装两项重要施工技术，从施工效率及工程造价上都具有很高的推广价值。

关键词：模袋混凝土；大流速下作业；水下修复

1　工程概况

1.1　工程问题

某工程渠道通水运行多年后，个别渠段出现了诸如衬砌面板塌陷、隆起、破碎移位等问题（见图 1），一级马道以下土体变形、滑塌，渠道结构发生部分破坏，对建筑物的安全性和耐久性造成了一定影响。随着渠道运行时间增长，类似缺陷不经处理会逐渐扩大并增多，且可能继续发展成为更严重的缺陷[1]，造成整体性破坏。因此，在渠道工程目前基本不具备停水检修的前提下，为满足工程渠道功能需要和耐久性要求，有必要在大流速条件下开展水下修复试验研究并形成新的施工工艺。

作者简介：宋冲（1988—），男，山东青岛人，工程师，本科生，主要从事水工建筑物水下补强加固工程的技术工作。E-mail：songc@ qpoc. com

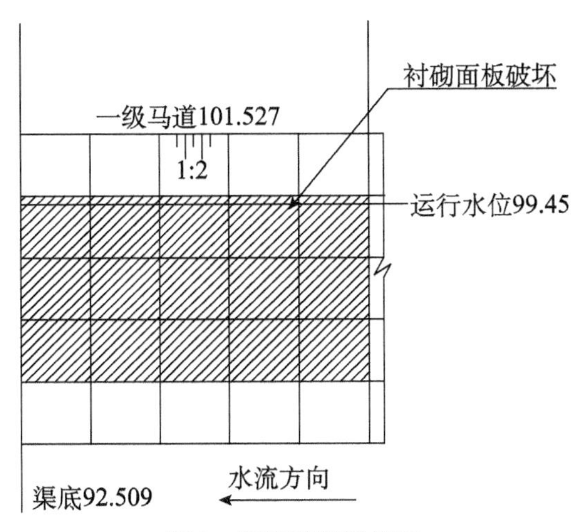

图1　渠道破损区域图

1.2　方案思路分析

针对该段渠道破坏形式较为单一，清除原衬砌结构后采用水下新浇模袋混凝土工艺进行修复生产性试验研究[2]。

模袋混凝土具有施工迅速、简便等优点，用于修复衬砌板可起到很好的护坡作用；根据国内模袋混凝土多年应用经验，模袋混凝土结构裂缝较少，用于衬砌板修复时可大幅增加幅宽和长度，减少水下恢复防渗结构（土工膜）工作量，非常适合抢险或少量衬砌板修复应用。

但是，模袋混凝土成型后存在表面凹凸不平的缺点，会增加过水断面糙率，大量运用时对渠道输水能力有不利影响，因此本项目重点在于提高模袋混凝土结构的表面平整度，使其具备大规模推广应用于衬砌板修复的可行性。

2　主要内容及技术关键点

（1）需要在大流速条件下（0.6～1.0m/s），完成对渠道衬砌板的水下修复。

（2）需要改进模袋混凝土水下施工工艺，对模袋的结构形式、水下铺设及浇筑工艺进行研发创新。

（3）需提高模袋表面平整度，以降低其表面糙率。

3 工程施工难点

3.1 水流流速大

（1）此项目要求是在不停水的情况下进行水下作业。

（2）渠道流速超过0.6m/s，最大流速达到1.0m/s，超过了《潜水作业安全规程》规定的安全流速的界限值（0.5m/s）[3]。

3.2 施工技术要求高

（1）此项目为生产性试验项目，具有试验性质，没有可参照的类似成功项目施工工艺，需要创造新的思路、新的施工工艺。

（2）渠道水下部分基面平整度允许偏差±2cm，以便控制模袋平整度。

（3）模袋混凝土护坡的坡比需符合原衬砌板坡比设计要求，浇筑完成后表面平整度贴近原衬砌板平整度。

4 工程施工技术

历时12个月，经过6次试验摸索，最终形成满足要求并具备推广价值的渠道衬砌板水下修复施工工艺。

4.1 施工总平面布置

（1）水上、水下施工场地布置

对于水下施工，布设一定尺寸的浮式平台作为水下作业平台；对于水上施工，施工场地主要布设在修复区域右岸侧的一级马道上，具体布设位置根据现场情况确定。模袋混凝土浇筑采用商品混凝土－臂架泵浇筑。

（2）施工交通

以渠道内设有的专用巡查线路、交通干线作为施工道路。

4.2 潜水作业方式

潜水作业采用管供式空气潜水，潜水员按照预先制定的行动路线下水，并配备管供式空气潜水装具、水下照明设备、水下摄像机、潜水电话和水下施工工具。水下摄像机和水下电话通过电缆与水面监视器相连接，水下录像机对水下施工过程进行录像，并将录像同步且连续地传送到水面监控器，以便陆上人员观看，陆上人员在观看录像的同时可以通过潜水电话与潜水员对话，直接监督、检查和指导水下作业，实现水上水下的统一和同步。

4.3 模袋混凝土平整度控制施工技术

模袋混凝土平整度通过模袋自身结构优化及外在骨架支撑两项措施来控制实现。

4.3.1 模袋自身结构优化

（1）模袋扣带间距为30cm×30cm，单幅尺寸为3m×16m（见图2）。

（2）模袋拉筋长度为20cm。

（3）为保证混凝土对模袋的有效充填，顶部设置3个充灌口。

（4）模袋下游侧底部预留50cm长度的土工膜。

4.3.2 骨架支撑

骨架采用钢丝网、垫片、螺杆组合制作安装，要求及参数如下：

（1）各部件间采用焊接组合。

（2）铁丝网网格间距尺寸需满足混凝土施工流动性及结构平整度要求。

（3）垫片与铁网搭接方式为底部焊接。

（4）铁丝网单片尺寸为3m×1.6m（见图2中A），搭接方式为焊接。

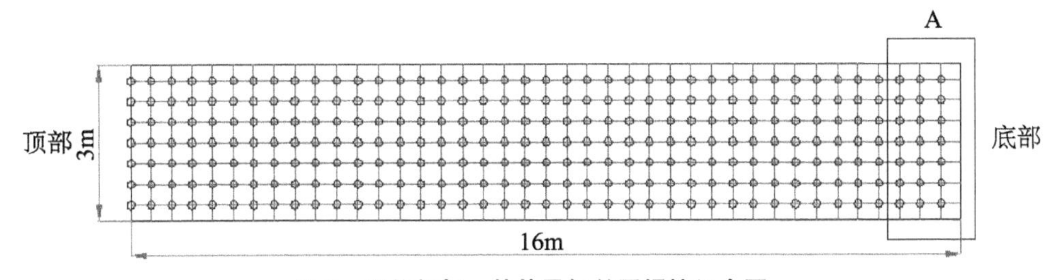

图2 限位螺杆、垫片及钢丝网焊接组合图

4.3.3 模袋与骨架组合

铁丝网、垫片及螺杆焊接组合完毕后，将模袋平铺在钢丝网的上面，将螺杆穿入模袋相应位置。

4.3.4 模板铺设

模板采用组合钢模板，尺寸为1.2m×1.5m（见图3），模板之间采用螺杆、卡口组合方式进行拼接。模板采用陆上拼装后整体吊装的方式进行。

模板布置严格按照限位螺杆进行拼装，以此控制模袋平整度。

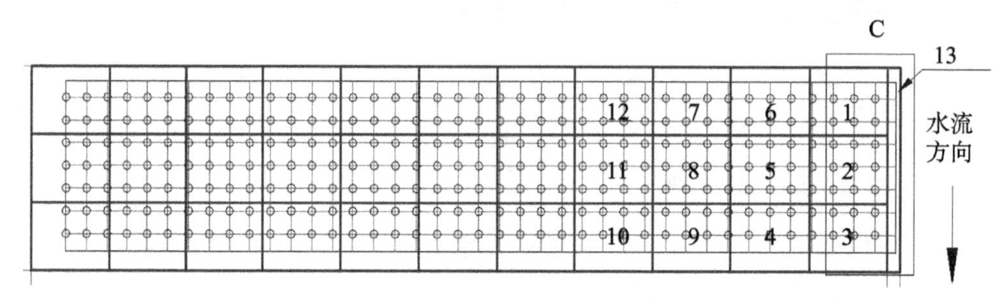

图3 模板安装图

4.4 模袋整体吊装施工技术

模袋顶部控制模板，尺寸为15m×2.8m（见图4），单块重量为87.72kg，平均每块模板上预留了10个限位孔，孔径为2cm，模板需要与底部骨架上的限位螺杆进行定位安装，再加之渠道流速较大，施工流速为0.6～1.0m/s，依靠水下安装模板难度巨大。

经参建各方商讨，优化施工工艺，遵循“能水上施工的环节尽量不要水下施工”的指导思想，将水下模板分块安装改为陆上安装、整体吊装。

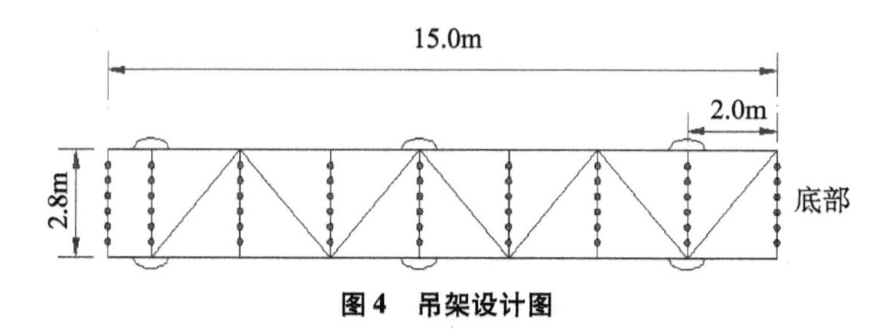

图4 吊架设计图

模袋按照从上游至下游依次铺设的施工顺序施工。

（1）第1副模袋铺设

在模袋铺设过程中，要保证模袋与一级马道的垂直性，选取上游侧未破损的衬砌板作为参照物，从而确定出第一副模袋上游侧顶部和底部的准确位置，为方便模袋位置调整，采用起重机+卷扬机配合作业的方式进行位置调整（见图5），由潜水员控制模袋底部的位置。

图5　模袋吊装及定位

（2）剩余模袋铺设

铺设方式同第1幅模袋，第2幅模袋铺设时将第1幅模袋预留的50cm土工膜压在底部；第2幅上游侧预留5cm布料（见图6），以便后期浇筑时，混凝土充灌多余布料，与上游侧浇筑好的模袋结合紧密。

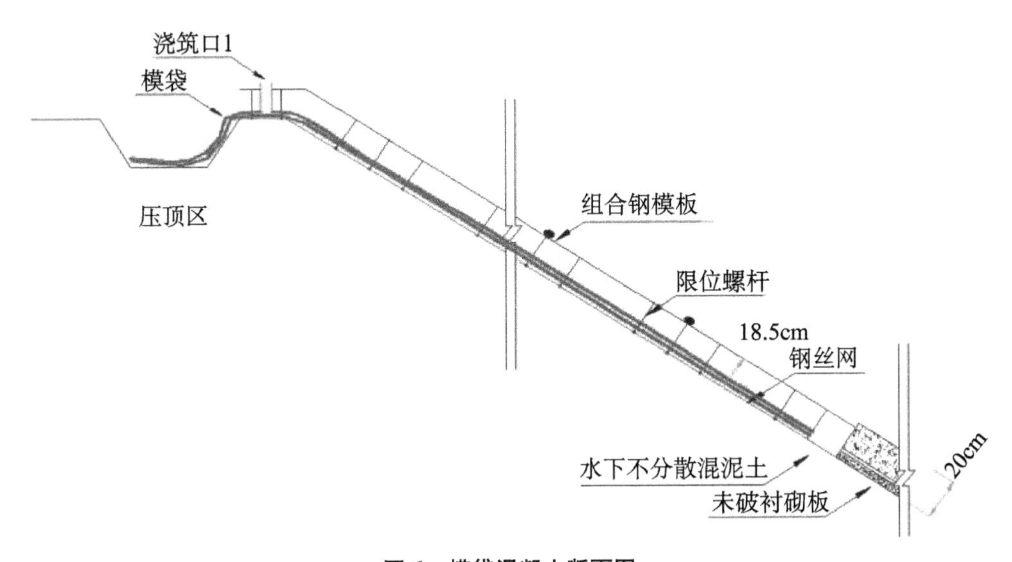

图6　模袋混凝土断面图

4.5 模袋混凝土充灌

(1) 混凝土材料

模袋混凝土采用一级级配混凝土，骨料采用5~20mm自然料，最大粒径不大于20mm[4]。施工时，按混凝土施工配合比进行严格计量，正确进料，充分地拌和，使混凝土强度、坍落度指标达到施工要求，并做好施工记录，在充灌口留取试块。

(2) 充灌工序（采用臂架泵浇筑）

① 开机：开动混凝土罐车及臂架泵，使其正常运行。注灌开始时较低转速，待顺畅后调整到较高转速。

② 过水：对臂架泵及输送管道过水一遍，观察是否正常顺畅，发现故障应立即排除。对模袋也进行过水，以增加混凝土的流动性。

③ 过浆：过水后再压送水泥砂浆一遍，以润滑管道。

④ 灌注：将合格的混凝土用输送泵向模袋灌注，灌注速度应控制在$10m^3/h$以内，出口压力以0.2~0.3MPa为宜，先浇筑压顶区模袋混凝土，再浇筑渠道边坡方向混凝土。

注入口注一个打一个，注完后立即用结扎法或回塞法扎紧。当模袋内混凝土灌注将近饱满时，暂停5~10min，待模袋中的水分析出后，再灌注饱满。

充灌过程中，潜水员在水下时刻关注模袋及混凝土的状态。

充灌完成后，进行静置养护，防止外部干扰，最终与周边完好衬砌板形成整体平顺结构（见图7）。

图7　模袋混凝土浇筑完毕

5 结束语

经过多次试验研究，渠道衬砌板水下修复生产性试验项目形成了新的渠道衬砌板水下修复施工工艺，包括模袋整体吊装和模袋混凝土平整度控制两项重要施工技术。目前在渠道基不具备停水检修条件，且流速较大情况下，能够高效完成衬砌板的水下修复工作。

模袋混凝土水下修复衬砌板技术在施工效率、施工质量及工程造价方面均受到各方的一致好评，此项施工技术在渠道衬砌板及类似渠道工程项目方面值得借鉴及推广。

参考文献

[1] DL/T5251—2010 水工混凝土建筑物缺陷检测和评估技术规程. 北京：中国电力出版社，2010.

[2] DL/T5315—2014 水工混凝土建筑物修补加固技术规程. 北京：中国电力出版社，2014.

[3] 空气潜水安全要求. 国家质量监督质量检验检疫总局、国家标准化管理委员会，2010.

[4] DB15/T856—2015 模袋混凝土衬砌渠道工程技术规程. 内蒙古自治区质量技术监督局发布，2015.

面板堆石坝混凝土面板集中渗漏水下加固技术

高大水[1,2]，周晓明[1,2]，田金章[1,2]

（1. 国家大坝安全工程技术研究中心，湖北武汉　430010；

2. 长江勘测规划设计研究院，湖北武汉　430010）

摘　要：混凝土面板堆石坝是近30年来迅速发展的一种新坝型，我国也是世界上面板坝数量最多的国家。面板坝整体运行状况良好，但大坝渗漏问题时有发生，因渗漏产生的安全问题已引起工程界的高度重视。国家大坝安全工程技术研究中心根据面板堆石坝渗漏病害特点，研究开发出面板坝集中渗漏水下快速修复成套技术，即通过水下检查与检测、灌注快速堵水料、水下嵌缝找平、水下灌浆、表面覆盖防渗体等一系列水下加固处理成套工艺技术，并在重庆蓼叶水库面板堆石坝渗漏处理中成功应用，为消除大坝安全隐患、发挥水库工程效益提供有力的技术支撑。

关键词：面板堆石坝；渗漏；水下加固

1　前言

混凝土面板堆石坝是近30年来迅速发展的一种坝型，我国已建设面板坝4000多座，坝高超过100m的面板坝约80座[1,2]，已成为世界上面板坝数量最多、高坝数量最多的国家。由于混凝土面板堆石坝坝体主要依靠上游较薄的混凝土面板防渗，结构相对脆弱，容易遭受破坏而出现渗漏险情。国内相当数量的面板堆石坝因严重渗漏问题，不得不放空水库进行加固，如湖南株树桥水库和白云水库、广西磨盘水库等。由于放空水库会严重影响水库效益，且部分水库不具备放空条件或者会引起社会安定问题，因此，面板坝渗漏水

作者简介：高大水（1962—），男，湖北武汉人，教授级高级工程师，主要从事水利水电工程水工设计与病害治理研究工作。E-mail：gaodashui@163.com

下修复已逐渐引起工程界的高度重视。

国家大坝安全工程技术研究中心根据面板堆石坝渗漏病害特点，研究开发出面板坝集中渗漏水下快速修复成套技术，即通过水下检查与检测、灌注快速堵水料、水下嵌缝与找平、水下灌浆、表面覆盖防渗体等一系列水下加固处理工艺技术，对面板破坏渗漏进行系统处理，为面板堆石坝面板集中渗漏处理提供了可行的技术方案。

2 面板坝渗漏病害特点

大坝渗漏是面板堆石坝最常见的病害之一，渗漏往往是其他病害的表现结果。面板堆石坝以填筑的堆石（或砂砾石）为面板的支撑体，面板、趾板和止水作为大坝的防渗体。对于面板堆石坝，大坝填筑体与面板及止水防渗体是相互依存的结构，较大的变形可直接导致止水结构乃至面板的破坏，而止水或面板等防渗体的破坏则加剧大坝的变形。混凝土面板产生裂缝或止水的拉裂破坏是产生大坝渗漏的最直接原因。

根据我国最大渗漏量达到1000L/s以上的面板坝统计，从大坝渗漏发生的时间点来看，部分坝渗漏发生在正常运行10年左右，如湖南株树桥面板坝、白云面板坝[3]和重庆蓼叶面板坝。湖南株树桥水库1990年蓄水，1999年出现渗漏，最大渗漏量达到2500L/s，后经放空水库并进行水下电视摄像检查，发现面板破损和脱空严重；白云水库1998年蓄水，2008年5月后渗漏量开始加大，最大渗漏量1240L/s，通过声呐渗漏检测[2]和水下高清喷墨摄像检测确定大坝渗漏区位于左岸底部面板区域，经放空后检查，发现面板严重塌陷，破损区面积达500m^2。经过分析两个大坝渗漏的原因可能为坝体与岸坡接触带变形严重，导致止水破坏产生渗漏，而渗漏水流带走垫层料内的细料后使面板失去支撑作用，导致面板发生破坏，进而加剧大坝渗漏，形成恶性循环，导致大坝的漏水量逐渐增大。

在面板堆石坝渗漏中，还有很大一部分是发生在初期蓄水，如国外的哥伦比亚安奇卡亚面板坝和格里拉斯面板坝、巴西坎波斯诺沃斯面板坝以及国内的云南某面板坝和新疆某面板坝。哥伦比亚安奇卡亚面板坝最大坝高140m，坝顶高程648m，1974年10月19日开始蓄水，当库水位蓄至636m

时，渗漏量达1800L/s，经潜水员检查发现主要渗漏点位于两岸周边缝，缝面最大张开度达10cm，造成周边缝变形过大的原因有岸坡与垫层料交界面垫层料被雨水冲走和垂直缝压缩变形累计。格里拉斯面板坝最大坝高127m，坝顶长仅110m，为狭窄河谷建坝，1983—1984年两次蓄水到接近正常蓄水位时，渗漏量达到660~1080L/s，检查发现主要渗漏源为周边缝张开过大和周边缝与基岩接触面附近的一条张开裂隙，裂隙内充填物在高水头下被冲刷所致。国内云南某面板坝和新疆某面板坝坝高分别为140m和140.3m，均在水库水位蓄至高水位后发生渗漏，最大渗漏量分别为1800L/s和1000L/s。两座面板坝采用视声一体化渗漏检测技术进行检测后发现面板、周边缝和趾板外的岸坡部位均存在不同程度的渗漏[4]。

面板坝渗漏作为大坝病害最直观的表现形式，运行中管理单位应高度重视渗漏量监测，特别是渗漏量发生突变时，应尽快结合大坝各项监测数据进行综合分析，查找分析渗漏原因，查明渗漏部位并进行针对性处理。

3 蓼叶水库面板渗漏水下加固处理

3.1 渗漏检测

蓼叶水库正常蓄水位500.0m，总库容1629万m^3。大坝为混凝土面板堆石坝，最大坝高66.2m，坝顶高程502.2m，坝顶宽度7.0m，上下游坝坡均为1:1.4。大坝坝体采用常规分区，包括垫层区、过渡区、主堆石区、下游堆石区，在上游坝脚有盖重区和上游铺盖区。垫层区和过渡区为灰岩制备的级配料，主堆石区和下游堆石区为硬质砂岩石料，盖重区填料为开挖弃渣，上游铺盖区采用黏土填筑。大坝剖面见图1。

蓼叶水库自2011年12月下闸蓄水，运行前几年，高水位时大坝渗漏量基本维持在30~40L/s，坝体各项渗流监测仪器基本正常。2015年12月8日，库水位493.88m时，下游坝脚沿线出现多处渗水点，渗漏量增大至84.4L/s，降低库水位后，渗漏量略有降低。2016年5月6日坝址区降雨74.5mm，库水位迅速抬升，坝后渗漏量再次突然增大，2016年6月库水位升至492.78m，坝后渗漏量超过量水堰量程120L/s，坝后渠道中估测漏量最大测值381L/s。图2为2015年12月至2016年7月库水位与渗漏量变化过程线。

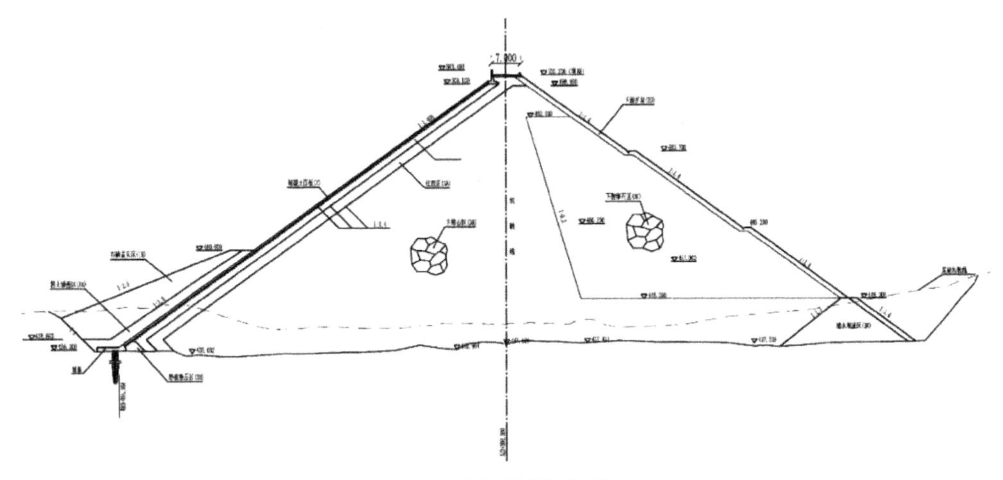

图1　大坝典型断面图

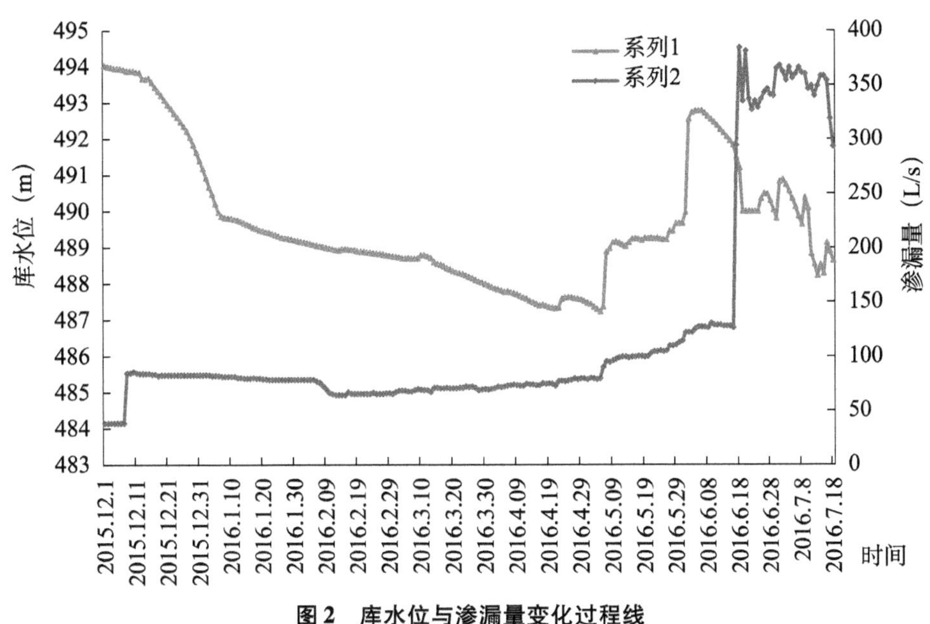

图2　库水位与渗漏量变化过程线

大坝渗漏检测采用国家大坝安全工程技术研究中心研发的大坝渗漏水下视声一体化检测技术，即以新型水下声呐渗漏检测技术为核心确定渗漏分区，水下机器人高清示踪摄像和连通性试验可以直观反映渗漏通道，最后通过水下摄像或潜水员水下验证检测成果的工程渗漏综合检测方法。经检测，蓼叶水库面板存在集中渗漏区，位于右岸面板 MB33、高程 466～460m 范围，存在错台裂缝、局部面板塌陷，最大渗漏流速达0.82m/s。图3为面板渗漏分区云图。

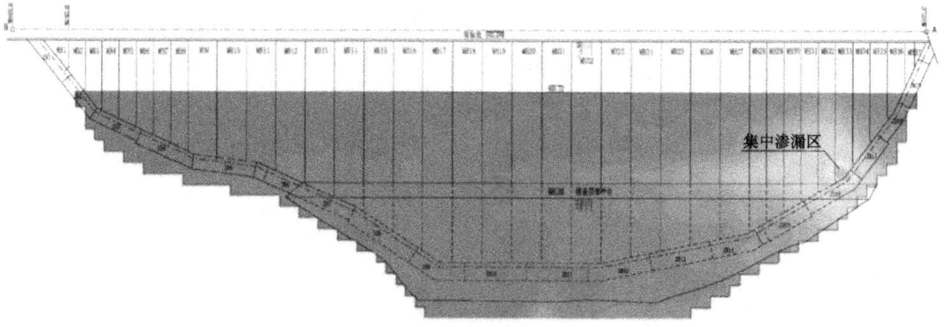

图3　面板渗漏分区云图

3.2　渗漏加固处理

混凝土面板堆石坝渗漏处理方式主要分为放空干地处理、水上抛投处理和水下加固处理。蓼叶水库大坝渗漏主要是由于面板错台裂缝造成，水下处理对象明确，可有针对性地进行水下加固处理。考虑到县城供水、放空条件和水上抛投处理的效果等因素，加固处理采用面板坝集中渗漏水下快速修复成套技术。工艺流如下程：①面板破损区测绘检查→②灌注快速堵水料→③水下嵌缝与找平→④水下灌浆→⑤粘贴防渗盖片。

（1）面板破损区测绘检查

由潜水员用高压水对破损部分面板周围一定范围进行清理，后携带水下摄像机对面板破损情况及裂缝情况做仔细检查。检查发现：①面板MB33上高程463.7～466.1m存在一条长约4.0m的1号裂缝，裂缝缝宽2～3mm，喷墨检查有吸入，吸入速度较小；②面板MB33底部、周边缝止水内侧混凝土面板上存在一条长约5.3m、宽约3～5cm的2号错台裂缝（高程461.5～464.1m），裂缝周围混凝土出现破损、脱落，该处为大坝渗漏的主要入口，喷墨吸入速度较快。面板渗漏区裂缝分布见图4，面板集中渗漏点破坏情况见图5。

（2）水下灌注快速堵水料

由于面板集中渗漏部位流速大，水下堵漏具有较大难度。为此，专门研发了快速堵水材料配方，灌注快速堵水料在水面作业平台上进行，作业平台安装一台堵水料灌注机，灌注机下接输料管至水下面板集中漏水点，向面板

图 4　面板渗漏区裂缝分布图

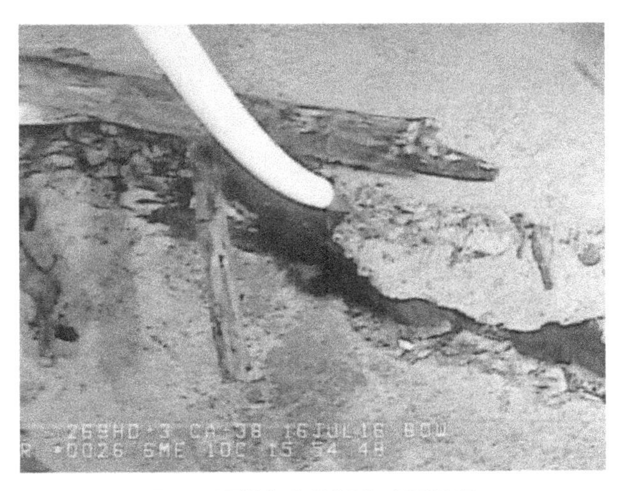

图 5　面板集中渗漏点破坏情况

下的空腔中灌注快速堵水料。快速堵水料输送速度在每小时 5～$10m^3$，整个施工过程由潜水员在水下配合作业，直到堵水料灌满空腔。快速堵水料灌注过程见图 6，快速堵水料灌注完成后大坝渗漏量降低 70%～90%。

（3）水下嵌缝与找平

水下快速堵水料完成后，沿缝长方向埋设灌浆花管，再对裂缝采用水下封堵材料进行嵌缝封闭和找平处理。水下嵌缝找平，一是方便垫层料水下灌浆修复，二是便于对破损部分面板表面粘贴水下防渗盖片。

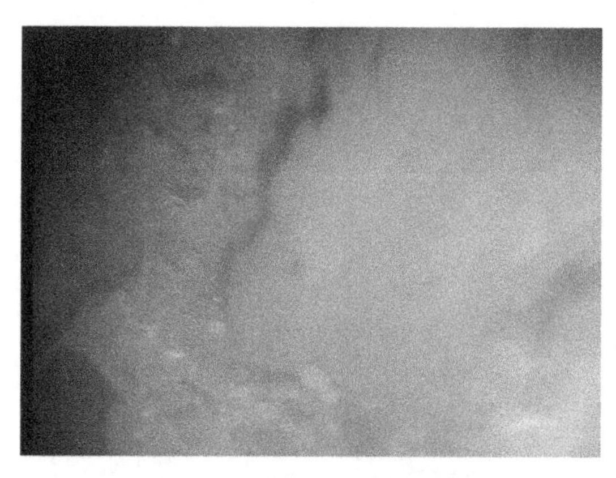

图6　快速堵水料灌注过程

（4）水下灌浆

水下灌浆处理包括水泥混合浆液灌浆和化学灌浆。处理范围为两条裂缝下部的垫层料（挤压边墙）和错台裂缝以下的空腔。水泥混合浆浆液灌浆主要起密实面板底部垫层料、充填挤压边墙的作用，化学灌浆主要进一步提高裂缝和面板防渗性能的作用。通过水下灌浆处理后，大坝渗漏会进一步减小、减小量达到总渗漏量的95%—99%以上。

（5）表面粘贴防渗盖片

水下灌浆完成后，在破损区面板粘贴防渗盖片，并向周边适当延伸。防渗盖片施工时由潜水员进行水下冷粘结，两盖片间搭接宽度不小于5cm，防渗盖片用膨胀螺栓固定（见图7和图8）。表面粘贴防渗盖片，主要为了即使原面板断裂部位又发生断裂，也能保证面板不产生渗漏。

图7　水下钻孔

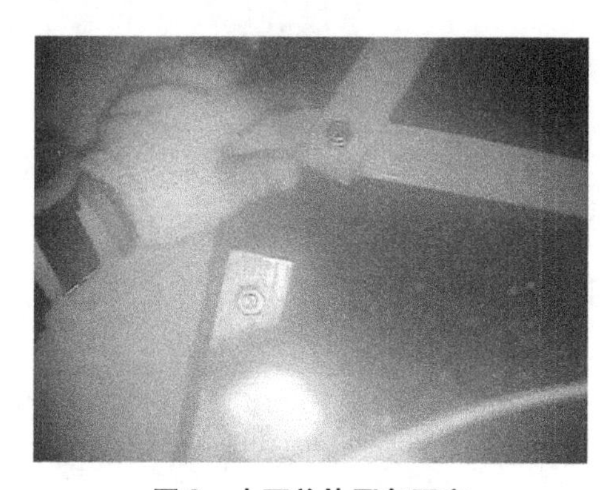

图8　水下盖片压条固定

3.3 加固效果

蓼叶水库于2011年12月底开始蓄水，运行的几年中，水库各项监测数据基本正常。到2015年12月份水库开始出现渗漏，且逐渐增大，最大渗漏量达到381L/s，严重威胁大坝的安全及主要功能的发挥。2016年8月，通过采用面板坝集中渗漏水下快速修复成套技术加固处理，大坝渗漏量降至5L/s以内，大坝渗漏加固处理效果明显（见图9）。

图9 渗漏处理前后的量水堰出水量对比

4 结语

我国混凝土面板堆石坝建设成果显著，发展快、数量多，在取得巨大成就的同时也有部分面板堆石坝出现了病险情，发生较大渗漏的情况还较多，其渗漏加固已成为当前坝工技术亟待解决的技术问题。过去国内外遇到这样渗漏问题多采用放空水库进行加固处理，经济损失较大，有的甚至引起社会安定问题。国家大坝安全工程技术研究中心根据面板堆石坝渗漏病害特点，研究开发出水下灌注快速堵水料、水下灌浆材料和工艺等面板坝集中渗漏水下快速修复成套技术，通过在重庆市蓼叶水库渗漏处理中的成功应用，有效推动了水库大坝水下加固技术的进步。

参考文献

[1] 谭界雄，高大水，周和清等．水库大坝加固技术．中国水利水电出版

社，2011.

［2］钮新强，谭界雄，田金章．混凝土面板堆石坝病害特点及其除险加固［J］．人民长江，2016，47（13）：1－5.

［3］谭界雄，杜国平，高大水等．声呐探测技术在白云水电站混凝土面板坝的应用研究［J］．人民长江，2000，32（4）：484－486.

［4］田金章，查志成，王秘学．视声一体化渗漏探测技术在面板坝渗漏检测中的应用［J］．水电能源科学，2019，37（1）：88－90.

深水下混凝土裂缝表面新型封堵材料的工程应用

冉健[1]，王文胜[1]，刘建平[1]，余灿林[2]

（1. 杭州华能工程安全科技股份有限公司，浙江杭州 311121；

2. 中国电建集团昆明勘测设计研究院有限公司，云南昆明 650033）

摘　要： 水利水电行业在对水工建筑物缺陷进行修补或加固时，通常会采取裂缝缝口处理、灌浆、表面封闭保护等工程措施，以达到防渗堵漏或补强加固的目的。本文主要介绍一种新型表面封闭保护材料，该新型材料利用高强度、高弹性模量的连续碳纤维单向排列成束，用 SK 手刮聚脲浸渍形成碳纤维增强复合片材，然后在复合片材表面复合一层 GB，形成柔性碳纤维复合 GB 板。文章结合该材料在某大型水电站大坝缺陷水下处理工程的应用情况，得出柔性碳纤维复合板相较传统工艺采用的复合土工膜的诸多优点。

关键词： 碳纤维复合板；水下工程；缺陷修补；新型材料

1　应用背景

我国已建在建的水库大坝数量众多，对大坝缺陷进行修补的需求与日俱增，其中有许多工作必须在水下进行。国内外研究机构近年来开展了大量的科学试验工作，研究适用于水下缺陷修补的防渗或补强加固新型材料。中国水利水电科学研究院研制开发了一种新型表面封闭保护材料——柔性碳纤维复合板。经试验和现场应用，柔性碳纤维复合板材抗拉强度高，可承受高水头的作用，能有效防止水平层间缝的张开，起到补强加固的作用；复合板材

作者简介：冉健（1989—），工程师，主要从事水工建筑物检修及结构补强与潜水工程项目管理和技术研究工作。E-mail：745987672@ qq. com

表面复合 GB 板后可以适应坝面混凝土基面的不平整，在库水压力作用下可以与坝面紧密结合，大大提高了盖板的防渗效果，防渗性和耐久性好。

2 应用工程概况

2.1 工程概况

某水电站地处金沙江中游河段，大坝为碾压混凝土重力坝，最大坝高 159m，工程于 2016 年 5 月投产发电。电站蓄水发电后，2017 年水下检查发现大坝局部出现了混凝土裂缝，相应部位的廊道出现渗漏。经建设单位组织专家咨询，需在坝前进行水下缺陷修复处理，缺陷部位最大水深约 120m。由中国电建集团昆明勘测设计研究院有限公司和杭州华能工程安全科技股份有限公司采用氦氧混合气潜水技术进行水下作业。2019 年初，在水下处理混凝土裂缝工程中，首次采用了中国水利水电科学研究院研制、开发的“柔性碳纤维复合板材”封堵混凝土裂缝表面。

2.2 缺陷处理工艺概况

由于重力坝的结构受力特点，水平层间缝（施工冷缝）对大坝水平层间缝以上坝体的抗滑稳定存在不利的影响，本项目水平层间缝采用水下表面封堵结合水下补强化学灌浆的方案进行处理，表面封闭材料最终选用了柔性碳纤维复合板代替了投标方案中的复合土工膜。施工工艺流程如下（示意图见图 1）：

缝面复核检查——缝面清理——骑缝切槽——钻灌浆孔——埋灌浆管——嵌压遇水膨胀止水条——封缝——灌浆——拆除灌浆管——检查灌浆效果并清理基面——贴防渗保护材料——不锈钢压条固定——封边及喷墨检查[1]。

3 材料及其性能指标

3.1 复合土工膜

本项目投标阶段拟采用的表面封闭保护材料为复合土工防渗膜。上述复

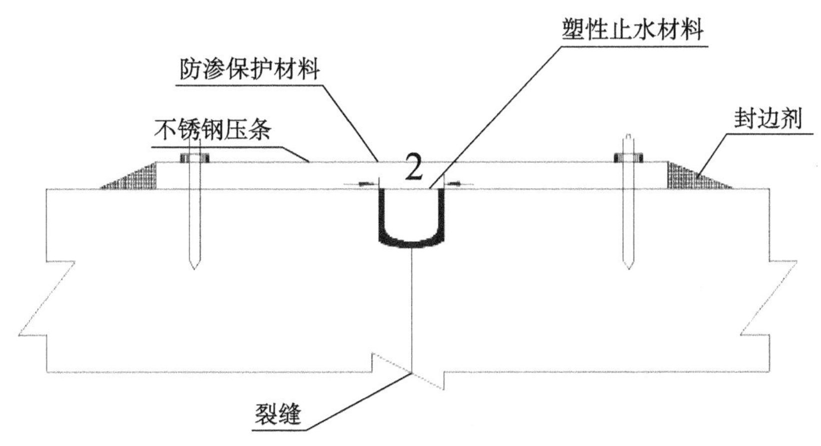

图1　混凝土裂缝表面封堵施工工艺示意图

合土工膜为两布一膜，宽幅4～6m（为适应纵向裂缝分布走向不规则的实际情况，下料宽度选择0.6m），重量为200～1500g/m^2，抗拉强度、抗撕裂强度、顶破强力等物理力学性能指标良好，延伸性能较好，变形模量大，具有耐酸碱、抗腐蚀、耐老化，防渗性能好等特点。性能指标见表1。

表1　材料性能指标

项目	单位	技术指标值
纵横向断裂强度	kN/m	≥18.0
纵横向标准强度对应伸长率	%	≥80
CBR 顶破强力	kN	≥3.0
纵横向撕破强力	kN	≥0.62
耐静水压	MPa	≥1.6
剥离强度	N/cm	≥6

复合土工防渗膜施工工艺流程为：基面清理—涂刷水下界面剂—粘贴防渗保护材料—不锈钢压条固定—封边及喷墨检查。

（1）基面清理：潜水员对裂缝两侧各30cm范围的混凝土上的杂物进行水下清理。

（2）涂刷水下界面剂：塑性止水材料安装完成后，开始进行水下界面剂涂刷施工，涂刷宽度为60cm，要求涂刷均匀且不漏刷。

（3）粘贴防渗保护材料：粘贴宽度不小于60cm的防渗保护材料，相邻防防渗保护材料搭接长度不小于10cm。

（4）不锈钢压条固定：用5mm厚、50mm宽的不锈钢压条对防渗保护材料压边固定，根据每班潜水作业施工进度，将分段涂刷水下界面剂的土工膜与压条同时由潜水员携带入水，并采用水下射钉枪将土工膜用压条固定在裂缝处，固定间距50cm。

（5）封边及喷墨检查：用水下密封剂对防渗保护材料各边进行封边，然后对防渗保护材料周边进行系统的喷墨检查，潜水员近观目视，并对喷墨进行全程水下摄像。

3.2　柔性碳纤维复合板

柔性碳纤维板是利用高强度、高弹性模量的连续碳纤维单向排列成束，用SK手刮聚脲浸渍形成碳纤维增强复合片材。柔性碳纤维板充分利用了SK手刮聚脲防渗性能好和碳纤维抗拉强度高的优点，具有抗拉强度超高、柔性及耐久性好、施工安装方便的特点。方便在工厂或现场加工成型。由于水工混凝土表面不平整，为了提高柔性碳纤维板对混凝土表面裂缝的止水效果，在柔性碳纤维板表面复合一层GB，形成柔性碳纤维复合GB板，具有更好的密封防渗效果[2]。

柔性碳纤维板的断裂伸长率为1.5%左右，拉伸强度大于2000MPa，拉伸模量为200GPa左右，在现场按要求的尺寸成型，养护10天以上即可使用。用于高水头水下混凝土裂缝表面的封堵，可以同时起到补强加固和防渗的效果。碳纤维片的规格及性能见表2。

表2　碳纤维的规格及性能指标

碳纤维种类	单位面积重量（g/m^2）	单层厚度（mm）	抗拉强度（MPa）	拉伸模量（MPa）
CFS－Ⅰ（高强度）	300	0.167	>3400	$>2.4\times10^5$

SK手刮聚脲为单组分，由含多异氰酸酯－NCO的高分子预聚体与经封端的多元胺（包括氨基聚醚）混合，并加入其他功能性助剂所组成。SK手刮聚脲具有优异的力学性能，具有－45℃的低温柔性，能适应低温环境，尤其是能抵抗低温时混凝土开裂引起的形变而不渗漏，已在数百个工程应用，防渗效果很好。主要技术指标见表3。GB板为塑性材料，其性能指标见表4。

表3　SK 手刮聚脲主要技术指标

项目	技术指标
拉伸强度（MPa）	>15
扯断伸长率（%）	>300
撕裂强度（kN/m）	>40
硬度，邵 A	>50
吸水率,%	<5

表4　GB 板主要性能指标

<table>
<tr><th>序号</th><th colspan="3">检验项目（*：该检测项目为型式检验）</th><th>单位</th><th>指标</th></tr>
<tr><td rowspan="3">1</td><td colspan="2" rowspan="3">浸泡 5 个月质量损失率（常温 ×3600h *）</td><td>水</td><td>%</td><td>≤2</td></tr>
<tr><td>饱和 Ca（OH)$_2$溶液</td><td>%</td><td>≤2</td></tr>
<tr><td>10% NaCl 溶液</td><td>%</td><td>≤2</td></tr>
<tr><td rowspan="4">2</td><td rowspan="4">拉伸黏结性能</td><td rowspan="2">常温，干燥</td><td>断裂伸长率</td><td>%</td><td>≥125</td></tr>
<tr><td>粘结性能</td><td>—</td><td>不破坏</td></tr>
<tr><td rowspan="2">常温，浸泡 *周期 2160h</td><td>断裂伸长率</td><td>%</td><td>≥125</td></tr>
<tr><td>粘结性能</td><td>—</td><td>不破坏</td></tr>
<tr><td>3</td><td colspan="3">流淌值 *（60℃、75°倾角、48h）</td><td>mm</td><td>≤2</td></tr>
<tr><td>4</td><td colspan="3">密度</td><td>g/cm^3</td><td>≥1.4</td></tr>
<tr><td>5</td><td colspan="3">浸水 6 个月与混凝土粘结强度损失率 *</td><td>%</td><td><10</td></tr>
<tr><td>6</td><td colspan="3">抗渗性（稳压 72h 不渗水） *</td><td>MPa</td><td>≥2.5</td></tr>
</table>

柔性碳纤维复合板施工工艺流程为：基面清理——不锈钢压条固定防渗保护材料——封边及喷墨检查。相比复合土工膜施工工艺，不需要涂刷水下界面剂，施工方便。施工工艺见图 2。

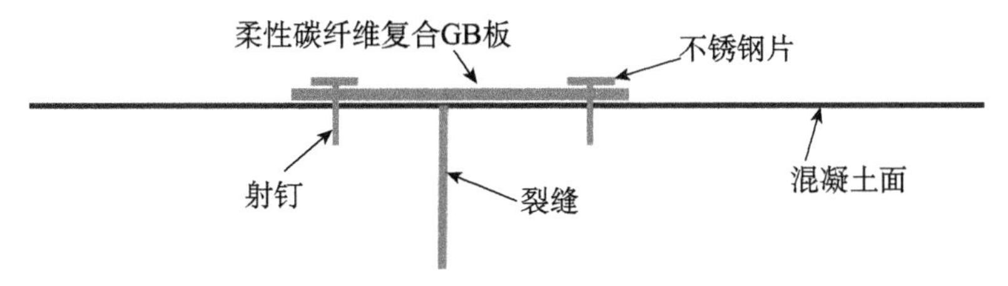

图2　柔性碳纤维复合 GB 板施工工艺示意图

4　水下工程应用情况

该水电站项目大坝水平层间缝分布在水下 65m 左右，裂缝宽度约 0.2 ~ 0.4mm，在大坝迎水面进行缝口防渗处理和化学灌浆后，采用柔性碳纤维复合 GB 板封闭缺陷部位。经过水下检查验收，未出现渗漏现象，其封堵效果受到监理单位、业主单位的一致好评。柔性碳纤维复合板适用于高水头水下混凝土裂缝表面的封堵，可以同时起到补强加固和防渗的效果[3]。其水下施工应用过程见图 3 ~ 图 5。

图 3　准备碳纤维复合 GB 板

图 4　水下安装碳纤维复合 GB 板

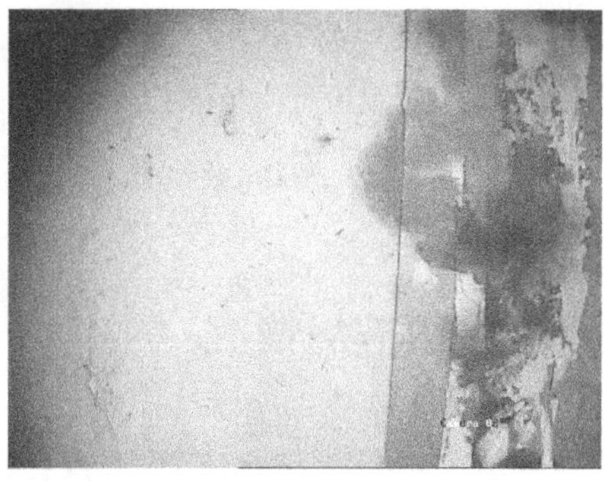

图 5　碳纤维复合 GB 板封堵效果检查验收

5 优势对比分析

经对比分析，用柔性碳纤维复合 GB 板材代替传统的复合土工膜优势明显，主要表现在下述几个方面：

（1）柔性碳纤维复合 GB 板抗拉强度高，可以有效防止水平层间缝的张开，起到补强加固的作用。投标方案中选用的复合土工膜没有补强加固的作用。

（2）碳纤维复合 GB 板厚度大，防渗性和耐久性好。

（3）复合 GB 板后可以适应混凝土基面的不平整，在库水压力作用下可以与坝面紧密结合，大大提高了盖板的防渗效果。

（4）不需要涂刷水下界面剂，水下施工方便。

6 应用结论

柔性碳纤维复合 GB 板在抗拉强度、防渗效果及耐久性等方面与复合土工膜相比有着绝对的优势，能够适用于高水头水下混凝土裂缝表面的封堵，可以同时起到补强加固和防渗的效果，并对水平层间缝以上坝体抗滑稳定可以起到一定的防范作用。使用该材料不需要涂刷水下界面剂，施工方便；同时复合 GB 材料之后可以有效克服混凝土表面不平整，在库水压力作用下可与坝面紧密结合，在增强防渗及表面封闭效果方面可以起到非常重要的作用。另外，缺陷处理工程大多材料用量不大，在工程造价中的占比非常小，在增加投资可以忽略不计的情况下，能够大幅提高大坝裂缝水下处理表面封闭效果。柔性碳纤维复合 GB 板材具有很大的推广应用价值。

参考文献

［1］最新水下工程设计施工工艺手册．中国建筑工业出版社．2007.

［2］新型水下灌浆材料的研制，新型建筑材料，20067，25—28.

［3］大坝坝前裂缝水下处理工程水平层间缝表面封闭材料优化方案．中国电建集团昆明勘测设计研究院．2018，12.

硅酸盐改性聚氨酯化灌材料及其在超深地质钻孔涌水处理中的应用

吴怀国[1,2]，贾金生[1]

（1. 中国水利水电科学研究院，北京市　100038；

2. 北京市瑞诺安科新能源技术有限公司，北京市　102401）

摘　要：不同于传统化学灌浆材料及灌浆工艺技术，本文主要介绍了一种新型化学灌浆材料及配套的工艺技术，新型硅酸盐改性聚氨酯双液型化学灌浆材料及工艺技术，该化学灌浆材料采用硅酸盐水溶液与特定结构的聚氨酯预聚体作为两组分浆液，采用固定体积比 1:1 的注浆泵工艺技术，浆液具有密度大，水中固结不影响水质环境，可以实现不同的固结性能，配套的工艺技术能实现远距离注浆、注浆孔内设计位置注浆、注浆孔内混合等特点，实现了不用在现场配制浆液的科学性、注浆的范围区域的可控性、注浆功能的针对性强等特点。在某超深地质钻孔（700m）较大渗漏水的孔内深水环境下注浆封堵应用中取得了非常好的效果。

关键词：硅酸盐改性聚氨酯化灌材料；双液固定体积比；水下深孔注浆

1　研究背景

新型双液聚氨酯化学灌浆技术是专门针对地下工程复杂地质围岩可控范围快速注浆固结、渗漏水及涌水的定向快速高效堵水、空腔及溶腔的快速充填接顶等治理而开发出的新型化学灌浆材料及配套工艺技术。而传统的化学灌浆技术，如环氧树脂灌浆、聚氨酯灌浆（单组份油溶性或水溶性）、丙烯酸盐灌浆等，主要是针对混凝土衬砌或混凝土结构裂缝渗漏水、混凝土裂缝

基金项目：国家重点研发计划项目（2016YFC0401609）

作者简介：吴怀国（1970—），男，安徽怀宁县，高级工程师，主要从事水利水电工程及隧道等地下工程材料研发及应用工作。E-mail：wuhg2005@163. com

补强加固、水利水电工程基岩裂隙的补强加固等应用，对于地下工程复杂地质围岩的各种疑难问题的快速高效处理缺乏针对性。随着我国不同区域远距离调水工程长距离山岭引水隧洞工程项目不断开发、高铁隧道快速发展、城市地铁及管廊工程发展、盾构/TBM 隧洞技术及各种地下空间工程的快速发展，快接、高效、安全处理地下工程复杂地质灾害疑难问题的新型应用技术备受关注。功能针对性强的新型双液聚氨酯注浆技术是处理地下工程复杂地质灾害疑难问题的一种新型材料及应用技术，该技术在世界上首先由德国 Minoa-Carbo Tech Int. 公司于 20 世纪 90 年代初发明并在发达国家矿山、隧洞等地下工程中注浆得到广泛运用[1-3]。本文作者多年来一直跟踪研究国外的先进技术，掌握了这种新型技术材料配方核心技术及系统工艺技术，本文主要介绍新型硅酸盐改性聚氨酯双液化灌材料的作用机理、工艺系统性应用技术特点，以及在某超深地质钻孔涌水处理中的成功应用案例。

2　新型硅酸盐改性聚氨酯双液化灌材料的配方组成和功能性

新型硅酸盐改性聚氨酯双液化学灌浆材料的组成上，是固定双液体积比 1:1 的混合使用方式，其中一组分是纳米改性的硅酸钠、硅酸钾等硅酸盐水溶液及特殊助剂的低黏度、均匀透明的液体；另一种组分是聚合 MDI 与聚醚多元醇预聚体以及其他助剂的低黏度液体。浆液组成上设计的原理是为了便于工程应用中容易确定注浆泵注浆缸的输出体积是同比例，可以避免传统的需要现场把各种浆液先混合再注浆的诸多不科学、不规范、不可靠和注浆针对性不强的不足之处。

新型硅酸盐改性聚氨酯双液化学灌浆材料的浆液组成非常特殊，两组分浆液中一种是硅酸盐盐水溶液，而另一种组份是属于油性的大分子有机树脂液体，两种液体需要在注浆系统中自动混合均匀并有效反应生成特殊性能的固结物，充分结合浆液的无机物与混凝土和岩土的亲和力、有机树脂的强度和韧性特性，从而实现优异的水下粘结作用。为了满足不同工程问题需要浆液进而可以通过配方的助剂调整能实现不同的反应固化特性：①即使注入水中固结生成高压拉强度、一定韧性、较高粘结强度的复合树脂弹性体，对环境水没有任何影响和污染，同时可以根据工程的需要设计浆液的凝固时间；

②注入水中能快速反应固结成一定发泡膨胀倍数、体积稳定性优异、韧性高的发泡体，同时也可以根据工程需要设计浆液的凝固时间，对环境水也是没有任何影响和污染。而传统的各种化灌材料由于都是有机树脂液体甚或多含有一定量的稀释剂或增塑剂等，原料的密度都比水小，浆液注入水中都会有一定的树脂液体分散漂浮在水中，污染水环境，同时还具有一定的毒害性，如环氧树脂浆液中固化剂是有机胺类、聚氨酯浆液中多含有一定的剧毒 TDI 单体或胺类催化剂或稀释剂等。另外，传统浆液注入水中，尤其是深水环境中容易出现固结苦难或固结物与实验室试验的固结物差异性大等缺陷。具体的性能特点主要有以下几个方面：

（1）浆液的安全环保特性：100%树脂含量没有任何溶剂和非活性成分，无有害性的化学成分，所有原料都是高闪点的非危险性材料。传统化学灌浆材料都含有一定量的有害物质及其他物理危险性的材料。

（2）现场浆液配比科学性和自动化特性：双液型固定体积配比 1∶1 自动混合使用。在使用前，两种浆液是长期稳定的，无须考虑浆液注浆时的工作时间不易控制的难题，以及工程现场需要临时称量配制浆液或浆液注浆中因工作时间问题导致凝聚无法使用等问题。双液型固定体积比的浆液体系可以自动进料并在注浆孔内设计位置实现自动混合再按照设计时间达到突变凝固点的优异特性。

（3）浆液注浆范围可控性和科学性特点：双液固定体积比的浆液注浆体系可以根据工程特点设计封孔位置（即设计浆液在规定位置的起始反应时间）、设计需要的扩散范围（即设计浆液的终止反应时间），从而实现注浆范围的可行和科学性，实现浆液的真正固结特性基本与实验室结果一致性。而传统灌浆技术都是浆液混合后再注浆输出，很难解决不同距离下灌浆时，因浆液的反应性问题和浆液的有效灌注、渗透和扩散等不科学特性，具体表现常常是要么是工作时间短注浆效果达不到要求，要么因浆液的工作时间太长又注入太多无法实现科学注浆范围控制，对于堵水也就难以实现效果的难题，注浆的可靠性较差。

（4）在水下注浆对水环境无污染和影响：新型硅酸盐改性聚氨酯双液型浆液的密度达到 1.4 左右，远比水的密度大，由于无机硅酸盐与有机树脂充分混合后，能有效地避免水的侵入和分散的影响，注入水中不会有任何物质漂浮或分散到水环境中，环保、安全。

3 新型硅酸盐改性聚氨酯双液化灌材料的化学反应机理

新型硅酸盐改性聚氨酯双液化学灌浆材料的配方组成主要是硅酸盐水溶液和聚氨酯预聚体，从高分子材料学上，是属于纳米无机物改性聚氨酯树脂复合材料，其固结体是一种无机树型网络和聚脲/聚氨酯树型网络——互穿网络结构，并有无机纳米粒子分散增强与“互穿网络”体型结构中的有机无机复合材料。作为“第五大塑料”聚氨酯材料近年来重要发展方向之一就是纳米无机物改性聚氨酯[4]。

新型硅酸盐改性聚氨酯双液化学灌浆材料的技术难题主要体现在三个方面：①如何实现硅酸钠水溶液与油性的聚氨酯预聚体液体快速互溶性难题。传统的方式是需要采用特殊的表面活性剂作用下高速剪切搅拌分散，而本浆液体系没有表面活性剂，更无法实现高速剪切搅拌。②如何有效地解决硅酸盐水溶液与聚氨酯预聚体液体的复杂反应过程？如何实现控制聚氨酯预聚体与水反应生成二氧化碳气体，而固结物又能实现即可以是没有任何发泡特性的聚氨酯复合弹性体，又可以是一定发泡膨胀的韧性固结体？③为了满足工程上的应用特点，硅酸盐溶液和聚氨酯预聚体的混合比例必须是同体积比混合的技术难题。配方总体设计、各种复杂反应的控制带来很多不确定性难题。

新型硅酸盐改性聚氨酯双液化学灌浆材料的固化反应机理主要两个方面：①利用硅酸盐溶液中的水与一定结构设计的聚氨酯预聚体中的异氰酸根反应生成端氨基聚氨酯预聚体和二氧化碳，同时二氧化碳能与硅酸盐反应生成聚合原硅酸树脂和碳酸钠。②聚氨酯预聚体中的异氰酸酯继续与生成的端氨基聚氨酯预聚体反应生成复杂的聚脲/聚氨酯体型树脂[5-6]。

主要反应过程如下：

（1）聚氨酯预聚体中的异氰酸根基团与硅酸盐溶液中的水反应，生成端氨基胺基聚氨酯和二氧化碳气体：

$$H_2O + R_1 - N = C = 0 \longrightarrow R_1 - NH_2 + CO_2$$

$$R_1 - NH_2 + R_2 - N = C = 0 \longrightarrow R_1 - NH - CO - NH - R_2$$

（聚脲/聚氨酯）

式中，R_1为 R－CONH－R′－N＝C＝O（端异氰酸酯聚氨酯预聚体）。

（2）二氧化碳气体与硅酸盐水溶液中的硅酸盐反应，生成无机碳酸盐晶体与原硅酸高分子无机树状网络结构：

$$CO_2 + M_2O \cdot xSiO_2 \cdot yH_2O \longrightarrow M_2CO_3 + (SiO_2)_x (H_2O) Y$$

$$M = Na, K, Li$$

整个体系的反应基本上是上述三个部分：聚氨酯预聚体和水反应生成端氨基聚氨酯预聚体与二氧化碳、二氧化碳与硅酸钠反应生成二氧化硅树状网络、碳酸钠分子及其复合水大分子晶体形成并镶嵌于无机和有机的树状网络之间。这三部分是同时进行又是各自独立的体系，且相互协同、相互促进、相互作用。固结物在形成过程中是无机和有机树状网络的互穿作用和耦合作用，有效地改善生成的固结物的力学性能（抗压、抗拉、抗剪、粘结强度）。无机二氧化硅网状结构体贡献了固结物的硬度和强度、有机聚脲/聚氨酯树脂网状体贡献了固结物的韧性和粘结性、二氧化硅分子和碳酸钠分子具有与煤岩体表面极性相似的优异亲润性，比传统有机高分子较强，对煤岩体的粘结作用高。

4　新型硅酸盐改性聚氨酯双液化灌材料的性能指标

（1）水下高强度固结型化灌材料

表1为新型硅酸盐改性聚氨酯双液化灌材料（水下高强度固结型）性能参数表。

表1　新型硅酸盐改性聚氨酯双液化灌材料（水下高强度固结型）性能参数表

性能参数	性能指标	
	A 组分	B 组分
外观	无色透明液态	棕褐色液态
密度（cm^3/g）	1.48～1.51	1.23～1.25
黏度（MPa·s）（10～20℃）	200～300	100～200
使用配比/体积比	1:1	
反应特性	两组分浆液混合后注入水中，对水环境没有影响且快速固结	
完全固结应时间［(23±2)℃/s］	30～180（根据工程需要调整）	
发泡倍数（倍数）	水中反应不发泡	
30min 抗压强度（MPa）	＞30	

续表

性能参数	性能指标	
	A 组分	B 组分
4h 抗压强度（MPa）	50～60	
最大压缩变形（%）	20～25	
水中与岩石粘结强度（MPa）	>2.5	

图 1 分别为新型硅酸盐改性聚氨酯双液化灌材料水下浇筑的固结体抗压过程照片。可以看出固结体的单轴抗压变形达到 20% 以上，抗压强度达到 58MPa 以上。

图 1　新型硅酸盐改性聚氨酯双液化灌材料水下浇筑的固结体抗压过程照片

（2）水下快速膨胀封堵型化灌材料

表 2 为新型硅酸盐改性聚氨酯双液化灌材料（水下快速膨胀封堵型）性能参数表。

表 2　新型硅酸盐改性聚氨酯双液化灌材料（水下高强度固结型）性能参数表

性能参数	性能指标	
	A 组分	B 组分
外观	无色透明液态	棕褐色液态
密度（cm^3/g）	1.48～1.51	1.23～1.25
黏度（MPa·s）（10～20℃）	200～300	100～200
使用配比/体积比	1:1	
反应特性	两组分浆液混合后注入水中，能快速反应发泡膨胀，对水环境没有影响且快速固结	
发泡膨胀倍数（倍数）	20～30	

续表

性能参数	性能指标	
	A 组分	B 组分
浆液混合后的终止反应时间[(23±2)℃/s]	20~40（根据工程需要调整）	
最大抗压强度（MPa）	>0.1	
最大压缩变形（%）	>50	

图 2 为新型硅酸盐改性聚氨酯双液化灌材料水下浇筑的反应前后照片。从图中可以看出，浆液水中浇筑时，浆液直接沉底，水质是清亮的。而最后材料是整体膨胀起来，水质还是清亮的。

图 2　新型硅酸盐改性聚氨酯双液化灌材料水中注浆快速反应膨胀前后过程照片

5　新型硅酸盐改性聚氨酯双液化灌材料配套系统注浆工艺技术

5.1　双液固定体积比注浆泵

双液固定体积注浆泵为气动马达驱动的活塞式注浆浆，两个注浆缸缸径相同确保两组分浆液进料和出料体积比相同。注浆泵具有自动两组分浆液单独进料、单独高压输出的特点。注浆泵的性能参数见表 3，图 3 为双液固定体积比注浆泵的实物照片。

表3　双液固定体积比注浆泵性能参数表

序号	项目	单位	进气压力（MPa）		
			0.4	0.5	0.63
1	输出压力	MPa	≥12	≥20	≥25
2	出料流量（效率）	L/min	≥15	≥20	≥30
3	耗气量	m^3/min	0.4	0.6	0.7
4	活塞往复次数	次/min	≥50	≥70	≥85
5	声压级	dB（A）	3.95～4.05		
6	泵体尺寸	mm×mm×mm	1200×450×500		
7	泵体重量	kg	1200		

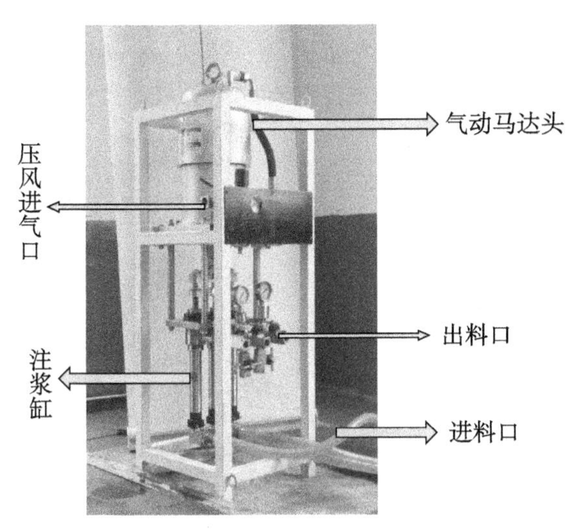

图3　双液固定体积比注浆泵实物照片

5.2　注浆工艺技术

配套的注浆技术如图4所示，两组分浆液单独高压输出，在注浆孔设计位置连接静态混合器、高压封孔器、注浆管道等。其中高压注浆封孔器可以依据注浆孔的直径大小定制尺寸，其作用原理是封孔器外套是高压橡胶管，中间是特质钢管结构，高压橡胶管两端通过锁箍固定在特制钢管上，钢管内部中心是具有一定出浆和止逆阀设置，在封孔器一端接头处内部设置一个特定压力才能打开的耐压薄片。在2～3MPa下，封孔器的橡胶套膨胀达到设计的膨胀尺寸后（膨胀后比之前直径大一倍左右），同时封孔器端头的耐压薄片冲开，浆液开始正常注浆，而已经膨胀起来的橡胶套因为封孔器中间有逆止结构实现封孔器膨胀是永久性的，膨胀起来的封孔器可以抵抗20MPa以上的注浆压力。如图5所示为直径为ϕ38mm的高压注浆封孔器膨胀前后照片。

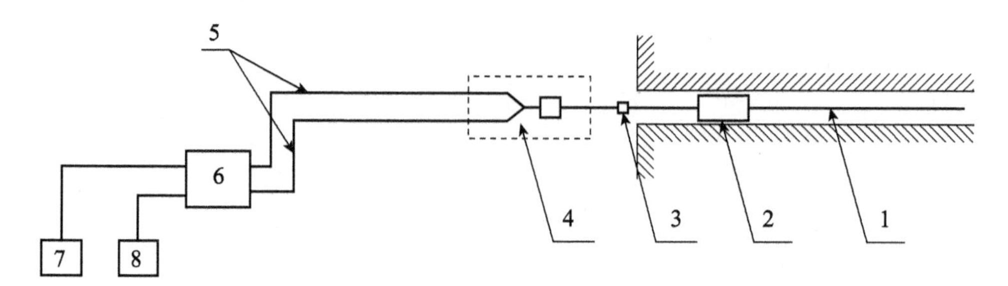

1—注浆管；2—封孔器；3—快速接头；4—专用注浆枪；
5—高压胶管；6—气动注浆泵；7—A组分；8—B组分

图4　双液固定体积注浆泵

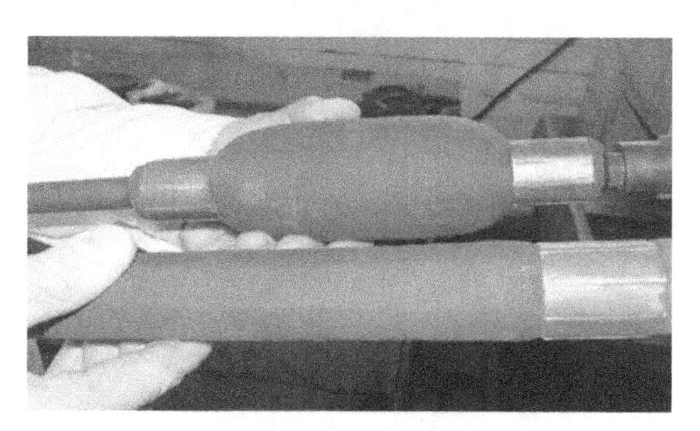

图5　高压注浆封孔器膨胀前后对比照片

6　新型硅酸盐改性聚氨酯双液化灌材料在某地质钻孔700m深孔涌水封堵治理应用

6.1　工程基本情况

该地质钻孔设计井深1500m，钻孔直径为122mm，钻孔地质柱状图如图6所示。钻孔内加上入下套管，套管直径为114mm，套管以下已钻至730m。测井显示：在钻孔深度650～680m区间出现较大渗漏水，井口测试涌水压力约在1.5～3MPa，流量约5～10m^3/h。在出现较大渗漏水后，采用水泥封孔注浆压水施工，注入水泥约1.5t，完全压制住了孔内渗漏水。但钻进时钻杆碰撞套管，环空水泥环被敲碎，或其他原因致返水量有增大。水温约35～40℃。

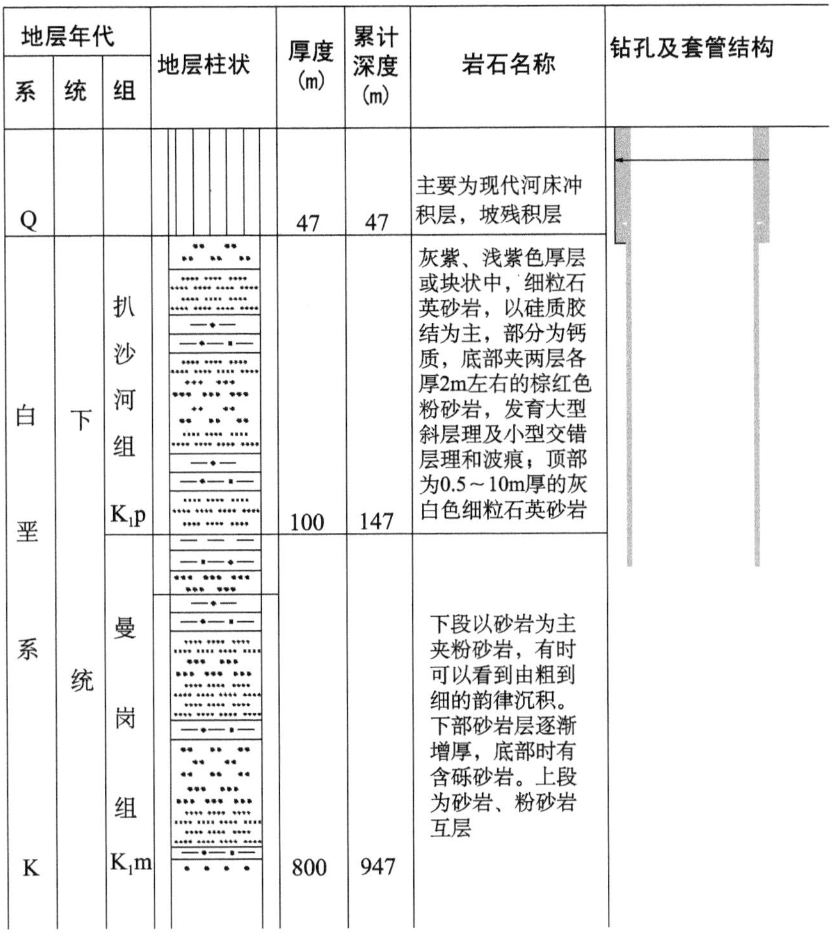

地层年代			地层柱状	厚度(m)	累计深度(m)	岩石名称	钻孔及套管结构
系	统	组					
Q				47	47	主要为现代河床冲积层，坡残积层	
白垩系 K	下统	扒沙河组 K_1p		100	147	灰紫、浅紫色厚层或块状中，细粒石英砂岩，以硅质胶结为主，部分为钙质，底部夹两层各厚2m左右的棕红色粉砂岩，发育大型斜层理及小型交错层理和波痕；顶部为0.5～10m厚的灰白色细粒石英砂岩	
		曼岗组 K_1m		800	947	下段以砂岩为主夹粉砂岩，有时可以看到由粗到细的韵律沉积。下部砂岩层逐渐增厚，底部时有含砾砂岩。上段为砂岩、粉砂岩互层	

图6 钻孔地质柱状图

需要解决的问题：采用针对性的注浆材料、配套工艺和设备，能彻底封堵钻孔650～680m区域围岩涌水层，然后钻孔继续钻进时，能易于钻进且即使钻具敲打套管或其他外界因素也不会影响注浆材料对围岩渗漏水的封堵效果，确保钻进至终孔1500m处不再涌漏。

因此，需要考虑两个关键性问题：

（1）注浆材料能通过合适的工艺技术和设备在压力水（3MPa左右下）注入水下730m并且能有效固结到650m高程。

（2）注浆材料能在水下有效固结，且能固结有效封堵住高程为680～730m钻孔围岩的渗漏水。

6.2 现场采取的方案和实施结果

综合各种方案后，现场确定选用新型硅酸盐改性聚氨酯双液化灌材料（固结型）实施水下注浆。注浆工艺特殊设计如下：

采用配套的双液固定体积比注浆泵施工。注浆出料管为双组分注浆管直接插入114mm套管里，深度达到670m左右。注浆管选用硬质、高强耐压（35MPa）的DNA13橡胶高压管，每根长度为50m，通过快接方式彼此连接，两根高压橡胶注浆管与一根钢索捆绑在一起，以提高注浆在超深钻孔下抗自重的安全性和稳定性。在注浆管口约670m处接入一个三通和特制的静态混合器，静态混合器端再连接一根10m长钢制注浆管。

在钻孔孔口进行钢板封口，并在钢板上预先焊接好连个快速接头分别连接注浆的输料管口和无缝钢制注浆管，在钻孔口安装一个泄压阀和压力表。具体如图7所示。

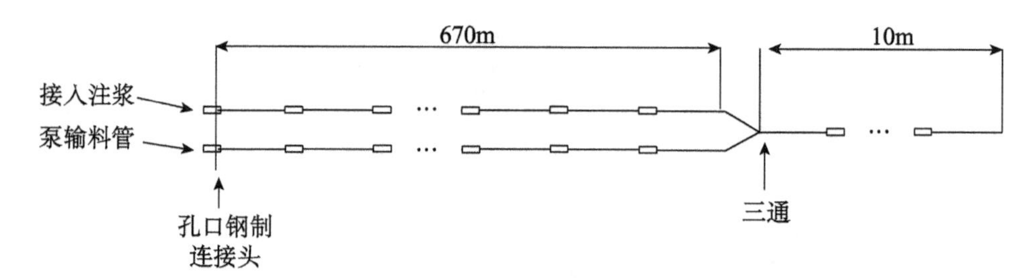

图7 钻孔堵水注浆管布置示意图

在启动注浆泵时压力就达到近10MPa，通过计算钻孔内预计注浆材料注满的位置（650m高程）需要的注浆材料量（富余15%系数），同时通过观测注浆泵的压力上升情况、钻孔口水压数值、泄压阀出水量等情况，最终决定注浆工作是否停止。

现场实际注浆量达到800kg，注浆泵压力上升为17MPa（可能是超长注浆管道压力降比较大），钻孔口泄压阀出水减少至不到0.1m^3/h，随停止注浆。随后除去注浆管后，钻孔继续掘进通过700m时如果没有再出现更大的渗漏水情况，就可以比较好地实现了预期目标。

7 结论

(1) 新型硅酸盐改性聚氨酯双液化灌材料具有比传统聚氨酯灌浆材料独特的性能，配套双液固定比体积注浆系统，实现了对复杂地质疑难问题化灌治理非常强的针对性。具有浆液自动进料，两组分浆液单独高压输出，孔内按照设计位置定向自动混合，可控范围注浆，水中固结且对水质环境基本没有影响，浆材水中固结性能不受影响，通过配方助剂调整可以实现浆液固结物既是高强度固结体，又可以是一定发泡膨胀性的固结体等独特性能。

(2) 通过在某超深地质钻渗漏水的治理，采用了新型硅酸盐改性聚氨酯双液化灌材料（固结型）实现了从地面对钻孔670m深下孔内水下注浆，设计了针对性的注浆系统，较好地解决了该地质钻孔较大的渗漏水导致无法继续掘进的难题。表明新型硅酸盐改性聚氨酯双液化灌材料及其配套的系统工艺技术具有在深水环境下注浆及封堵渗漏水较好的作用。

参考文献

[1] 蒋硕忠．我国化学灌浆的发展与近期展望 [J]．中国建筑防水，2005 (3)：10-14.

[2] 吴怀国．煤矿、隧洞等地下工程复杂地质灾害快速处理用新型化学灌浆材料和技术应用介绍 [B]，科技创新与化学灌浆，2008，9：87-103.

[3] 吴怀国．改性聚氨酯化学灌浆材料在煤矿等复杂地质灾害处理中的应用技术新型建筑材料，2008 (11)：67-70.

[4] 戴俊，陈焕懿，韦凌志．聚氨酯/无机纳米复合材料研究进展化学进展2014，33 (9)：2380-2386.

[5] 冯志强，康红普，韩国强．煤矿用无机盐改性聚氨酯注浆材料的研究 [J]，岩土工程学报，2013，35 (8)：1559-1564.

[6] 吴怀国，魏宏亮，韩德强．硅酸盐改性注浆加固材料的最新研究进展和应用 [J]，煤炭科学技术，2015，43 (5)：3-33.

大坝结构缝渗漏水下处理技术在越南 Song Tranh 2 水电站的应用

吕联亚

（中国电建集团华东勘测设计研究院有限公司，浙江杭州　311122）

摘　要：越南 Song Tranh 2 水电站蓄水发电后，大坝出现了大量漏水现象，严重危及大坝及下游人民的生命财产安全。通过对漏水原因的分析，华东院提出了采用在结构缝上游面设置表面止水并结合结构缝化学灌浆处理，在结构缝表面重置止水体系的处理方案。经处理后，效果显著。本文简要介绍了结构缝渗漏水下处理技术、施工方案、施工过程和处理效果，并进行了总结，可为类似工程缺陷治理提供借鉴。

关键词：结构缝；渗漏水；化学灌浆；水下处理；施工工艺

1　工程概况

该水电站位于广南省北茶美县，大坝是碾压混凝土重力坝，最大坝高 96m，坝长 640m，分 30 个坝块。电站蓄水发电后，大坝结构缝部位出现严重渗漏，正常蓄水位下，坝后最大渗漏量达 91L/s。越南国内媒体做了“大坝漏水，危及下游大约 2 万居民”的报道，在越南国内反响强烈，也引起了国际范围的广泛关注，新华社和中央电视台也做了相关报道。越南当地施工单位已多次对渗漏进行处理，均无明显效果。

2　渗漏原因分析

2.1　理论判断

根据现场漏水情况判断，产生大坝结构缝渗漏主要有以下几点原因：

作者简介：吕联亚（1963—），男，教授级高级工程师，主要从事化学灌浆材料和施工技术研究。

（1）与大坝结构缝止水损坏与失效有关。

（2）与结构缝止水与混凝土衔接部位的混凝土浇筑不密实存在渗水通道有关。

（3）与大坝混凝土存在漏水的施工缝或水平裂缝有关。

根据当时现场情况及资料描述分析，较大的漏水与大坝结构缝止水损坏失效或结构缝止水与混凝土衔接部位混凝土浇筑不密实存在渗水通道的可能性较大，小的漏水与存在上游面施工缝或水平裂缝渗漏的可能性较大。

2.2 水下检查

按照处理流程，在施工前对需要处理的结构缝进行了详细的水下检查，检查范围为结构缝左右各 1m 范围；水下检查采用向结构缝及其周边喷高锰酸钾示踪剂，检查高锰酸钾示踪剂走向，从而判断结构缝及其周边的渗漏情况。检查结果显示，主要漏水存在于结构缝位置，结构缝止水损坏与失效是渗漏的主要因素。

3 结构缝渗漏处理原则和方案[1,2]

3.1 处理原则

渗漏水产生的三要素是：漏水源、渗水通道与逸出点，要解决工程的渗漏水问题也需从这三方面着手。根据以往工程经验和大坝目前的状况，直接更换结构缝止水存在诸多困难；从缺陷修补角度出发，在结构缝上游面对结构缝漏水处理最为有效，即在结构缝上游面设置表面止水并结合结构缝化学灌浆处理，形成结构缝表面止水体系的处理方式。

3.2 处理方案

处理方案以自坝顶至淤积层以上对漏水缝进行处理，新建缝面止水体系。止水体系由缝内化学灌浆和缝面柔性防渗止水模块构成。缝内化学灌浆选用 LW 水溶性聚氨酯灌浆材料，填充结构缝上游面与结构缝止水之间的横缝缝腔及水平缝缝面，利用 LW 材料遇水膨胀的特性封闭可能的缝内漏水通道，LW 固结体具有弹性的特点可适应结构缝伸缩变化；缝面柔性防渗止水模块选用 SR

止水材料与 SR 防渗盖片，在上游结构缝表面形成一道表面柔性止水。

具体处理方案见图 1，在结构缝表面进行骑缝切槽、钻骑缝灌浆孔，埋设灌浆管、临时封闭，封闭完成后压水检查，压水检查完成后进行化学灌浆，灌注 LW 水溶性聚氨酯灌浆材料，让化学材料充填封闭漏水缝面；灌浆结束后对缝骑槽重新进行清理，嵌填 SR 止水材料并对缝面粘贴 SR 防渗模块，稳妥固定后完成整个结构缝表面止水体系建立。

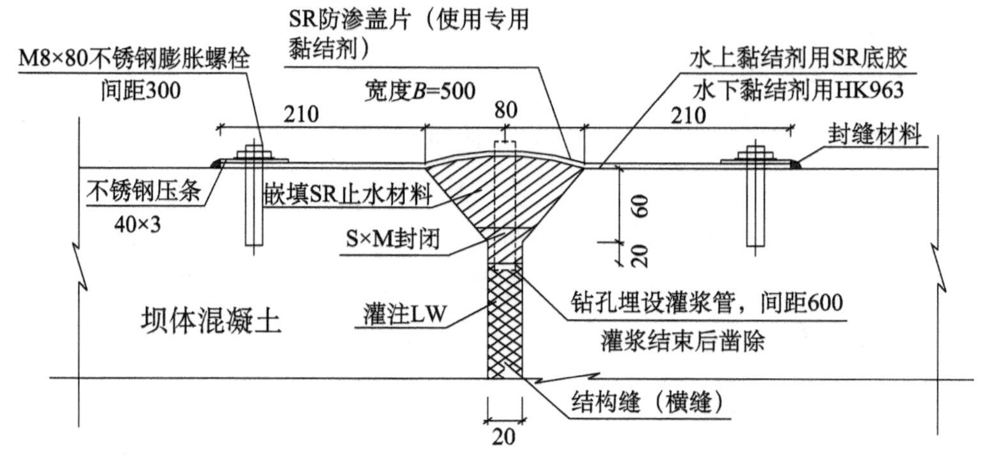

图 1　水下结构缝表面止水体系标准剖面图

4　主要材料性能指标

根据本工程处理的特点，对于灌浆材料的要求是既能起到防渗堵漏的效果，同时又要保持结构缝本身变形的适应性。结合多年的类似工程的施工经验，故选择 LW 水溶性聚氨酯化学灌浆材料，缝面柔性，防渗止水模块选用 SR 止水材料与 SR 防渗盖片，水下黏结剂采用 HK－963 材料。

LW 型水溶性聚氨酯灌浆材料是一种快速高效的防渗堵漏化学灌浆材料，性能指标见表 1。产品具有良好的亲水性能，浆液遇水后可以分散乳化，进而凝胶固结。固结体为弹性，可遇水多次膨胀，具有弹性止水和以水止水的双重功能，黏度低，可灌性好。

表 1　LW 水溶性聚氨酯材料主要性能指标

项目	指标
密度（g/cm^3）	1.05 ±0.05
黏度（25℃，MPa · s）	120 ~280
凝胶时间（min）（浆液:水 =1:10）	≤1.5
包水量（倍）	≥20
遇水膨胀率（%）	≥100

SR 塑性止水材料是专门为混凝土面板坝接缝止水而研制的嵌缝、封缝止水材料，是 SR 防渗体系止水结构中的主要防渗材料，其主要性能指标见表 2。SR 塑性止水材料以非硫化丁基橡胶、有机硅等高分子材料为主要原料，经纳米材料改性而成，是我国已建面板坝的主要止水材料，该材料具有塑性高、接缝变形适应性强、与混凝土基面黏结力强、耐老化性能优异、抗渗性能突出、可施工性能好等特点。

表 2　SR 塑性止水材料主要性能指标

项目			指标	
			SR－2 型	SR－3 型
密度（g/cm^3）			1.5 ±0.05	1.5 ±0.05
施工度（mm）			8 ~14	8 ~14
流动度（mm）			≤2	≤2
拉伸粘结性能	常温，干燥	断裂伸长率（%）	≥250	≥300
		破坏形式	内聚破坏	内聚破坏
	低温，干燥 －20℃	断裂伸长率（%）	≥200	≥240
		破坏形式	内聚破坏	内聚破坏
	冻融循环 300 次	断裂伸长率（%）	≥250	≥300
		破坏形式	内聚破坏	内聚破坏
抗渗性（MPa）			≥1.5	≥1.5
流动止水长度（mm）			≥135	≥135

SR 防渗保护盖片是一种针对混凝土面板堆石坝接缝止水开发的新型表面防渗保护材料，由 SR 塑性止水材料和增强型三元乙丙橡胶板、高强聚酯土工布、聚酯膜等材料经特殊工艺复合而成，性能指标见表 3。SR 防渗保护盖片既可作为 SR 塑性止水材料的专用保护材料配套使用，又可单独进行混凝土表面防渗施工，是混凝土面板坝和其他各类工程混凝土接缝、裂缝理想的防渗材料。

表3　SR 防渗保护盖片主要性能指标

试验项目		SBS 增强型	三元乙丙橡胶增强型
断裂强力（N/cm）	经向	≥400	≥400
	纬向	≥400	≥400
断裂伸长率（%）	经向	≥20	≥350
	纬向	≥20	≥350
撕裂强力（N）	经向	≥350	≥350
	纬向	≥350	≥350
不透水性，8h 无渗漏（MPa）		≥1.5	≥2.0
低温弯折		-10℃无裂纹	-35℃无裂纹
热空气老化（80℃×168h）	断裂拉伸强度保持率（%）	≥85	≥80
	扯断伸长率保持率（%）	≥85	≥70

HK-963 水下涂料是一种改性环氧涂料，它是以环氧树脂为主，通过添加增韧剂、活化剂、固化剂等一系列的助剂而制成，其主要性能指标见表4。

表4　HK-963 水下粘合剂主要性能指标

序号	项目名称		指标
1	密度（g/cm^3）	A 组分	1.55±0.1
		B 组分	1.45±0.1
2	抗压强度（MPa）		≥50
3	水下黏结强度（MPa）		≥2.0

5　结构缝漏水处理工艺流程

工艺流程：检查→缝面切槽及清理→钻孔、埋管、封缝→压水检查→灌浆→割管、清槽→预制 SR 防渗模块→涂刷底胶→缝面 SR 防渗模块固定→封边。

（1）检查

处理前，对结构缝缝面进行全面综合检查，采用彩色水下电视进行记录，潜水员做好标记，对有疑问的裂缝采用水下示踪剂确认漏水情况并标记，以便于随后的施工处理。

（2）缝面切槽及清理

骑缝切槽，用水下液压切割机沿需处理的缝面切割骑缝槽，槽宽为 80mm，槽深为 60mm。成槽同时对结构缝跨缝 600mm 范围的混凝土表面进行清理，清除结构缝两侧表面附着物、浮生物及松动层，遇到表面错缝、不平整、混凝土局部破损或骨料出露的部位，先用水下打磨设备打磨平整，缺陷孔洞采用 SXM 水下密封剂找平。

（3）钻孔、埋管、封缝

清槽完成后，在缝槽内以 60cm 的间距，深 10cm 左右钻骑缝灌浆孔，也可根据缝的走向钻穿缝斜孔，确保穿缝点深 10cm 左右。成孔后插入 $\phi8$ ~ 10mm 的灌浆管，用 SXM 水下快速密封剂埋设灌浆管，在槽底嵌填约 20mm 厚的 SXM 水下快速密封剂封闭缝面。

（4）压水检查

待 SXM 强度达到要求后，从最低处的灌浆管开始进行压水检查，封闭各灌浆管，在 0.3 ~ 0.5MPa 压力下观察渗漏情况，确认缝面无渗漏现象后再进行后续灌浆工作。如果发现外漏现象，应补充封闭，再试压，直至全部合格。

（5）灌浆

采用纯压式灌浆。在潜水工作平台上进行 LW 水溶性聚氨酯化学灌浆配浆，采用电动化学灌浆泵压浆。灌浆管首先和最低处的灌浆管相连，自下而上灌注 LW 水溶性聚氨酯化学浆液，灌浆压力根据不同水深，控制在 0.3 ~ 0.5MPa。当上一灌浆管出现纯 LW 浆液后将该管封闭持续灌注，或将灌浆管移至出纯浆的管子同时关闭原灌浆管继续灌浆，直至最高处灌浆管出现纯 LW 浆液后，结束灌浆。灌浆过程中如果出现大的吸浆量现象，可采用加催化剂、间歇灌注等措施，控制进浆量。

（6）割管、清槽

灌浆结束 24h 以后，清除灌浆管并再次将缝槽及缝槽两侧 30cm 范围内的混凝土表面清理干净。

（7）预制 SR 防渗模块

在岸上制作 SX 防渗模块，裁剪好宽 500mm 的三元乙丙增强型 SR 防渗保护盖片，并按缝两侧混凝土的平整度，在低洼部位所在的盖片上粘贴 SR 材料找平层，厚度约 5 ~ 10mm。

（8）涂刷底胶

按 1 ~ 2m 为一个操作段，在表面已清理干净的结构缝槽表面涂刷 HK - 963 水下涂料。涂刷过程须认真仔细，要求涂层厚薄均匀，不能漏刷，对于坑洼部位可先修补平整后再进行涂刷。

（9）缝面 SR 防渗模块固定

在水下缝面由下至上（也可由上至下）粘贴由岸上制作的、适应缝面要求的 SR 防渗模块。首先将 SR 防渗模块挂到预先安装的膨胀螺栓上，然后从模块中部向两侧赶水，使 SR 防渗模块与基面粘贴密实，SR 防渗模块搭接长度为 150mm；两侧用 ϕ8mm 不锈钢膨胀螺栓、不锈钢压条进行锚固，锚固间距约 300mm。不锈钢压条尺寸为 40mm（宽）×3mm（厚）。

（10）封边

用 HK－963 水下封缝胶泥对 SR 防渗模块各边及螺杆孔进行封边，并确保封边密实。

6 处理过程及效果

本次大坝结构缝漏水处理工程，人员于 2012 年 6 月 15 日进点，开始施工准备工作。2012 年 6 月 19 日开始水上部分施工；水下部分施工因船运公司原因致使水下施工设备于 2012 年 6 月 27 日才到场，故水下施工于 2012 年 6 月 29 日开始。施工期间，我方紧密安排，合理布置，采取架设水上浮排、在吊篮上架设跳板等方法，对难以处理的工作面（凹进面）进行了处理；采用搭设遮阳棚，发放防暑护具及药品，用绳索固定浮排等方法克服了天气炎热、雷雨大风等恶劣天气及其他诸多不利条件的影响，严格遵循技术方案、进度计划和安全要求，平稳安全有序施工。最终经过项目部全体人员两个月的坚持和努力，于 2012 年 8 月 22 日（提前于甲方要求工期 8 月 24 日）完成了全部现场施工任务，并顺利通过监理与总包方验收。

本次处理主要对 KN7、KN8、KN11、KN14、KN16、KN18、KN20、KN23、KN25、KN28 等结构缝进行处理。处理后对大坝十条结构缝的漏水量进行检测。实测结果为 0.626L/s，在处理前相同水位下，总体漏水量减少 99.22%，大大高于合同要求的 80%，其中单条缝最大漏水从处理前的 49.71L/s，减小到目前的 0.022L/s。其处理效果见图 2 和图 3，达到了预期目的。

图 2　处理前的廊道（2012.5）

图 3　处理后的廊道（2013.10）

7　结语

越南 Song Tranh 2 水电站结构缝渗漏处理工程具有单缝渗漏量大、渗漏范围广等特点。纵观整个处理工程，在上游面采取化学灌浆并安装柔性防渗止水模块从而形成结构缝表面止水体系的方案是可行的。从施工工艺来看，渗漏前的示踪检查、处理过程中的压水检查及不断完善的灌浆工艺，确保了灌浆处理的良好效果。越南 Song Tranh 2 大坝全景见图 4。

图4　越南 Song Tranh 2 大坝全景

参考文献

［1］建筑防水材料/化学建材系列丛书书号：ISBN 978－7－112－09128－7．图书编号：B10040727．中国建筑工业出版社，2007．

［2］吕联亚，张捷．“混凝土渗漏综合治理技术”，《中国建筑防水》．2001．No．3．

响水涧抽水蓄能电站上水库水下面板缺陷修复

孙志恒[1]，宋冲[2]，单宇翥[2]

（1. 中国水利水电科学研究院，北京　100038；

2. 青岛太平洋水下科技工程有限公司，山东青岛　266100）

摘　要：裂缝是水利水电工程运营过程中最常见的缺陷之一。裂缝的出现，对于建筑物的整体性和寿命都有一定的影响，甚至危及建筑物的安全稳定运行。响水涧抽水蓄能电站上水库坝体采用混凝土面板堆石坝结构，通过在对主、副坝水下面板进行检查后发现，面板存在多处裂缝、垂直缝和周边缝的渗漏现象。水下缺陷修复往往存在质量不易控制、效率不易保证等问题。为此，开发了水下环氧黏结剂及防渗盖板，并成功应用于响水涧抽水蓄能电站上水库混凝土面板缺陷水下修复工程。

关键词：水下裂缝；垂直缝；渗漏；水下修补

1　工程概况

响水涧抽水蓄能电站位于安徽省芜湖市三山区峨桥镇境内，距繁昌县城约25km，距芜湖市约45km。电站装机容量1000MW，电站枢纽主要由上水库、下水库、输水系统、地下厂房洞室群、地面开关站、中控楼等建筑物组成，响水涧抽水蓄能电站上水库全貌见图1。上水库位于浮山东部的响水涧沟源坳地，由主坝、南副坝、北副坝、库盆等建筑物组成。主坝、南副坝和北副坝均为混凝土面板堆石坝，最大坝高分别为87.0m、65.0m、53.50m，

基金项目：国家重点研发计划项目（2016YFC0401609）；中国水科院基本科研业务费专项（SM0145C102018；SM0145B632017）

作者简介：孙志恒（1962—），教授级高级工程师，主要从事水工混凝土建筑物检测、评估与修补加固技术研究。E-mail：sunzhh@ iwhr. com

坝顶长度分别为520m、339m、174m，坝顶宽度均为8.625m，筑坝石料主要取自上水库库盆扩容开挖料。上水库主坝、南副坝、北副坝面板底高程为170m、175m、180m（具体水深根据上下库水位而定）。

图1　响水涧抽水蓄能电站上水库全貌

2　工程内容

响水涧抽水蓄能电站上水库面板缺陷修复工程包括主副坝面板裂缝及垂直缝和周边缝渗漏处理，具体范围及数量如下：

（1）主坝面板裂缝渗漏处理，位置：ZM29面板靠近底部周边缝，渗漏点高程203m。

（2）北副坝面板裂缝渗漏处理，位置：BM2面板靠近周边缝，渗漏点高程201m。

（3）南副坝面板裂缝渗漏处理，位置：NM3面板底部，渗漏点高程208m。

（4）主坝面板周边缝渗漏处理，位置：ZM29面板，渗漏点高程201m。

（5）主坝面板垂直缝渗漏处理，位置：ZM29面板与ZM30面板之间垂直缝距周边缝10cm，渗漏点高程203m。

（6）主坝面板垂直缝和周边缝搭接处渗漏处理，位置：ZM19与ZM20之间垂直缝和周边缝搭接处，渗漏点高程170.9m。

安徽响水涧抽水蓄能有限公司委托青岛太平洋海洋工程有限公司于2018年07月22日~08月07日对上水库面板缺陷进行了水下修复。

3 施工方案及实施[1,2]

3.1 潜水方案

本次水下作业采用管供式空气潜水。潜水员按照预先制定的行动路线下水，并配备管供式空气潜水装具、水下照明设备、水下摄像机、潜水电话和水下测量工具。水下摄像机和水下电话通过电缆与水面监视器连接，这些先进设备保证把检查过程的每一画面连续传送到水面监控器，供水面工程监督和甲方人员观看，工程监督和甲方可以通过这些设备直接监督、检查及指导水下作业，保证作业水上水下的同步统一。

3.2 潜水设备

主要潜水设备包括：

（1）水下录像水面监控系统：水下录像、监视系统，具有水下录像、电视观察等功能，配有液晶显示器和各种彩色、黑白显示器，能够在水下完成各种水下检查、测量工作，业主及专家可在水面以上同步观察水下情况。

（2）潜水装具：美国进口的各种轻潜、重潜潜水服装及配套装具。这些装具是美国海军和全球许多国家军队的标准潜水装具。适用于一切军事、商业潜水。设计可靠、舒适性和安全性方面，已臻尽善尽美。

（3）潜水电话：美国进口，性能可靠，功能齐全，能使潜水人员在水下时刻与陆上人员保持通信联系，接受业主或专家的指挥，并有无线发射功能，语音矫正功能，声音始终清晰。

（4）水下照明灯阵：主要用于大中型水下工程作业时，水下较大范围环境照明，采用组合式结构，吊放式布放使用，最大工作深度150m，造成一定范围内的自然光效果，从而便于潜水员的水下观察和作业。

（5）手持录像系统：手持录像系统由伸缩手柄、水下摄像头及水上控制单元组成，其伸缩手柄采用特殊伸缩机构，可以锁定伸缩范围内的任意长度，水下摄像头采用高清进口机芯，水上控制单元由控制按钮、电池组及显示屏组成，支持四通道高清录像。

3.3 施工前的准备

施工前准备水上工作平台，满足使用和设备布置要求，并具有足够承载力和稳定性，搭设浮排现场见图2。按施工要求，布置工作平台和安放潜水、修复施工所用设备与器具，吊装浮排现场见图3。根据工程需要及进度要求，制订劳动力进场计划、机械进场计划及材料进场计划等准备工作。

图2　搭设浮排现场

图3　吊装浮排现场

3.4 裂缝渗漏处理[3]

裂缝渗漏处理方案及施工工艺如下：

（1）潜水员将裂缝渗漏及破损严重部位的原有的止水材料、杂物等全部清理干净。

（2）沿裂缝两侧切V型槽。

（3）V型槽内嵌填ϕ30mm氯丁橡胶棒，橡胶棒尽可能多的嵌入V型槽内。

（4）在胶棒上涂刷水下无溶剂环氧防渗涂料，嵌填柔性材料。

（5）涂刷黏结剂，用水下无溶剂环氧防渗涂料作为粘接剂，粘贴防水盖片，并采用M10膨胀螺栓及不锈钢压条固定，膨胀螺栓间距40cm，不锈钢压条宽度5cm，厚度0.3cm。

3.5 垂直缝和周边缝渗漏处理

垂直缝和周边缝渗漏处理方案及施工工艺如下：

（1）潜水员缓慢拆除垂直缝渗漏部位原有压条及盖片，边拆除边用喷墨法检查内部止水的渗漏情况，直至确定渗漏的最终范围。

（2）潜水员将垂直缝渗漏及破损严重部位的原有的止水材料、杂物等全部清理干净。

（3）缝内嵌填 ϕ30mm 氯丁橡胶棒，橡胶棒尽可能多的嵌入缝内。

（4）在止水封凹槽表面涂刷水下无溶剂环氧防渗涂料，嵌填塑性材料，并按照原设计尺寸制作鼓包。

（5）涂刷粘接剂，用水下无溶剂环氧防渗涂料作为黏结剂，粘贴防水盖片，并采用 M10 膨胀螺栓及不锈钢压条固定，膨胀螺栓间距 40cm，不锈钢压条宽度 5cm，厚度 0.3cm。

4 水下修复材料性能

4.1 防渗盖片

针对水下裂缝及垂直缝渗漏问题，研发了一种针对混凝土面板堆石坝接缝止水的新型表面防渗保护材料，该盖片由柔性止水材料和增强型三元乙丙橡胶板、高强纤维布、聚酯膜等材料经特殊工艺复合而成。防渗盖片既可作为柔性止水材料的专用保护材料配套使用，又可单独进行混凝土表面防渗施工，是混凝土面板坝和其他各类工程混凝土接缝、裂缝理想的防渗材料。

防渗盖片的性能特点：

（1）与混凝土基面粘结力强。

（2）抗渗性能突出，能独立承受 1.5MPa 以上水压。

（3）强度高、重量轻，施工简便。

（4）耐老化性能优异。

（5）与相应柔性止水材料配套性好。

4.2 水下粘结剂性能

针对水下粘结的难题，课题组研制开发了水下环氧黏结剂作为胶粘剂。水下环氧黏接剂能在水中、潮湿、干燥、低温（5℃以上）和常温条件下固化，且有很高的粘结强度。触变性好，施工不流淌，有良好的抗疲劳性能和抗冲击性能，耐介质腐蚀性能好，且不含挥发溶剂（零 VOC），100% 固化成膜，环保、经济。水下环氧黏结剂操作简单，两组分混合后在水下直接涂刷，施工工艺性好。水下环氧黏结剂的性能指标见表 1。

表 1　水下环氧黏结剂性能指标

外观	甲组分	乙组分
	灰色黏稠体	棕色液体
可操作时间（20℃，min）	45	
固化时间（20℃，h）	2	
混合比例（重量比）	甲:乙 =3 - 5:1	
水下涂膜与钢板黏结强度（MPa）	≥2	

5 水下修复效果

本次响水涧抽水蓄能电站上水库水下面板缺陷修复严格按照施工工艺，保质保量地完成了工程任务。水下修补工作结束后，潜水员对渗漏点修补处理的情况进行复查。检查结果表明，通过使用水下环氧粘接剂，保证了混凝土与盖片之间黏结情况良好，渗漏水部位修补后，渗流量降低明显，达到了预期目的。

参考文献

[1] 宋旭青，迟俊兰. 水下混凝土结构损伤修补技术 [J]. 大坝与安全，2010 (6)：46 - 49.

[2] 余宗翔. 天生桥一级水电站大坝面板主要缺陷处理 [J]. 红水河，2005 (24)：19 - 22.

[3] GB 50728—2011，工程结构加固材料安全性鉴定技术规范 [S].

某高面板坝岩溶渗漏深水检测技术

高大水[1,2]，周晓明[1,2]，谭界雄[1,2]

（1. 国家大坝安全工程技术研究中心，湖北武汉　430010；

2. 长江勘测规划设计研究院，湖北武汉　430010）

摘　要：某水电站混凝土面板堆石坝最大坝高140m。下闸蓄水后，坝后开始出现渗漏，且随着库水位的上升，渗漏量不断增加，最大渗漏量达1720L/s，严重威胁大坝安全。采用水下声呐大坝渗漏检测、水下高清摄像和示踪检测，以及钻孔取芯、注（压）水试验、孔内摄像、连通试验等多种新型检测技术，查明了大坝基础存在岩溶渗漏问题和面板渗漏缺陷，为大坝后续渗漏处理提供了技术支撑。

关键词：面板坝；渗漏；声呐检测；岩溶

1　前言

据不完全统计，我国已经建成和正在建设的面板堆石坝约300座，占世界面板坝数量的一半；其中坝高超过70m的混凝土面板堆石坝达140余座，占比40%以上。面板堆石坝在我国的起步较晚，但发展势头非常迅猛。我国自20世纪80年代开始引进现代面板堆石坝技术以来，至今已有30余年。经过引进消化、自主创新和不断突破发展，积累了大量的工程经验，逐步形成了中国特色的面板堆石坝筑坝技术。我国混凝土面板坝筑坝技术在取得巨大成就的同时，也出现了一些病害。面板堆石坝发生较大渗漏的情况还比较多，其渗漏的查找与加固已成为当前坝工技术亟待解决的技术问题[1]。国家大坝安全工程技术研究中心根据面板堆石坝渗漏检测与加固经验[2-5]，提出采用新型水下声呐渗漏检测和水下摄像、喷墨示踪检测，并配合地质钻孔及孔内

作者简介：高大水（1962—），男，湖北武汉人，教授级高级工程师，主要从事水利水电工程水工设计与病害治理研究工作。E-mail：gaodashui@163.com

摄像、声波检测、连通试验等多种新型检测技术，对大坝面板及基础渗漏进行综合检测。该系列技术在某高面板坝工程中的成功应用，为大坝的渗漏处理提供了有力的技术支撑。

某水电站枢纽工程为Ⅱ等大（2）型工程，大坝为混凝土面板堆石坝，最大坝高140m，坝顶长450m，上、下游坝坡均为1:1.4。工程下闸蓄水后，坝后出现渗水，且随着库水位的上升，渗漏量不断增加，在库水位723.5m时，坝后渗漏量达到1720L/s。此后库水位降低至死水位运行，坝后量水堰渗漏量673L/s，导流洞渗漏量422L/s，坝后量水堰渗漏量与库水位关系曲线见图1。为此，建设单位委托国家大坝安全工程技术研究中心对该面板坝渗漏进行了检测。

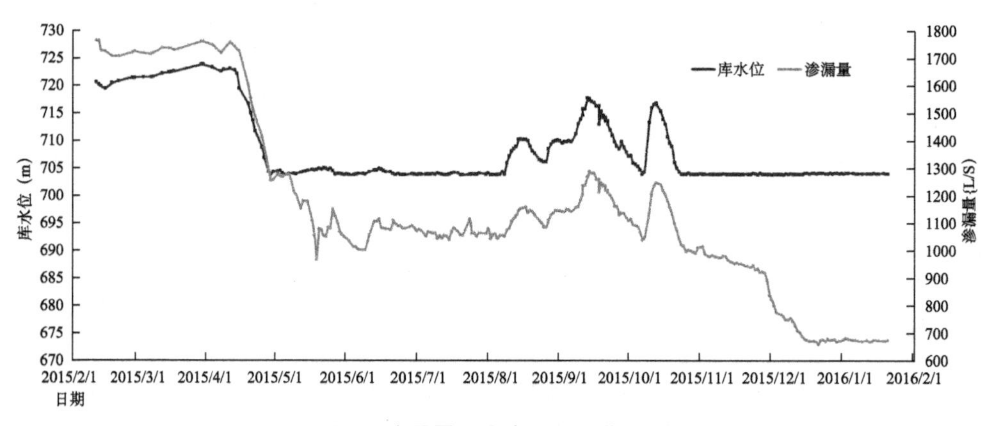

图1　渗漏量—库水位关系曲线图

2　检测方案确定

经过对大坝渗漏现场的详细观察，并结合勘测设计、施工、监理及大坝安全监测等资料的分析，初步判断大坝渗漏存在两个方面的可能性：一是大坝面板存在渗漏；二是大坝基础（坝基及坝肩岩体）存在渗漏。根据湖南白云水电站面板堆石坝渗漏检测的成功经验[2]，大坝面板渗漏采用新型专利技术“三维流速矢量声呐测量仪”，检测精度达到流速1×10^{-5}cm/s，可检测出大坝水下面板入渗面微渗漏流速。通过在全面板区域布置检测点网格，可检测出整个水下面板区域的渗漏流速场，从而方便判断出大坝渗漏发生部位，同时配合水下机器人高清摄像和示踪技术，可进一步查明大坝面板渗漏情况。

由于渗漏对大坝安全影响较大，因此，渗漏检测分为两个阶段进行。第一阶段，首先对大坝面板渗漏进行检测，即对死水位以下大坝面板、趾板区域等进行声呐渗漏流速场检测。第二阶段，对坝基及坝肩岩体渗漏进行检测，即对大坝河床铺盖上游 400m 范围内河床及左右岸坡等进行声呐渗漏流速场检测，并针对坝基及坝肩渗漏，特别是岩渗漏问题，沿趾板布设 4 个基岩查漏深钻孔，进行注（压）水试验、声呐流速检测、连通试验、孔内高清摄像等，同时利用两岸坝肩的渗压观测孔进行声呐流速检测，以进一步查明大坝及其基础的渗漏情况。两阶段的水面声呐检测范围见图 2。

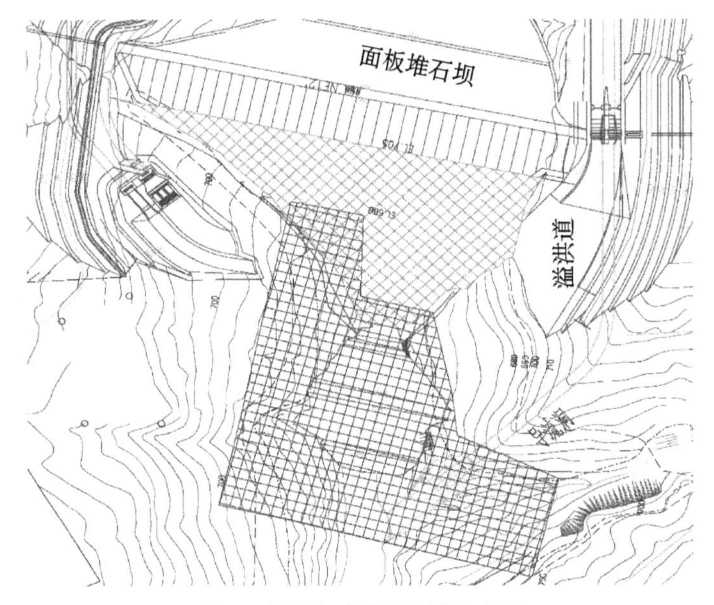

图 2　水面声呐检测范围示意图

3　第一阶段渗漏检测

第一阶段渗漏检测主要包括大坝面板区域水下声呐渗漏流速场检测、面板 J24 和 J27 垂直缝沿挤压破坏水下机器人高清摄像与渗漏示踪检测。

3.1　大坝面板声呐渗漏流速场检测

大坝面板声呐渗漏流速场检测范围为：死水位 705m 以下面板、趾板、黏土铺盖和趾板外岸坡部分，检测面积约 4.4 万 m^2，声呐测点间距 5m×5m，渗漏异常部位适当加密测点。检测结果显示，大坝面板范围有 3 个主要渗漏区域，见图 3。①号渗漏区范围最大，位于右岸高程 660～685m 范围内的面板、趾板及趾板外侧岸坡部位，最大渗漏流速 0.444cm/s，位于坝纵 0+315m、坝横 0+100.32m 附近，相应高程 670.5m，且 FR2 号面板上该点同一高程左右测点渗漏流速均较大；同时高程 681m 附近趾板右侧岸坡也存在渗漏，该处最大渗漏流速 0.078cm/s。②号渗漏区位于左岸铺盖顶高程 660m 附近的趾板、周边缝和临近面板部位，最大渗漏流速 0.074cm/s。③号渗漏区位于左岸高程 605～630m 范围内的趾板外侧岸坡部位，最大渗漏流速达 0.051cm/s，说明该区岸坡基础及周边缝区域存在渗漏。

3.2 水下高清摄像及示踪检查

为更清楚直观地察看水下面板、结构缝等的渗漏情况，对大坝面板进行了水下机器人高清摄像检查，并采取喷墨示踪对缺陷部位进行渗漏检测。检测显示，J24 和 J27 垂直缝挤压破坏延伸到水下，水下喷墨示踪未见渗漏现象。

3.3 渗漏分析

第一次渗漏检测时大坝坝后渗漏量为渗漏量在 1200L/s 左右，库水位为 705m 死水位，由检测渗漏流速场估算面板范围内渗漏量为 462L/s，占总渗漏量的 37%，说明大坝基础存在较大渗漏。

4 第二阶段渗漏检测

根据第一阶段检测出成果，建设单位立即采取了如下处理措施：在上游面板及铺盖、上游灰岩区河床表面抛投黏土；对左、右岸重点段增强帷幕灌浆；左岸发电洞、冲沙洞放空检查与缺陷处理；在导流洞增加排水孔等。加固完成后，大坝坝后量水堰渗漏量降到 670L/s 左右，导流洞渗漏量增加到 422L/s。由此可见，加固效果有限。

为此，提出开展第二阶段的渗漏检测工作。根据左、右岸增强帷幕灌浆

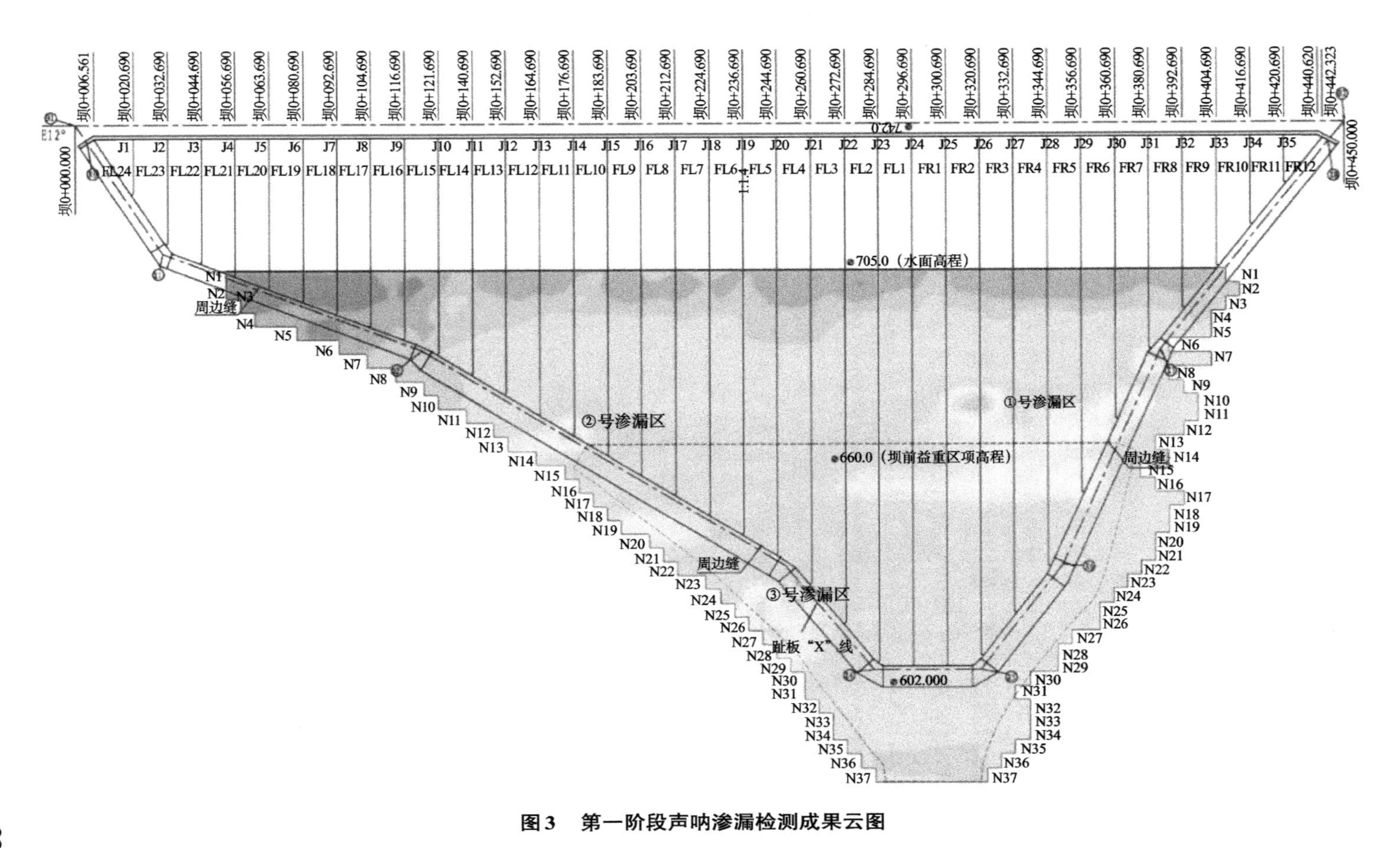

图3 第一阶段声呐渗漏检测成果云图

钻孔在 T3yc－1 岩层存在较多掉钻和失水的现象，以及对原地勘资料的分析，初步判断 T3yc－1 岩层岩溶相对发育。因此，第二阶段检测重点主要放在岩溶通道的查找和岩溶发育范围及深度的检测上。

4.1 入渗面声呐渗漏流速检测

根据原地质资料，坝基 T_3y^{c-1} 组岩层于河床部位出露，在坝址上游延伸约 2km，在靠近大坝上游出露 T_3y^{c-1} 组岩层位于库水位以下，可能是坝基岩溶渗漏主要入渗面。为此，对大坝趾板上游 400m 范围 T_3y^{c-1} 组岩层地表出露表面（河床及左右岸坡）采用声呐渗漏流速场检测；同时对第一阶段检测发现的③号渗漏区进行了声呐复查（③号渗漏区进行了抛投黏土施工），声呐测点间距 5m × 5m，渗漏异常区适当加密测点，总检测面积约 6.5 万 m^2。

检测成果显示：大坝趾板上游 400m 范围 T_3y^{c-1} 组岩层地表出露表面整体渗漏流速较小，在 $10^{-4} \sim 10^{-5}$cm/s 量级，最大的测点渗漏流速为 4.62×10^{-4} cm/s，位于左岸边坡高程 665m 左右。由于址板上游大部分区域由黏土铺盖和围堰覆盖，渗径相对较长，整个检测区域内未发现集中渗漏通道。③号渗漏区范围的平均渗漏流速由黏土抛投施工前的 10^{-3}cm/s 量级降至 10^{-5}cm/s 量级，最大的测点渗漏流速由 5.08×10^{-2}cm/s 降至 1.12×10^{-4}cm/s，说明抛投粘土增强了该区域铺盖的防渗作用。

4.2 水上钻探平台搭建

为了查找坝基岩溶通道的和岩溶发育范围，沿帷幕线布设 4 个综合检测深钻孔，钻孔深度以揭穿 T_3y^{c-1} 组基岩并进入 T_3y^b 相对不透水基岩中 10m 为控制深度。综合检测钻孔参数见表 1，其中 ZK2 和 ZK4 分别位于水面以下 38.5m 和 24.5m，且孔深达 200m，这两个钻孔需要在水平上布设钻孔设备，为此专门在水面搭建作业平台。

水面作业平台采用军用 74 式重型舟桥作为浮体，上部采用单排 321 贝雷片，在其上铺装工字钢纵梁和木桥面板。首先移动单舟使舟尾靠拢对正，利用周底部和上部挂钩连接在一起形成全形舟，再将贝雷片、横梁等逐节进行组装。浮桥中心线两侧各预留 20cm 缝作为钻具上下及孔口安装空间（施工过程中预留缝宽可根据实际情况调整）。调整全形舟对位后采用螺栓与贝雷片固定，后铺设纵梁和桥面板。

表1　综合检测钻孔参数表

位置	钻孔编号	孔口高程（m）	孔深（m）	终孔稳定水位（m）	帷幕以下深度（m）	备注
左岸	ZK1	708.3	190.4	655.5	115	帷幕上游0.8m
	ZK2	666.5	162	637.3	85	帷幕上游5.0m
右岸	ZK4	680.5	200	635.9	110	帷幕上游2.5m
	ZK5	742.0	237.4	627.0	85.4	帷幕轴线上

4.3　钻孔综合检测与岩溶地质分析

根据钻孔综合检测成果分析可以得出以下几点结论。

（1）T_3y^{c-1}的钙质砂岩、灰岩中岩溶发育。右岸ZK4钻孔发现灰岩T_3y^{c-1}层顶部发育有4m高的溶洞，充填黏土及粉细砂，见图4。综合前期勘探钻孔资料，发现近岸坡的钻孔普遍发育溶洞，充填物大致类似，溶洞高一般2～4m，局部高达50多米，说明岸坡浅表部范围内该层溶洞连续性较好。左岸ZK2钻孔在孔深12.1～14.0m发现顺宽大溶缝，库水注入孔内，孔深44.8～78.3m，溶蚀强烈，发育多个溶洞，钻孔压水多数不起压，且钻孔水位突降至孔底以下，终孔2d后水位回升。ZK1～ZK4钻孔数值摄像电子岩芯显示岩溶裂隙见图5。4个钻孔中均存在压水不起压和孔底涌水情况，孔内存在岩溶裂隙和溶隙发育孔段。

图4　ZK4钻孔T_3y^{c-1}层顶部溶洞充填物

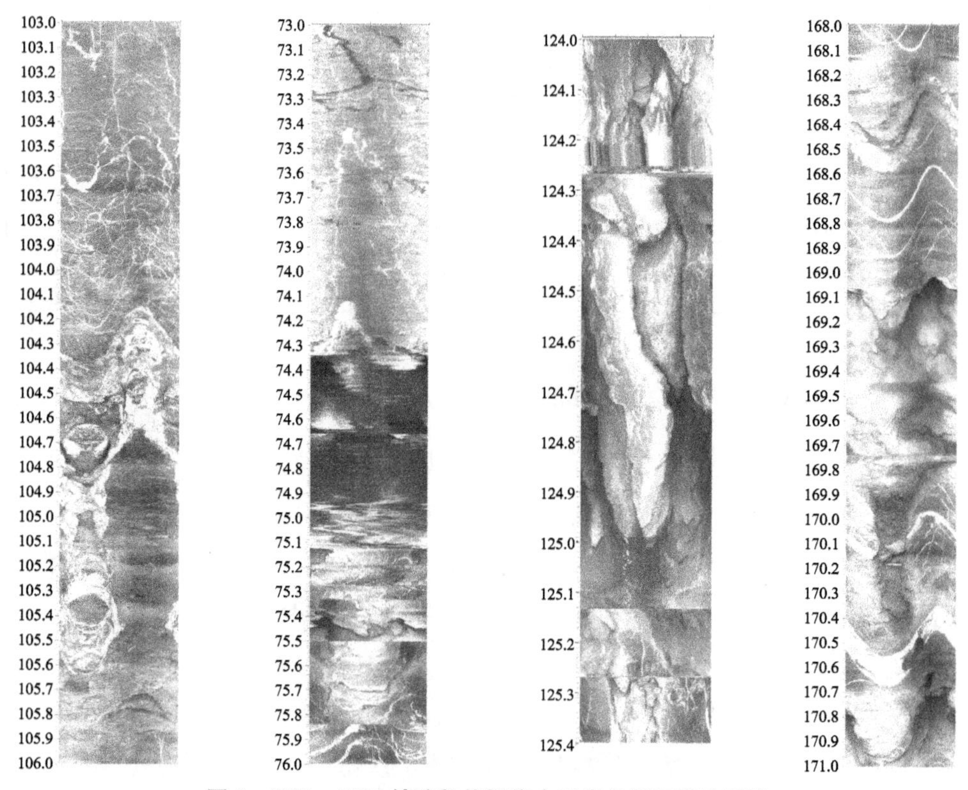

图5　ZK1～ZK4钻孔数值摄像电子岩芯显示岩溶裂隙

（2）ZK2钻孔在趾板线防渗帷幕上游5m处，钻探发现孔深72.0～75.0m为溶洞，该溶洞不断漏水，压水试验出现失水现象。连通试验示踪剂投入3h36min后在量水堰左侧发现淡蓝色水流自底部冒出，之后量水堰内水体整体呈浅蓝色，估算渗流速度为2.5cm/s左右。

（3）ZK4在孔深42.0～46.0m发现溶洞带，位于T_3y^{c-1}顶部，以溶洞和较大的溶蚀裂隙形式存在，连通试验投入示踪剂后经1h20min发现导流洞内部分排水孔率先变成淡红色，经1h36min后，导流洞洞口水质已全部变红。估算渗流速度为5cm/s左右。通过连通试验初步判定ZK4与下游导流洞内排水孔间有连通的渗流通道。

（4）坝址区水文地质条件复杂，大坝右岸存在非可溶岩与溶岩分层地下水，大坝左岸深部存在向较远的下游延伸的岩溶通道。左岸帷幕灌浆消缺范围以下和右岸补充帷幕灌浆范围内存在因岩溶形成的透水带，帷幕灌浆未能完全封闭岩体中的岩溶裂隙、溶洞等渗漏通道，库水可以通过帷幕向下游渗漏；帷幕灌浆底线以下仍发现溶洞或宽大的溶缝，与下游连通性较好，防渗帷幕深度未达到岩溶发育的下限。

4.4 钻孔及水位观测孔声呐流速检测

ZK1 渗漏流速在 $10^{-1} \sim 10^{0}$ cm/s，渗漏流速较大，底部最大流速达到 1.6cm/s；ZK4、ZK5 上部在 10^{-4}cm/s 量级，到底部达到 10^{-2}cm/s 量级，与孔内高清摄像溶蚀裂隙对应。

观测孔 DB－HW－01、02、03、05、06 孔深为 40m，孔内地下水位在 T_3y^{c-2}层内，声呐检测的渗漏流速均在 $10^{-5} \sim 10^{-4}$cm/s 量级，属于微渗漏。坝后 DB－HW－12、DB－HW－14、DB－HW－15 观测孔内的渗漏流速也在 $10^{-5} \sim 10^{-4}$cm/s 量级，未发现明显渗漏。DB－HW－11 水位观测孔位于700m 马道右岸坡上，孔深 80m，已进入相对透水岩层 T_3y^{c-1}，孔内水位顶高 627.4m，孔内上部流速均较小，在底部高程 618m 处测点的流速达到 10^{-3}cm/s 量级，存在明显渗漏。结合钻孔地质分析，右岸山体下部存在溶蚀，溶洞较发育，充填黏土及粉细砂，下层渗漏流速较大，与地质钻孔压水试验成果相一致，说明右岸坝肩存在绕坝渗漏，且位于 T_3y^{c-1}层内。

4.5 大坝面板水下摄像检查与示踪检测

为更清楚直观地察看水下面板、结构缝等的渗漏情况，对大坝面板进行了水下机器人和潜水员共 3 次水下摄像检查，对检查发现的可能缺陷部位进行喷墨示踪验证。检查范围包括坝前防渗铺盖以上部分面板、趾板、周边缝、垂直缝等部位。通过水下摄像检查，发现共有 12 条垂直缝存在挤压渗漏。左岸垂直缝 J7～J14 和右岸 J30、J31 共 10 条垂直缝出现渗漏，通过喷墨示踪验证，发现存在明显的喷墨吸入现象。渗漏垂直缝长度总计 260 余 m。

5 结语

在总结我国面板堆石坝渗漏检测与加固经验的基础上，结合某工程面板堆石坝渗漏检测实践，对高面板堆石坝岩溶基础渗漏检测提出如下思路：大坝面板渗漏及缺陷的检测，采用水下声呐微渗漏流速场检测、水下机器高清摄像、喷墨示踪和连通性示踪等新型检测技术。而岩溶坝基渗漏检测相对复杂，可采用钻孔取芯、注（压）水试验、孔内摄像、孔内声呐微渗漏流速检测、连通性示踪等综合技术，同时还要配合相应水文地质分析工作。

参考文献

[1] 谭界雄，高大水，周和清，等．水库大坝加固技术．中国水利水电出版社，2011.

[2] 钮新强，徐麟祥，廖仁强，等．株树桥混凝土面板堆石坝渗漏处理设计[J]．人民长江，2002，33（1）：1－3.

[3] 谭界雄，杜国平，高大水，等．声呐探测白云水电站大坝渗漏点的应用研究［J］．人民长江，2012，43（1）：36－37.

[4] 谭界雄，高大水，王秘学．白云水电站混凝土面板堆石坝渗漏处理技术[J]．人民长江，2016，47（2）：62－66.

[5] 谭界雄，王秘学，周晓明．株树桥水库面板堆石坝加固实践与体会［J］．人民长江，2011，42（12）：85－88.